科学とは何か　科学はどこへ行くのか

Que est-science ? Où va-science ?

城戸　義明

カバー
"地理学者" ヨハネス・フェルメール
"The Geographer" by Johannes Vermeer

Städel Museum，Frankfurt am Mein

「科学とは何か、科学はどこへ行くのか」
Que est-science ? Où va-science ?

目次 ———————————————————————————— 2
はじめに ——————————————————————————— 5

第1章　古代ー中世の科学　　　　　　　　　　　　8
古代エジプト
古代ギリシャとヘレニズム
古代ローマ
古代メソポタミアからイスラム世界へ
インド
中国

第2章　天文と暦　　　　　　　　　　　　　　　17
天文・暦の歴史
太陽時から原子時計へ

第3章　近世の科学ー第1次科学革命　　　　　　26
中世から近世へ
大学の誕生
ルネッサンスと近世
疫病の流行から新しい医学へ
コペルニクス："太陽は王座に位する"
ケプラー："世界の数学的調和"
ガリレオ："自然は数学の言葉で書かれている"
ニュートン力学の誕生ー運動の幾何学的記述："プリンキピア"

第4章　近世から近代へ　　　　　　　　　　　　41
近代への序章
ニュートン力学と機械論的自然観ー"ラプラスの悪魔"
目的論的自然観と解析力学ー"自然（神）は無駄を欲しない"
科学愛好家の時代

第5章　近代科学と科学者の誕生ー第2次科学革命　50
科学者とそのコミュニティ
近代科学はなぜヨーロッパで生まれたのか
熱の科学ー"エネルギーとエントロピー"
見えないものを科学するー"電気と磁気"

第6章　現代の科学1ー相対性理論　　　　　　　83

絶対時間・絶対空間の放棄："特殊相対性理論"
　　物体は周りの時空を歪ませる："一般相対性理論"
第 7 章　現代の科学 2 ― 量子論　　　　　　　　　　　　　　　　98
　　光は粒子か波動か？
　　波としての粒子 ― "シュレディンガー方程式"
　　実在と確率的存在 ― "シュレディンガーの猫"
　　不確定性関係と TV 局の周波数帯
　　量子論のからくり ― "波の重ね合わせ"
第 8 章　現代の科学 3 ― 宇宙と物質の創生　　　　　　　　　　　110
　　太陽と天の川銀河
　　膨張する宇宙
　　ビッグ・バン・モデル
　　物質の創生と星の誕生
　　太陽系の誕生
第 9 章　現代の科学 4 ― 生命とヒト　　　　　　　　　　　　　　127
　　地球の誕生とその歴史
　　生命の誕生
　　生命とは何か
　　DNA の構造‐2 重螺旋
　　偶然と必然
　　DNA で読み解く人類の歴史
　　ヒトとは何か？
　　複雑系と脳の働き
第 10 章　科学の方法　　　　　　　　　　　　　　　　　　　　157
　　科学の方法とは
　　自然界に存在する基本的力
　　不変量と対称性 ― "ネーターの定理"
　　対称性の自発的破れとアンダーソン・ヒッグス機構
　　自然界の階層構造
　　自然は数学の言葉で記述できる？
　　自然法則を記述する言葉 ― "微分方程式：ドミノ・ゲーム"
　　テレパシーは起こる？
　　非線形性とカオス
　　物理と数学の違い

科学と技術
第 11 章　科学技術のもたらしたもの　　　　　　　　　　　　　　178
　　空気と水からパンを作る
　　原爆と原子力発電
　　公害と地球温暖化
　　エネルギー問題
　　遺伝子操作と生命倫理
第 12 章　科学と社会　　　　　　　　　　　　　　　　　　　　219
　　科学と芸術－"真理と真実"
　　科学と哲学・宗教－"科学の範疇を超えるもの"
　　科学と政治－"ゾイデル海の水防とローレンツ"
　　科学と司法－科学鑑定："和歌山毒カレー事件"
　　科学の現状と未来
おわりに　　　　　　　　　　　　　　　　　　　　　　　　　　245

　　註釈
　　補遺
　　人名索引

はじめに

　我々の身の周りには、科学・技術の産物で溢れている。自動車・飛行機・テレビ・パソコン・スマートフォン、そしてインターネットによって知りたい情報は直ちに手にいれることができる。人工衛星の眼から、我が家の屋根まで見え、またその誘導によって（GPS）、目的地まで車を間違いなく運転して行くことも可能となった。近い将来、自動運転車が巷を走りまわることになるのだろう。科学・技術は、生活を快適化し、雇用も生み出すなど、なくてはならないものだ。ただし、世の中にはすべて良いものは存在しない（その逆も真である）。こうした状況にもかかわらず、科学・技術に対する一般の関心は低い。結果には関心があるが、そのプロセスには興味を覚えないということだろう。ものを理解するにはエネルギーを要す。物理法則を導くのは、最小作用の原理、すなわち系（システム）はエネルギー最小状態を好むというものだが、科学に対する無関心も理に適っていると言えよう。それでも、ことをなすことで得られる喜びが、はたいたエネルギーに比例するのも事実だ。科学も結構面白いということが、もっと多くの人に分かってもらえれば幸いである。

　我が国では文明開化時に、西洋・アメリカから科学（Science）・技術（Technology）が同時に輸入されたため、両者は一体のものとして扱われてきた。本来、異なる科学と技術は、今日、重なり合い区別しずらくなっているのも事実だ。科学（サイエンス：Science）という言葉は、ギリシャ語では Sophia（知識、知恵）、ラテン語の Scientia（知識）に由来するらしい。Phil（愛する）＋Sophia = Philosophia（知を愛する：Philosophy：哲学）であり、知を愛する者が哲学者であった。科学は、自然現象に関わるもの一般という意味で、ギリシャ語の Physica（自然学：Physics）に対応している。古代ギリシャでは、形而上学（現象の背後にある根本原理を探る）が第1哲学（Meta-physics）で、自然学は第2哲学（Physics）と位置付けられていた。現在に至るまで、ヨーロッパ・アメリカでは、自然科学の学位を Doctor of Philosophy（Ph.D.）と称すのは、大学における自然科学は哲学部に属していたことの名残である。このように、知的好奇心をもち、社会的にも恵まれた一部の人が携わった自然科学の研究は、市民階級の台頭と産業革命によって一変する。科学は社会的要請によって一般社会に組み込まれ、専門家集団に属する科学者が誕生した。このような体制下、2つの世界大戦を経て、科学は目覚ましい発展を遂げることになる。

　本書は先ず、古代からヨーロパ近世までの科学の歴史を辿る。近代科学はヨーロッパで興り、19世紀中葉に科学者が出現する。これによって、科学の発展は加速度的に進むことになった。そして20世紀に入り、相対性理論と量子論

が登場する。前者はニュートン以来の時間・空間の概念を一新した。後者は、目には見えないミクロな世界（原子・分子など）で成り立つ新しい法則である。そこでは、古典力学の完全な決定性は失われ、確率的予見が与えられる。20世紀中葉には、遺伝子の実態がDNA（ディオキシ・リボ核酸）であり、2つの螺旋をつなぐ4種の塩基の配列が遺伝のコードであることが明らかになった。今日、遺伝子の操作によって、優性生殖や能力増強などが可能となり、我々は新たな生命倫理の問題に直面している。科学は今後も、我々の生活スタイルを変え、同時に様々な問題も生み出しつつ、発展を続けることであろう。我々の精神性に進歩・発展がないのに、科学のみが進歩・発展するのは怖い話でもある。科学の自由競争の原理は、資本主義の原理と同期し、我々にたゆまぬ進歩・成長を促し続ける。かつて、ヒトが自然と共生した営み、循環の原理に基づく農林水産業が時代の主役から降りて久しい。科学は本来の知の探究（Philosophy）から、研究・開発に邁進する企業的活動に変身した感がある。我々は、文化としての科学を取り戻すことができるだろうか？本書の後半は、これらに対する考察に当てられている。

　我々が歴史から学んだことは、ヒトは歴史に学ばないという事実である（例えば、バーバラ・タックマン著"愚行の世界史"）。歴史的に見て、政府とマスコミが一体となって行うキャンペーンは要注意だ。その例として、太平洋戦争があり、原発の導入、最近では地球温暖化・CO_2犯人説などがある。原発や地球温暖化については、科学的な吟味が必要であろう。科学はもちろん万能ではないが、科学的方法を取り入れるべき分野は多い。政治や特に司法・警察の分野がそれに該当する。世界最大の放射光施設Spring-8を使った微量分析で有名な和歌山毒カレー事件（1998年）は最近、科学鑑定データの解釈をめぐり問題提起がなされている。測定データから何を読み解くのかが問われているのだ。測定データの目的に合わないものは捨て、目的に合うように見せるデータ処理・グラフ化を行うのはご法度である。

　本書は、科学の広い分野を俯瞰しているが、そのエッセンスをできるだけ正確に伝えることをめざした。数式に抵抗を覚える読者は、その箇所を読み飛ばして差し支えない（特に前半）。逆に、数学的説明に関心があれば、注釈と補遺を参照していただきたい。科学は、現実を理解するためのできるだけ正確な近似（モデリング）を見つけようとする営為であり、絶対的な「真理」を捉えようとするものではない。自然界における形・運動の美・秩序性を「神の御業」として愛でるのもよし、知的作業（数学やアルゴリズム）によって楽しむのもよいだろう。自然を愛する仕方は多様である。一方、ヒトの精神が紡ぎ出す美

も存在する。科学の対象は再現可能な現象であるが、"いのち"は一回性の制約を受けている。"いのち"の解釈をめぐっては、様々な宗教・哲学が存在するが、数量化できないもの、対象化できないものに対して、本質的価値を与えることが求められる。そこでは、反知性主義・感情論に堕することなく、科学同様、ある種の客観性が担保されなければなるまい。科学は、芸術・哲学・宗教と相対立するものではない。お互いを理解することによって、自己を含めたこの世界をより深く認識できるのではないか。これが本書を上梓した理由でもある。

第1章　古代－中世の科学

　地質時代の区分でいうところの新生代・第4紀（160万年前－現在）では、氷期と間氷期が約10万年周期で繰り返される。これは、地球が太陽の周りを公転する軌道（楕円）が微妙に変化する周期と合致している[1]。この他に、地球の自転軸の公転軌道面に対する傾きの変化（4万年周期）とも関係があるらしい。ちょうど1万年前に地球は間氷期に入り、温暖な気候が続き現在に至っている。これは、トルコ・アナトリア地方の小麦栽培と中国・長江の稲の栽培が始まった時期と一致する[2]。文明が生まれたのも、恐らくこの時期以降ということになるのだろう。第9章で述べる遺伝子の解読より、我々ホモ・サピエンスは、約7万年前出アフリカを果たし、世界中に広がったとされている[2]。やはり文明の始まりもアフリカ北部のエジプト・スーダンあたりと考えてよいであろう。出アフリカしたホモ・サピエンスは、約4万年前には、ヨーロッパ、東アジア、オーストラリアに達したとされている。その中で、メソポタミア、インド、中国に特徴ある文明が生まれ発展を遂げた。ここで、"文明"とは、言葉・文字、宗教や法などをもった社会環境と定義し、"文化"は、人間個々の精神的活動をベースに築かれ体系化されたものとしておく。それでは先ず、古代4大文明の発祥から中世に至る過程で生み出された科学の足跡をたどってみよう（図1-1 地中海世界）。

古代エジプト

　古代エジプト文明の誕生は、古代ギリシャの歴史家ヘロドトスが言うように"ナイルの賜物"であった。ナイル川の源流は、エチオピア高原のタナ湖とケニア・タンザニア・ウガンダに含まれるビクトリア湖に発する。前者は青ナイル、後者が白ナイルである。2つの河は、スーダンのハルツームで合流し、エジプトに流れ下る。7月がエチオピア高原の雨季にあたり、増水した青ナイルによって、ナイル川は毎年同じ時期に氾濫を起こす。と言っても、緩やかな増水で、ナイル川河畔に肥沃な土壌を運び込み、農耕を助け豊かな実りをもたらしたのである。氾濫の始まりを告げるのが、日の出前の東の空に現れるおおいぬ座の1等星シリウス（最も明るい恒星、距離：8.6光年－光速で8.6年を要す距離）であった（5月初旬から7月末にかけて約70日間シリウスは昼間天空にあって見えない）。こうして、1年を365日とするシリウス暦（最古の太陽暦）が作られた。紀元前4000（BC 4000）年頃とされる。これでは、季節と日付のズレが生じるが、閏年・閏日を加えて1年を正式に365.25日としたのは古代ローマのアウグストゥス帝の時代からといわれている。また、氾濫が収まった後、農地を元通り配分するために、測量技術と幾何学が生まれ発展した。

神殿やピラミッドなどの構造物を見れば、高度の幾何学が使用されていたことが推測される。パピルスに記されたヒエログリフ（絵文字：象形文字）の資料より、分数の使用とその算法、円の面積の近似値、四角錐（ピラミッド）の体積の計算や球の表面積の計算法などが編み出されていたことなどが分かっている。また、円周と直径の比が一定であることは、BC 2000 年ごろ既に知られていた。円の面積は、円の直径よりその 1/9 を引いた正方形の面積と等しいという記述が、ヒエログリフ文書に残されている（BC 1650 年）。この場合、円周率は $64×4/81 ≒ 3.1605$ ということになる（円周率 $π = 3.14159265359....$）。

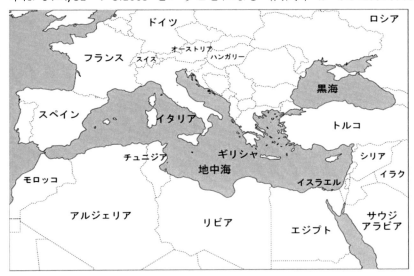

図 1-1. 地中海とその沿岸の地図。

古代ギリシャとヘレニズム

　古代ギリシャ文明の発祥に関しては、未だ不明な点も多い。ギリシャの付け根のペロポネソス半島に興ったミケーネ文明（BC 1450-1150 年）は、エジプトの北、地中海のクレタ島のミノア文明（BC 2000 – 1400 年）の影響が大きいと思われる。クレタ島（ギリシャ本土から南 160 km）からエジプトまでの距離は 300 km 程度であり、エジプト文明の影響を強く受けたことは確実である。ミケーネ文明は、ギリシャ北方から侵入したアカイア人やドーリア人に滅ぼされたとされる。

　その後、BC 800 年頃より、所謂古代ギリシャ文明は目覚ましい発展を遂げる

ことになる。世界史上にも稀な高度な文明・文化が何故発祥したのであろうか？恐らく都市国家（ポリス）の構造によるものであろう。各ポリスは、防壁で囲まれた城塞を形成し、中央の丘に神殿を配した。ポリスは、市民権をもつ自由人と奴隷よりなり、両者の比率は大体半々であったとされる。市民権を持つ市民は、同時に闘う戦闘員でもあり、結束は固かったに違いない。ソクラテスが、特に仕事をすることもなく議論に明け暮れたのは、奴隷制に基づく古代民主主義の賜物である。周知のように、古代ギリシャにおいては、多くの哲学者・自然学者が活躍した。その有名どころは、ラファエロの"アテネの学堂"（バチカン美術館）に描かれている。数学では、タレス（Thalēs: BC 624 -546）やピタゴラス（Pythagoras: BC 583 – 496）など、特に、直角三角形に対するピタゴラスの定理（2 次式）は重要な発見である。空間の 2 点間の距離（長さ）はピタゴラスの定理によって決められる（a、b を直交する辺、c を斜辺とすると $c^2 = a^2 + b^2$）。哲学者では、万物は流転し自然は常に変化すると説いたヘラクレイトス（Hērakleitos: BC 540 – 480）、原子論を唱えた機械論・唯物論者のデモクリトス（Dēmokritos: BC 460 – 370）等がいる。また、ヒポクラテス（Hippocrates: BC460-370）は、臨床と観察を重視する科学としての医学を確立した。その中で、形而上学から自然学、政治学から経済学などすべてに亘って壮大な体系を打ち立てたアリストテレス（Aristotélēs: BC 384 – 322）が、その影響力において群を抜いている。アレクサンダー大王の家庭教師を務めたとされており、出身がマケドニアであったことから、アテネの市民権を得ることができなかった。その自然学の根本は、機械論と異なり、物体はある目的をもって自然な・すなわち内在的な力（本性）によって運動変化するというものだ。自然は本性（あるべき姿）と同義である。地上界では、垂直上下の運動が本性に適っており、天上界（天体）での運動は円運動が自然の本性であり神聖で完全な形式とした。ここには明らかに、プラトン（Platon: BC 427-347）のイデア（物質・仮象の背後に存在する実体）論が影を落としている。感覚の対象である質量（物質）に意味を与えるのが形相（本性）であり、これはイデアを発展的に継承したものである。

　古代ギリシャ文化の質の高さを知るには、アテネの政治家の以下の演説文を見れば明らかであろう。「我が国の法においては、政治に参加するのは限られた数の人ではなく、市民の大多数なのである。この制度を我々は民主制と呼ぶ。…我々は美を愛する。しかし節度をもって。我々は知を愛する。しかしそれに溺れることなく。我々は富を追及する。それは、誇示するためでなく、良しとした行動をとるにより好都合であるという理由によって。わが国では貧乏は恥

ではない。しかし、貧困を克服する努力をしないのは恥とされる。…そして、ただ我が国のみ、公的な関心を持たない者を、静かな生活を愛する風流人とは見做さず、無用な人間とするのである。」[3]。

時代がヘレニズム期（BC 323 – BC 30）に入ると、天文学が高度な発展を遂げた。アレクサンドリアで活動したエラトステネス（Eratosthenes：BC 275 - 194）は、南北離れた場所から太陽の南中高度を測ることで、地球の周長を導き出した。アレクサンドリアの真南にシエネがあり、同じ日に太陽の南中・高度（最高・高度）θ_A、θ_S を測定した。アレクサンドリアとシエネ間の距離を d、地球の半径を R とすれば、$d = R \cdot (\theta_A - \theta_S)$ が成り立ち、これより R が分かる（図 1-2 参照）（求めた値は、実際の値より 17 ％ 大）。その当時すでに、地球が球であることは十分認識されていたのである。ギリシャのサモスでは、アリスタルコス（Aristarchus：BC 310 – 230）が現れ、観測データに基づき地動説を唱えた。

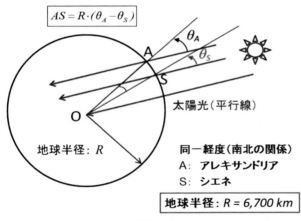

図 1-2. 地球半径 R の測定（エラトステネス）。

彼の見積もりでは、太陽は地球の約 300 倍の大きさ（体積）となり、圧倒的に大きな太陽の周りを、小さな地球が回るのが自然と考えたのである。その約 100 年後に生まれたヒッパルコス（Hipparchus、BC 190 - 120）は、46 星座の決定や、春分点の移動を発見している（第 2 章参照）。この時代、すでに、天球（地球を中心にした同心球面）上に、恒星や惑星・太陽の軌道は描かれていた。日周運動と年周運動に対して、2 つの回転軸を与える方法がとられている。幾何学では、ユークリッド（Euclides：BC 3 C）による体系化（ユークリッド幾何学：定義→公理→定理）が行われた。彼の著わした幾何学「原論」は、後世

に大きな影響を及ぼし、ニュートンの"プリンキピア"やスピノザの"エティカ"は、その体裁を踏襲している。後に、平行線の公理（第5公準）[註1-1]を放棄する非ユークリッド幾何学が登場するのは2100年後のことになる。この他、浮力の原理や梃の原理などで名高いアルキメデス（Archimedes: BC 287 – 212）もこの時代に活躍した（シチリア島シラクーザ）。浮力の原理は、純金であるべき王冠の混じり物の有無を、非破壊的に検証する方法に思いを巡らす過程で発見されたといわれる。王冠と同じ重さの純金の塊を天秤で吊るし（真ん中が支点）、水に入れて天秤が純金側に傾けば（重い）、混じり物があるということになる（ほとんどの金属の比重は10 g/cc 以下だが金の比重は19.3 g/cc と非常に大きい）。浮力はもちろん地球の重力によって生じる現象だが、当時のアルキメデスは、単なる数学上の原理とみなしたのは致し方のないところであろう（物体はすべて地球の中心に向かう引力を受けている。従って上の面と下の面を比べると、厚さがあれば上に乗っかる分、下の面の受ける圧力の方が大きくなる）。円周率 π の値を、アルキメデスは円周の長さが円に内接する正96（6×16）角形の周長より大きく、円に外接する正96角形の周長より小さいことではじき出した。その値は、$3.14084 < \pi < 3.142858$ である[4]。三角法も知られてない時期、一体どのようにして導き出したのだろう。当時シラクーザは、カルタゴと同盟し、共和制ローマと戦った。アルキメデスは、鉤爪（かぎつめ）というクレーンまがいの敵船を転覆させる仕掛けなどを考案したと伝えられている（数学のノーベル賞といわれるフィールズ賞のメダルには、アルキメデスの横顔が彫られている）。

古代ローマ

ヘレニズム期から古代ローマに移ると、土木・建築などの実学が重宝された。建築材としてセメント（消石灰が主原料で水に溶かし乾燥させると硬化する粉体）と火山灰から成るローマン・コンクリートが使用されている。今日、コロッセオ（闘技場）や水道橋など、多くの遺構を眼にすることができる。残された建築物の中で、ハドリアヌス帝（AC 76 -138）が造営したとされる大円蓋をもつパンテオン（ローマ）は圧巻である。古代ローマ人は、ひとえに快適な生活を愛した。そのため、上下水道が発達し、大浴場も作られた。ポンペイその他の遺跡には、座して用を足す現在の洋式水洗トイレの跡が残されている。一方、美術、哲学、自然学はおおむね衰退した。古代ローマ人は、学芸に関しては、古代ギリシャ人に相当のコンプレックスをもっていたようである。そのため、裕福な家では、ギリシャ人の家庭教師を雇うのを常としていた。ローマ皇

帝で、とりわけギリシャ文化に傾倒したのが、ハドリアヌス帝とユリアーヌス帝（AC 331-363）である。

そのような状況下、プトレマイオス（Ptolemaeus: AC 83 -168）は、地球を中心に、惑星、太陽、恒星はその周りを自然の本性である円運動を行うとするアリストテレスの宇宙体系を引き継ぎ発展させた。もっとも、プトレマイオスが活動したのはアレクサンドリアである。この時代、文芸の中心は、ローマではなくアレクサンドリアであった。アリストテレスの時代より既に~500 年が経過しており、この間新たに見いだされた観測結果を体系的に説明することが求められていたのだ。天動説を信じたプトレマイオスは、太陽を含む惑星の観測結果を説明するため、複雑な多重運動を想定したモデルを提案した（詳細は第2 章の天文・暦で述べる）。

古代メソポタミアからイスラム世界へ

チグリス・ユーフラテス川流域では、BC 9000 年頃より農耕が始まったとされている。記録に残る古代メソポタミア文明は、BC 3500 年頃興り、シュメール人の都市国家が勃興した後、アッカド帝国が建国され、古バビロニア（BC ~2000 - 1595）、アッシリア、新バビロニア時代に至るまで長く繁栄した。地理的に見ても、エジプトとは深い関係があったものと思われる。既にシュメールの時代に、ワイン・ビールの製造が行われたと伝えられている。古バビロニアの時代には、星占術（天文）・暦が発達し太陰太陽暦が用いられた。また、60進法の算術が用いられ、これが今日の時間の単位の元になっている。60 進法の由来は、1 年が約 360 日、12 ケ月（月齢）であることから、前者の公約数・後者の公倍数 60 をとったのではないだろうか。円弧と挟角が比例し、円周が挟角 360°（2π）に対応するとしたのも古バビロニア人である[5]。そして、円周率 π = 25/8 = 3.125 という値を得ている（円周と円に内接する正 6 角形の周長が等しいとして算出）。古バビロニア王国は、トルコ・アナトリア地方に興ったヒッタイトによって滅ぼされた（BC 1595）。ヒッタイト王国は、BC 1400 年ごろ、製鉄技術（鋼の生産）を開発したことで知られる。

その後、ペルシャ、マケドニア、古代ローマなどの支配を受けた後、イスラム教の台頭によって、アッバース朝（AC 750 - 1258）が建国され、文芸・科学が大いに発展した。帝国では、すべてのイスラム教徒に平等が保障され、ギリシャ、インド、中国の文化との融合が図られた。インドより伝わった 0 を含むアラビア数字に基づく代数学の著作を著したアル=フワーリズミー（al-Khuwārizmī: 9 世紀前半）が著名である（著作のタイトルが代数学: Algebra の

語源)。錬金術を、物質をより完全なものに変化させる学問としての化学に発展させ、視覚は光源からの光が対象によって反射され、それが目に入って像を結ぶという認識が生まれたのもこの時代であった[5]。この他、臨床医学の要諦をまとめた「医学典範」を著わしたイブン・スィーナー（Ibn Sina：980-1037年)がいる。この本のラテン語訳は、中世－近世のヨーロッパの大学で、教科書として使用された[5]。長らく繁栄したこの地域も、その後、セルジューク・トルコ、モンゴル、オスマン・トルコなどの侵略を受け、その文化は衰退してゆく。それでも、イスラム科学の成果は、その後12世紀以降、ラテン語に翻訳され中世末のヨーロッパに大きな影響を与えた。

インド

　インドの西部インダス川流域では、インダス文明がBC 2600 – 1800年頃に栄えたとされているが、インダス文字も解読されておらず、どのような民族かも特定されていない。農耕・牧畜はそれよりはるか以前より行われていたようである。おそらく、メソポタミア地域とは海路も含め、交易があったものと思われる。インダス文明衰退の原因は、大洪水その他の説があるが定かではない。BC 1200年ごろアフガニスタン方面より、インド・アーリア部族が進入し定着した。バラモン教の聖典ヴェーダ（Veda）が編纂されたのもこの頃である。その後、BC 1000年ごろには、ガンジス川流域に達し、インド全域に広がったようだ。鉄器が伝わったのはBC 8世紀ごろらしい。多くの国が乱立する時代を経て、マガダ国とコーサラ国が2大勢力として栄えるようになる（BC 7 – 4世紀)。古代民族宗教であるバラモン教が、ヒンズー教として広くインド全域に流布したのはBC 5世紀ごろであった。釈迦（BC 463 -383年）が活動したのもこの頃である。その後、多くの王朝が興亡を繰り返すことになる。その中で、AC 1世紀には大乗仏教が興り、AC 2世紀には、ナーガールジュナ（龍樹）によって理論的に体系づけられた。10世紀以降、インド北東部はイスラム系部族の侵攻があり、1526-1858年はイスラム教を奉じるムガール帝国の時代となる。

　インドでは臨床医学としてのアーユルヴェーダがあり、BC 5-6世紀には、体系としてまとめられていた。患者の皮膚を視、脈をとり、投薬・マッサージ、食事療法が施されたという。天文学では、プトレマイオスの天動説や中国の天文・暦が伝来し、天文台が立てられ星の観測が行われた。インドにおいて驚異的発展を遂げたのは数学である。BC 1000年頃より10進法が使用されている。インド数学において特筆すべきは、数としてのゼロの発見であろう。AC 628年に著された天文書の中に、0を含む算法の記述が残されている[6]。そこでは

$a±0 = a, a−a = 0, a·0 = 0, 0/a = 0, a/0$ （ゼロ分母）, $0/0 = 0, (a/0)·0 = a$ としている。0 除算の記述があるのが興味深い（0 除算は、現代の算法では除外される）。ピタゴラスの定理は、紀元前 6 世紀ごろ編纂された「シュルバ・スートラ」に定理として示されており、作図による証明が与えられている。前掲書中には、素数や平方根・立方根（無理数）の記述もある。その他に、1 次方程式・2 次方程式・連立方程式などの解法（代数学）や数列の取り扱いなどが、「バクシャーリ写本」（AC 4-5 世紀）に記載されている。時代が下り、マーダヴァ・サンガマグラマ（Madhava of Sangamagrama: 1350-1425）は、無限級数展開によって、円周率を小数点 11 桁まで計算した。この計算法は、ライプニッツの公式と呼ばれるもので、これが発表されたのは 1672 年のことである。

中国

　中国の歴史も古い。稲作が揚子江流域で始まったのは約 1 万年前のことだ。小麦の栽培も約 1 万年前にトルコ・アナトリア地方で始まり、約 4500 年前中国に伝わったとされる。黄河文明は世界の 4 大文明と称されているが、それを更に遡って長江文明が存在したのである。黄河文明の始まりは BC 5000 年頃とされるが、恐らく北上してきた長江文明の影響があるものと思われる。遺跡より特定された最初の国家が殷王朝（BC 17 -11 世紀）で、甲骨文字を使用していた。その後、周（BC 11 世紀–BC 770 年）の国が興り、春秋・戦国時代へと続く。中国の思想・政治に大きな影響を与えた孔子（BC 552-479）が活動したのは春秋末期のことである。甲骨文字は象形文字であるが、その後流布する漢字は、1 字が 1 義（意味）を表す表意文字である。漢字が使用され始めたのは殷末から周の頃とされる。漢字の字体を統一したのは、秦の始皇帝（BC 259 –BC 210 年）であった。この後、前漢・後漢の時代を経て、三国時代、晋、隋より唐王朝（AC 626-907 年）に至る。中国が文化的に最も栄えたのは宋王朝（976-1279 年）の時代である。漢民族とは黄河中・上流域に居住し、漢字を生みだし使用した民族だが、それ以外の民族も吸収しつつ拡大し現在に至った。狭義の意味での漢民族の統一王朝は、前漢・後漢以後、晋、宋、明のみである。

　中国では、古代より独自の科学・技術、数学や天文に多くの足跡が残されている。中国の思想の根幹をなすのは、陰陽・五行説（BC 4 – 3 世紀）であろう。陰陽は、物事には必ず 2 つの面があり、明暗、天地、動静、善悪、表裏など、それぞれが相対的に強くなったり弱くなったりして、事物の性格を規定すると考える。五行説とは、物質界は、木・火・土・金・水の 5 つの要素からなり、陰陽と結びついて、有機的生命体のごとく循環・リズムを作りつつ生起すると

いうものだ。BC 1400 年ごろには、1 年は 365 + 1/4 日とされ、12 の朔望月と 19 年に 7 度閏月を挿入した。年初めは、冬至後 2 度目の新月の日と決まっていた[8]。天文に関して、彗星（ハレー彗星：BC 240 年）、日蝕（BC 7 世紀）、超新星（後漢書：AC 185 年）の最古の記録が残されているのは中国である。中国では特に実用的価値に重点がおかれていたように思われる。紙（蔡倫：AC 105 年）、火薬、印刷術（木版印刷：AC 7 世紀）、羅針盤などの 4 大発明に加え、算盤（針金に珠を通したもの：AC 15-16 世紀）、地震計（張衡：AC 78-139 年）なども発明された。硝石＋硫黄＋炭を混合した火薬の発明は唐代（AC 10 世紀）で、花火に使われる一方、銃や大砲などにも使用されるようになる。磁化した磁鉄鉱が最初に発見されたのは、BC 10 世紀以前ギリシャのテッサリア地方だとされている。天然磁石としての磁鉄鉱は、中国では BC 2 世紀ごろに発見された。磁針の中央を木片に固定し、水に浮かべて方位を知る「指南魚」は、AC 3 世紀ごろより中国で使用されていたらしい。これを航海にも使えるように改良したものが羅針盤で、宋の時代の沈括（AC 1088 年）の発明である。

　この他、中国では伝統的な医学として、鍼灸（BC 2 世紀頃）や漢方薬による治療が行われた。今日、日本でも、各地に鍼灸院の看板を眼にすることができる。鍼灸は、2010 年 UNESCO の無形文化遺産に指定された。実用とは必ずしも直結しない数学の分野はどうであろうか？中国における最初のまとまった数学書は「9 章算術」（AC 179 年）とされている。これには、ピタゴラスの定理の証明や連立 1 次方程式の解法などが含まれている。この他、唐代に至るまで、いくつかの算術書が書かれているが、面積・体積の計算や 2 次方程式の解法などで、ユークリッドの原論のような体系的幾何学の著作はない。以上見てきたように、中国では実学としての科学が発展してきたことが分かる。

参考文献
[1] 池谷仙之、北野陽一（「地球生物学－地球と生命の進化」東京大学出版会、2004 年）
[2] 高間大介 著「人間はどこから来たのか、どこへ行くのか」（角川文庫、2010 年）
[3] 塩野七生 著「ローマ人の物語-II」（新潮社、1993 年）
[4] ペートル・ベックマン 著「π の歴史」（筑摩学芸文庫、2006 年）
[5] 矢島祐利 著「アラビアの科学」（岩波新書、1965 年）
[6] 林隆夫 著「インドの数学－ゼロの発見」（中公新書、1993 年）

第 2 章　天文と暦
天文・暦の歴史

　夜空の星は、自分の居場所と進む方向を決める指針となり、その周期的な運動は、時間の経過を定めることを可能にする。1 日は地球の自転周期に、1 ケ月は名前の通り月の満ち欠けの周期、1 年は地球の太陽周りの公転周期が対応する。古来、天文学は自然学の主要なテーマとして研究されてきた。天文学の歴史は、科学の歴史と重なり現在に至っている。世界で初めて、月と太陽の運行周期を体系化したのは、古代メソポタミア（BC 3000 年ごろ）であるとされる。惑星が天球上で、恒星と異なった運動を行うことを発見し、水星、金星、火星、木星、土星の命名を行ったのも古代バビロニア王国（BC 2000 年ごろ）の時代であった。古代エジプトでは、日の出直前に、東の空にシリウス（日本では冬の夜空に見える）が昇ってくる時期と、ナイルの洪水の始まりと一致するのを発見し、これを 1 年の基準としている。

　太陽が東の空から昇って来る直前に見える星を 1 年間観察すれば、黄道 12 宮の星座を決めることができる。黄道とは、地球から見て、太陽の軌道を天球上に描いたものである。黄道は、太陽から見れば地球の公転軌道に当たる。黄道 12 宮の星座は、今日でも星占術に使われているが、古代から中世まで、天文学＝星占術であったのかもしれない。黄道 12 宮の星座は、黄道の近くに見える星座で、真夜中の 0 時中天に見える星座が 1 ケ月ごとに移り変わってゆく。ただし、黄道 12 星座の位置は、地軸（地球の自転軸である地軸は、地球の公転面に垂直ではなく、23.5° 傾いている）の歳差運動（公転面に垂直な軸周りの周期：26000 年）のため、360°/26000 = 0.01385°/年の割合でずれて行く。2167 年経てば、ちょうど 30°、1 星座ずれる勘定になる。この歳差運動によって東から西に 1 年当たり 360°/26000 移動する。春分点（秋分点）も同じ割合で、西向きに動いて行く（図 2-1 参照）。地球と太陽間を結ぶ直線と地軸が垂直になる時が、春分の日・秋分の日に該当する。太陽光線と地軸とのなす角が（90°− 23.5°）となり、日照時間が最長となるのが夏至である。2015 年時点で、夏至は 6 月 22 日、遠日点の日付は 7 月 4 日となっている（近日点と遠日点での太陽光の強度比は、93.5 % に対して、夏至と冬至の日照時間は北緯 35° の場合 4.73 時間、割合にして 39 % の違いになる）。図 2-1 から分かるように、秋分点はこの歳差運動によって、地軸と地球・太陽間を結ぶ直線のなす角度が 90°より徐々に傾いて行き、冬至の配置に近づいて行く。つまり、春分点・秋分点は、地軸の歳差運動によって、時計回りに（東から西に）移動してゆく。記録上では、この歳差運動を最初に発見したのは、ヒッパルコスであり、46 星

座を決定し、星の明るさを 1 等星から 6 等星に分類したのも彼である。春分点の移動を観測するには、かなりの精度が要求される。当時、星の高度（緯度）と方位角（経度）を測るのに、目視鏡を付けた天球儀が使用されていたようだ。

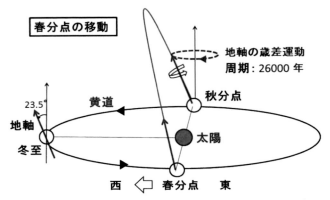

図 2-1. 春分点と秋分点。春分点は、地球の地軸の歳差運動（周期：26000 年）

ところで、地球が丸いと認識されたのはいつのころであろうか？月の満ち欠けの様子や、月蝕・日蝕より分かるはずと思うかもしれないが、そうではなかった。200-300 年の観測（経験）データに基づき、日蝕・月蝕の周期は、古代バビロニアや古代ギリシャにおいてはすでに知られていた。中国では、三国時代（AC 3 世紀）には、正確な予測がなされていたとの記録がある（景初暦）。当時、日蝕・月蝕は、単なる周期的な現象と捉えられており、地球や月の影という発想はなかった。地球が丸いという説を最初に唱えたのは、古代ギリシャのエウドクソス（Eudoxsos：BC 4 世紀）といわれている。その根拠は、北極星の高度が場所によって異なるためとされているが定かではない。彼は、地球の周りを他の天体が回るという天動説を唱え、それはアリストテレス、プトレマイオスに引き継がれていった。

太陽や月、地球に対して、その大きさや距離を観測によって決定するという画期的な出来事が起こったのはヘレニズムの時代である。この時代、地球が太陽の周りを回っているという地動説を打ち出したのがアリスタルコスであった。この当時、地球は丸いという概念は定着していたのである。目に見える感触より、太陽・月が球体であることは、地球が丸いという認識に先行していたと思われる。彼は、月蝕の観察で、地球の影の大きさより地球の大きさは月の約 3 倍と結論した（実際は 3.69 倍）。次に、月が丁度半月のとき（上弦・下弦

の月）、太陽・地球・月を直角三角形として、太陽の離角を測定し、87°の値を得た（実際は89°50′）。よって、（地球・太陽間距離）× $\cos 87°$ = 地球・月間距離 の関係式より、地球・太陽間距離は地球・月間距離の 19.1 倍（実際は 344 倍）であることを導いた。また、月蝕時の（満月）の月の視差角度を測り、0.5°と決定した。すると、$\tan 0.25° = r/x$、$x \sin\theta = r$ の関係があるので（図 2-2 参照）、$\tan 0.25° \cong 0.25° = (r/R)\sin\theta \cong \theta/3$ であり、$\theta = 0.75°$ と近似できる。ここで、r, R は各々、月と地球の半径を表す。よって、地球の半径が分かれば、地球・月間距離 x、月の半径および地球・太陽間の距離 d_S が分かる。さらに、地球から見て、太陽と月の目視半径はほぼ同じと見なせば、$R_S/d_S = r/x \cong R/3x$ ゆえ、$R_S/R = 19.1/3 \cong 6.4$ が得られる（R_S：太陽の半径）。よって、太陽の大きさ（体積）は地球の $6.4^3 \cong 262$ 倍となる。アリスタルコスは、小さな地球が大きな太陽の周りを回る方が自然と考えたのである。彼は、他の惑星も太陽の周りを回っていると考えた。今日の地動説そのものである。2300 年前（日本の弥生時代が始まった頃）に、科学的な知識・思考に裏打ちされた宇宙モデルが提案されたことは驚くべきことだ。ヨーロッパ近世に至るまでの間、このような宇宙観・自然観に到達したのは、古代ギリシャ・ヘレニズム文明のみである。

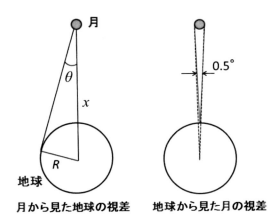

図 2-2. 月からの地球の視差角 θ と地球からの月の視差角。

古代ローマの時代になっても、国際都市としてエジプトのアレクサンドリアは、文芸の中心地として栄えた。アリストテレス以来の天動説を体系化したプトレマイオスも、この地で活動した。先に述べたように、恒星は地球の公転に合わせ、天球上を、円軌道を描いて回るが、惑星は順行・逆行という複雑な軌

19

道を描く。もっとも、これが惑星と恒星を区別するものであった。これは、惑星が太陽の周りを公転しているとすれば、図 2-3 に示すように、容易に理解できる。この他に、近日点・遠日点で太陽の大きさが異なることも分かっていた。

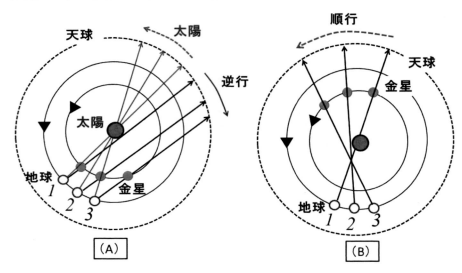

図 2-3. 内惑星（金星）の太陽の黄道に対する逆行（左図）と順行（右図）。

ところで、天球上に、太陽や惑星の年周運動を描けば分かることだが、太陽系惑星の公転面は、地球の公転面とほぼ一致している。この赤道傾斜角は、水星が最も大きく 7° で、次いで金星の 3.4°、土星の 2.5° と続く。太陽も惑星も、天球上を基本的にはほぼ同じような軌道を描くことは、当時すでに分かっていたと思われる。プトレマイオスは、ギリシャ・ヘレニズムの成果を引き継ぎ、天動説に基づくモデルを構築した。図 2-4 に示すように、地球以外の惑星は、単に円軌道を描くだけでなく、遊園地にあるコーヒー・カップのように、大円（従円）の上に乗った小円（周転円）の上を動くと考えた。これは、ヘレニズム時代のヒッパルコスのアイディアである。これによって順行・逆行を説明することができる。また、地球は従円の中心よりはずし、離心円にする。周転円の中心は、エカント（Equant）点（図 2-4 参照）から見て一定速度で運動すると考える。離心円にするのは、実際の楕円軌道に由来する観測結果（近日点・遠日点）を説明するための処置である。従円上を惑星が 1 回転するのが日周運動に対応し、周転円上の速度を調整し、観測される順行・逆行の天球上の

軌道（年周運動）を再現するというものだ。エカントや地球の位置、周転円の半径や周転円上の運動速度など、調整すべき量が多く複雑である（周転円の半径と回る速度を調整すればいかなる軌道も描き得る）。一応、アリストテレスの円運動を基本に据えているが、理想とする一様な円運動とはかけ離れている。この点では、後のコペルニクスの地動説モデルの方が、アリストテレスにより忠実であると言えよう。何はともあれ、観測結果を一応定量的に説明できるというのが強みであった。かくして、彼の著書「アルマゲスト：Almagest」は、イスラム社会に伝わり、その後、アラビア語をラテン語に翻訳することで、中世ヨーロッパに逆輸入され、1500 年近くも影響力を持ち続けることになる。

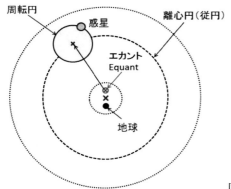

図 2-4. プトレマイオスの惑星モデル。

ヘレニズム期にアリスタルコスが、地動説を唱えていたことは、先に述べた。プラトンやピタゴラス派の哲学者なども太陽中心説を唱えている。アリスタルコスは、観測結果をもとに圧倒的に大きな太陽の周りを、地球を含む惑星が回る方が自然の理に適っているとしたのである。しかしながら、古代から近世に至るまで、宇宙・自然のあるべき姿から出発する目的論的な枠組みから抜け出すことは困難なことであった。実際、プトレマイオスは、太陽中心説がより簡単に観測結果を説明できることは認めていたのである。しかし、かくあるべしという宇宙観を捨て去ることはできなかった。太陽中心説に反論して、次のように述べている。"①地球が東から西に回転しているのであれば、我々は常に激しい東風に晒されているはずであり、また②投げ上げた物体は、西にずれて落ちてくるはずだが、実際はそうではない"、さらに"③太陽中心に地球が公転するなら、月は地球から飛び去るはず"。①は、地球大気も地球と同じように回転しているとすれば問題はない。②は、投げた手も地球と同じ運動をして

21

いるので当然真下に落ちて来る（動く電車中で球を落とす場合と同じである）。③は万有引力による説明が必要になる。ここで、太陽中心説（地動説）が正しく、地球中心説（天動説）が間違いと短絡的に理解してはならない。太陽を固定した座標軸で、観測結果を説明する方が、地球に固定した座標軸で説明するよりはるかに簡単ということに過ぎない。しかしながら、モデルを簡単化することによって、法則性（万有引力）がより明瞭に見えてくるのである。

　時間や暦を決めるのは、自然界で見られる周期的な現象によってである。振り子の周期が時間を定め、太陽・月・星の運行が暦を生み出す。農耕社会で、種蒔き・刈入れの時期を知るには、太陽の運行を基準にした太陽暦（春分・秋分・夏至・冬至）が適している。一方、漁労社会の場合、潮の干満の日を知るうえで太陰暦が便利である。例えば、新月と満月において潮の干満は最大となる。狩猟・牧畜社会においても、月の満ち欠けから簡単に時の経過を知ることができる太陰暦が用いられた。新月（満月）から次の新月（満月）までの時間を1朔望月といい、29日6時間－29日20時間と変化する。これは、地球の引力に加え、太陽の引力を受けて月の軌道が変化するためである。地球と月の引力を1とすれば、月と太陽間の引力はその2.2倍になる。月が太陽に引き寄せられて行かないのは、月が地球から分離した時の条件に依拠している。一方、地球－太陽間の引力は、地球－月の間の引力の約180倍であり、影響は小さい。太陰暦を使った場合、季節のズレが大きくなるので、閏月を設けて調整する太陰太陽暦が生まれた。調整の仕方は様々だが、ユダヤ暦やイスラム暦がこの範疇に入る。なぜ、1年が12ケ月で、1月が30日なのかは、以上述べた理由による。1日を24時間としたのは、古代バビロニア（BC 1900 – BC 700）においてであったとされる[1]。1年を12等分するのなら、1日の昼と夜も12等分すればよいということだったらしい。ちなみに、古代バビロニアでは60進法が使用されていた。1週7日を導入したのも古代バビロニアとされている。週の各日を7天体（太陽、月、火星、水星、木星、金星、土星）の名で呼び、これが現在の曜日として残った。ところで、10進法は、いつの時代に定着したのであろうか。古代のインドでは、BC1000年ごろすでに10進法が使用されていた。10進法は、手の指が5×2 = 10本であることと関係がありそうである。古代中国やアラビアでも使用されることはあったが、数学の体系として10進法を採用したのは、16世紀のヨーロッパにおいてである。

　天文（星の運行）と暦は、権力者が国を治めるための必須事項といってよい。農耕の時期だけでなく、様々な行事・祭りの日を定め公布する。日蝕・月蝕の予測（祭祀と関連）も、神からの委託者としての権威を示すために必要なこと

であった。暦の施行は国を治めるためになくてはならぬものである。BC 46 年、独裁者の地位にあったユリウス・カエサル（Julius Caesar: BC100-BC44）は、エジプト・アレキサンドリアの天文学者の意見に従い太陽暦を導入した。1 太陽年を、365 + 1/4 日とし、4 年に 1 度 2 月に 29 日の閏年を設け、その他の月には 30 日と 31 日を交互に配した。これがユリウス暦である。月名の由来は、1 月：始まりの神 Janus、2 月：浄めの月 Februare、3 月：軍神 Mars、4 月：美の神 Aprilis、5 月：成長の神 Maia、6 月：結婚・出産の神：Juno、7 月：皇帝 Julius、8 月：皇帝 Augusutus、9 月以降は 3 月を起点（1）とした数を当てた。こうして、9 月（9−3＋1：Septem、10 月：Octō、11 月：Novem、12 月：Decem と命名されたのである。この暦は、ヨーロッパにおいて、1582 年まで使用された。これは、ヨーロッパに広がったキリスト教が、この暦を引き継ぎ、クリスマスや復活祭などの行事を組み込み、一般社会に定着させたためである。キリスト紀元もカトリック教会が導入した。6 世紀、ローマ教皇ヨハネス 1 世は、ローマ建国紀元 753 年 12 月 25 日をキリストの生誕日と定め、この年を A.D. 1 年としたのである（anno domini： 主の年）。現在は、BC（Before Christ）、AC（After Christ）が使用されている。最近の研究では、キリストの生誕は紀元前 4 年の説が有力である。ところで、この年代記法では、A.D. 0 年は存在しない。数としての 0（zero）は、7 世紀インドで発見され、ヨーロッパに伝わったのは 12 世紀だったからである。

　さて、ユリウス暦では、1 太陽年を 365 + 1/4 日としているが、実際の 1 太陽年（地球の公転周期：春分から春分）は、平均 365 日 5 時間 48 分 45.96 秒となる。よってユリウス暦は、太陽年より 1 年当たり 11.233 分長い、すなわち遅れることを意味する[註2-1]。従って、ユリウス暦制定から、1000 年が経過すれば、遅れは 7.8 日になる。こうして、ローマ教皇グレゴリウス 13 世が、1582 年に暦法を改正したときには、遅れは 12.7 日に達していた。春分の日（3 月 21 日と決定：8 世紀）を基に定められた復活祭は、始まりが 13 日近く遅れていたわけだ（本当の春分の日は 3 月 8 日だったことになる）。ユリウス暦では、400 年当たり 3.120 日長くなる。そこで、400 年に 3 回閏年を減らせば、大幅な改善が見込まれる。こうして、100 で割り切れる年のうち、400 で割り切れない年（例えば、1700, 1800, 1900, 2100, …）を閏年ではなく平年としたのである。これだと、400 年あたり 0.12 日長くなるが、1000 年でわずか 0.3 日の遅れしかない。グレゴリウス 13 世が、改暦を行った当時、ヨーロッパは宗教改革が進み、カトリック・プロテスタントが激しく対立していた。そのため非カトリック諸国は、グレゴリオ暦を受け入れることを拒み、抵抗は 18 世紀中

葉まで続いた。ギリシャやロシア正教会が受け入れたのは20世紀に入ってからである。日本では、太陰太陽暦（旧暦）の明治5年12月2日（1872年12月31日）の翌日を1873年1月1日：明治6年とし、グレゴリオ暦に移行した。

太陽時から原子時計へ

ここで、時の計測法の歴史について述べることにしたい。現代社会と異なり、古代－近代まで、時の精確な計測の必要性などなかった。日本の江戸時代は、夜明け時を"明六つ"、日没時を"暮れ六つ"とし、間を各々6等分して時刻を表していた。これで十分事足りたのである。現代は様変わりし、株取引では、1秒の遅速が明暗を分けると言われる。グレゴリオ暦の普及と並行して、時の計測の精密化が要請され始めたのは、19世紀に入って後のことである。人々の活動がGlobal化する中で1884年、地球を南北細長く24の地域に分割した同一時刻帯が設けられ、基準をグリニッジを通る経線（経度0°）とした。世界時（グリニッジ標準時）が定められたのは1911年のことである。1875年には国際度量衡委員会が設立され、パリに本部が置かれた。その第1回総会で、1秒を平均太陽日の$1/(24×60×60)$と定義した。しかしながら、地球の自転速度は、潮汐力によって徐々に遅くなっている。そこで、1956年の総会で、1秒は、1900年における太陽年の長さの$1/31556926.9747$と定義された[1]。そして、1967年原子時計が出現する。時はもはや地球の動きとは無関係に、原子の状態変化によって決められることになった。原子時計で使用されるのは、原子番号55のCs原子である。その蒸気で満たした小室にレーザーを照射すると、その周波数が9.192631770 GHz（$1 GHz = 1×10^9 Hz$）で、共鳴的に吸収が起こる（図2-5 下図参照）。つまり、この電磁波は、1秒間に9,192,631,770回振動する。これが原子時計の1秒の単位である。この方法で決められる時間は、15桁の精度をもつ（1000万年に1秒以下のズレ）。このCs原子時計は、GPS（Global Positioning System、第6章・相対論・参照）衛星にも搭載されている。衛星からは、この正確な時間を電波で送っており、カー・ナビゲーション・システムやGPS腕時計などは、この信号を受信できる。一方、スマートフォンなどには、水晶（Quartz）振動子がセットされており、1秒間に32768回振動し、その精度は6-7桁程度である。ところで、このような時間設定は、厳密過ぎて、太陽の動きに馴染む我々の身体にフィットしない。そこで、国際地球自転局（設立1987年、本部はパリ）が、半年に1回、原子時計に1秒を加減し、太陽年に合うよう調整を行っている。このように調整された時刻は、ディジタル電波で発信されており、これを受信し時刻を合わせる時計が電波時計である。

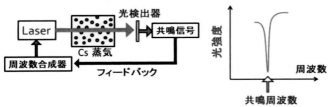

図 2-5. 原子時計。国立科学博物館提供（上図）と原子時計の模式図。

参考文献
[1] ジャクリーヌ・ド・ブルゴワン 著「暦の歴史」（創元社、2007 年）

第3章　近世の科学 – 第1次科学革命

　ここで、近世とは、ルネサンス（文芸復興：14 - 16 世紀）より市民革命・産業革命（18 世紀末から 19 世紀初頭）までを指すものとする。中世も終わり近く 12 世紀に入ると、古代ギリシャ・ヘレニズムやインド数学も含むイスラム（アラビア）科学が、ラテン語に翻訳されヨーロッパに入ってくる。このとき、素朴なキリスト教神学体系に満足していた西欧社会は、大きな思想変動を被ることになった[1]。特に問題となったのは、イスラム社会で絶対としてあがめられたアリストテレス自然学である。神の創造した世界とアリストテレスの本性としての自然は相容れないからだ。アリストテレスは、「形而上学（第1哲学）は神学に他ならない」と言っている。彼によれば、「因果律に従い原因を遡れば根本原因に行き着くが、この根本原因をなすものこそ神である」ということになる。こうして中世末期の神学は、アリストテレス自然学を否定する啓示神学と、限定的に受容する自然神学（理性神学）とに分裂した。前者は、聖書と教会の伝統に基づき三位一体の神を信ずるというものであり、後者は神の啓示・信仰の領域と、理性の対象となる自然界を区別する。後者はスコラ哲学として、アリストテレス自然学を積極的に取り入れ、より普遍的で強固な神学体系を作ることを企図した。スコラ哲学においては、神の創造した自然には整然たる秩序（法則）が存在するとされる。それを代表するのが、トマス・アクィナス（Thomas Aquinas: 1225-1274）やロジャー・ベーコン（Roger Bacon: 1214-1294）達である。ロジャー・ベーコンは、自然学において、経験知や実験観察を重視し、イギリス経験論の先駆けとなった。このような宗教的状況に、様々な社会情勢が加わり、近代科学の起源ともなる第1次科学革命が起こり、古代から長きに渡って君臨したアリストテレス自然学の体系を葬り去ることになる。ここでは、エポック・メイキングとなる理論・モデルを打ち出したコペルニクス、ケプラー、ガリレオ、ニュートンを採りあげ、その背景と意義について考える。自然科学の発展には、多くの人の仕事が含まれており、それらの相互作用を通して新しい考えが生まれてくる。決して一人の孤立した天才が生み出すものではないことを留意して欲しい。

中世から近世へ

　ヨーロッパ中世は、ゲルマン民族の侵攻による西ローマ帝国の滅亡（476 年）から、東ローマ帝国（ヴィザンチン：Byzantine 395-1453 はコンスタンチノーポリスの古い地名に由来）滅亡までとする。およそ 1000 年にわたる長い期間である。前半は、ゲルマン民族大移動の混乱期であり、さらにアフリカ北部より

イスラム帝国（ウマイヤ朝・後ウマイヤ朝）の侵入によってイベリア半島が占拠された。一方、ユダヤ教の改革運動として興ったキリスト教は、パウロの「ロマ書」を契機に民族宗教から世界宗教に転進する。多くの迫害を受けたが、313年ミラノ勅令（コンスタンチヌス帝）によって、ローマ帝国内において公認され、さらに380年には国教（テオドシウス帝）となった。こうして、キリスト教は政治との結びつきを強めることになる。また、公認以後、教義をめぐる神学論争が盛んに行われ、異端と正統が公会議において議論された。これは、異端審問や宗教戦争の形で先鋭化することになる。ところで、イスラム教の聖典はコーラン（Quran or Koran）であるが、これはムハンマド（Muhammad：570-632年）が神の啓示を受けて記した経典である。ユダヤ教、キリスト教、イスラム教はいずれも、この世界を創造した唯一神を信仰の対象とする。イスラム教では、ムハンマドを最後の預言者としており、ユダヤ教のモーゼや、キリスト教のイエスも預言者として認めている。イスラム社会では、正統カリフをめぐる部族間の抗争が頻発するが、聖典コーランの教義をめぐる対立はほとんどないようだ。コーランでは、イスラム教徒の順守すべき義務が具体的に書かれており、論争の余地はあまりないのかも知れない。コーランを基にした法をめぐって、イスラム法学が学問（神学の一部）の対象となっている。このように、ヨーロッパ中世の前半は、混乱による学問・文芸の停滞期とみてよいだろう。一方、東ローマ帝国では、古代ギリシャの哲学・自然学の注釈書が作られ、その再興が図られている。そのような成果は、西ヨーロッパには伝わらず、東のイスラム社会に伝搬し、インド数学をも取り込んだアラビア科学が栄えることになった。これは、東西両キリスト教会の分裂と離反によって交流が途絶えたためである。

　8世紀イスラムのウマイヤ朝に支配されたイベリア半島では、キリスト教国による失地回復運動（Reconquista）が始まり、13世紀中葉には、ナスル朝（グラナダ王国）を除きすべて、キリスト教国に帰属した。この間イスラムとの交流も生まれ、イスラム科学のラテン語訳なども行われるようになった。グラナダが陥落し、イベリア半島からイスラム勢力が完全に退去したのは1492年である。コルドヴァやグラナダにはイスラム建築の清華が残されている。イスラム勢力に勝利したポルトガル、スペインは、15世紀末より、余勢を駆って世界の海に乗り出して行く。大航海時代の始まりである（15世紀末-17世紀中葉）。イスラム科学から伝わった羅針盤や天文学の知識に加え、造船技術の発達やヨーロッパで急速に発達した銃火器による武装などが背景にある。また、海外での新たな信徒獲得をめざした、カトリック教会のサポートも海外進出を後押し

した。新しい領土獲得による莫大な富が目的であったことは言うまでもない。ポルトガル、スペインに続き、イギリス、フランス、オランダ、ドイツもこれに追随した。植民地からもたらされた富によって、科学・技術は更なる発展を促されることになる。

　歴史書を見ると、文化の栄える時期はあるものの、ほとんどが戦乱・殺戮の繰り返しである。これまで、いかほどの人の血が流されてきたのであろう？捕食・生殖の理由以外で、同属を殺戮するのはホモ・サピエンスのみである。中世ヨーロパにおいても、戦争が頻発した。イギリス・フランス間の百年戦争（1337-1453）もその一つである。もっとも戦乱・紛争は、現代に至るまで、絶えることなく継続している。中国で発明された火薬は、イスラム世界に伝わり、14世紀には弾丸を発射する火器として使用されるようになった。ヨーロッパにおいても、14世紀中葉より、大砲・小銃が使用されるようになり、その効果・性能を高めるために、化学や冶金の技術が進歩した。このような状況下、封建領主（騎士階級）は没落し、中央集権化した絶対君主制の時代に移行してゆく。

　ヨーロッパの中世は、暗黒の時代とよばれる。中世の前半部は、ゲルマン民族の大移動やイスラム勢力の侵攻など、混乱の時期が続き、学芸の沈滞期であったことは間違いない。そのような中、ヨーロッパ中世全体を見て、特に目を引かれるのが、ロマネスク様式からゴシック様式に至る壮麗な建築群である。我々はその美しさに目を奪われるが、それを支えたのは高度な力学の理に適った建築技術であった。その多くは教会建築に見られ、それを可能にしたのは宗教的熱情によるものであったことは確かだが、そこには、単なる自然観照ではなく、ある目的に対する強固な意志を感じ取ることができる。

大学の誕生

　中世の後半12世紀より、イスラム圏に隣接するイベリア半島や地中海のシチリア島を通して、ギリシャの哲学・自然学を含むイスラム科学が流入するようになった。これに呼応するようにヨーロッパに大学が誕生する。大学を単に高等教育機関の意味にとれば、古代ギリシャや中国、インドにおいて古くから大学は存在した。プラトンが、アテネ郊外に作ったアカデメイアが有名である。中国では官吏養成機関であり、インドでは寺院に付属する教育機関であった。また中世ヨーロッパにおいても、教会や修道院に付属する神学校があったが、聖職者の養成機関として設けられたものである。ヨーロッパ中世の後期に出現した大学は、学生が組合を作り、教師を招聘する形で始まった。その第1号が

自由都市ボローニャにできたボローニャ大学である（Università di Bologna：1088年）。ボローニャには私塾としての法学校が多数あり、ヨーロッパ各地からそれを学ぶ学生が多く集まっていた。学生達が結束して、自分たちの権利を守るために結成した組合が、ラテン語の universitas に当たるため、大学 University と呼ばれるようになったらしい。ほぼ同じ頃に作られたパリ大学（Université de Paris: 1150 年）の場合、教会付属学校の教師が結集して組合を作り、大学を誕生させた。いずれも、権力の介入に対抗するため、組合・大学を作ったのである。イギリスにはオックスフォード大学（University of Oxford: 1167 年）が誕生し、そこから分離独立してケンブリッジ大学（University of Cambridge: 1209 年）が作られた。ボローニャ大学から分離独立する形でできたのがパドヴァ大学（Università di Padova: 1222 年）である。こうして、13-14 世紀には、ヨーロッパ各地で大学が続々誕生した。この時期の大学に設置されたのは、神学校（部）、医学校（部）、法学校（部）である。神の召命に基づく仕事を司るのは、聖職者、医師、法曹家であった。これらの学部に進む前に、文法・修辞学・論理学・数学・天文など（Liberal Arts）を履修しなければならず、これらはすべて哲学部に属した。このような経緯によって、今日でも理学博士も含め、Liberal Arts 系の学位はすべて、Ph.D.（Doctor of Philosophy）と表記する。

ルネサンスと近世

　中世の終焉より、市民革命・産業革命に至るまでの期間（15 世紀中葉−18 世紀末）を、近世と呼ぶことにする。まさにこの時期に、コペルニクス、ケプラー、ガリレオからニュートンに至る第 1 次科学革命が進行した。社会情勢を見れば、ローマ教皇の権威が揺らぎ、宗教改革が起こって、新教・旧教の対立が先鋭化する。もちろんこれには、領有地や皇位継承をめぐる権力闘争が絡んでいる。フランスにおけるユグノー戦争（1562-1598）やドイツ・オーストリアを舞台にした 30 年戦争（1618-1648）がその典型例である。この時期、すでに中央集権的な絶対王政が支配する時代であり、地中海交易によって富を得て栄えたイタリアの都市国家は衰退の道を辿ることになる。文化的には、イタリア・ルネサンスの終焉を意味する。ルネサンス（Renaissance：再生）は、13-15 世紀にイタリアで興った古代ギリシャ・ローマの文芸復興を目指す文化運動である。その根底にあるのは、中世を支配した強力な教会権威からの解放であった。そこでは、文学（ダンテ、ボッカチオなど）、絵画（ジョットー、ウッチェロ、ボッティチェリ、フラ・アンジェリコ、ピエロ・デッラ・フランチェスコ、ティチアーノ、フィリッポ・リッピ、レオナルド・ダ・ヴィンチ、ミケランジェ

ロ、ラッファエロ)、彫刻 (ギベルティ、ドナテッロ、ミケランジェロ)、音楽 (パレストリーナ、モンテヴェルディ) 等において、多くの偉大な芸術作品が生み出された。それらが開花したのは、フィレンチェ、ミラノ、ローマ、ベネティア、ナポリ、フェッラーラなどの都市においてである。ルネサンスは 15 世紀末から 16 世紀初頭にかけてその最盛期を迎えた。先に述べたように、ルネサンスは文化運動であるが、自然科学の分野への貢献には、さほど目立ったものは無い。数学では、3 次方程式の一般解を導出したカルダーノ (Gerolamo Cardano: 1501-1576) と 4 次方程式の解を見出したフェッラーリ (Ludovico Ferrari: 1522-1565)、建築の分野で、フィレンチェのサンタ・マリア・デル・フィオーレ大聖堂の円蓋 (クーポラ: 図 3-1) を仕上げたブルネレスキ (Filippo Brunelleschi: 1377-1446) がいるくらいである。イタリア・ルネサンスは、北方にも波及し、デューラやブリューゲルなどの優れた美術を生み出した。その後、絶対王家のフランスや神聖ローマ帝国 (800-1806 年) の侵入によって終焉を迎える。

図 3-1. サンタ・マリア・デル・フィオーレ大聖堂とジョットーの鐘楼。

疫病の流行から新しい医学へ

中世末期 (14 世紀) ヨーロッパでは黒死病 (ペスト) が流行し、人口の 1/4-1/3 が犠牲になるという未曾有の災禍となった (感染すると皮膚が黒くなるためこの名で呼ばれた)。ペスト以外にも、多くの疫病に悩まされたことは間違いない。15 世紀末、コロンブスが西インド諸島より持ち帰ったとされるスピ

ロヘータ（梅毒：Incurable）もその一つである。このとき、古代ギリシャ・ローマの医学が全く無力であったことにより、自らの手でその対処法を創出せざるを得なくなった。これが以後の医学の発展へと結実してゆく。ペストはその後、18 世紀までヨーロッパ各地で流行し恐れられた。ところで、ヒポクラテス以後、医学はどのように発展したのだろうか？ヒポクラテスは臨床に基づく医学の創始者である。その後、古代ローマの時代に入り、それまでの医学を理論的に体系化したのがガレノス（Claudius Galenus: AC 129-200）である。彼は動物解剖による知識に基づき、肝臓が腸より消化物を引き出して血液に換え、静脈を通して筋肉その他の器官に栄養を送ると考えた。また、血液の一部は大静脈より心臓の右心に入って浄化され、不要物は肺に送られ呼気として排出されるとした。右心で浄化された血液は、心臓の中隔の孔を通って左心にゆき、そこから大動脈を経て全身の組織に送られると考えたのである。ガレノスは、最後の 5 賢帝マルククス・アウレリウス帝の侍医として働いた。ヒポクラテス・ガレノスの医学体系はイスラム社会に伝わり、アラビア医学として、中世ヨーロッパに逆輸入されることになる。興味深いことだが、アラビア医学に先ず関心を示したのは、ルネサンス期の画家・彫刻家であった。人体の構造にとりわけ深い関心をもったのがレオナルド・ダ・ヴィンチである。人体解剖はヨーロッパでは 12 世紀ごろより始まっている。人体解剖や手術が医学に取り入れられ外科学として、大学で講じられるようになったのはイタリアで、14 世紀中葉以降のことである。中でも解剖学に大きな足跡を残したのがパドヴァ大学のヴェサリウス（Andreas Vesalius: 1514-1564）であった。その精緻な人体解剖図は、広くヨーロッパに普及した。恐らく絵描きに頼んだのであろう。パドヴァ大学で学び、血液循環理論を確立したのがハーヴィ（William Harvey: 1578-1657）である。観察データを基にモデルを構築し、それを検証するという手法は、近代科学の方法論そのものといってよい[1]。医学も近代科学としての道を歩み始めたのである。

コペルニクス："太陽は王座に位する"

コペルニクス（Nicolaus Copernicus: 1473-1543）は、ポーランドに生まれ、最初クラコフ大学で学んだ後、イタリアのボローニャ大学、フェラーラ大学で法律を、パドヴァ大学で医学や天文学を修めている。パドヴァ大学留学時に、アリスタルコスの太陽中心説に触れたと伝えられている。7 年間のイタリア滞在後、帰国したコペルニクスは、26 歳でフロムボルク聖堂（カトリック）の聖職者（司祭）となり、そのかたわら天体観測（どのような観測機器を持っていた

かは定かではない）や著述活動を行った。プトレマイオス模型を否定する動機は、①アリストテレスの本性としての円運動より逸脱している、②太陽を讃迎するプラトンの影響、③アリスタルコスその他の太陽中心説の影響、④プトレマイオス模型の複雑さへの疑念、などが考えられる。いずれにしても、イタリア留学から帰国後、かなり早い時期から、太陽中心・地動説の発想に至っていたようである。観測データの収集と数学的解析に相当の時間を使い、執筆から出版まで20年の時間をかけている。著書「天球の回転について」の出版は1543年で、彼が逝去した年に当たる。時の法王パウロ3世に宛てた献辞が、この著作の序文となっている[1]。この書物を激しく糾弾したのは、プロテスタントの信者であり（特にルター）、カトリック・サイドは好意的に迎え入れたようだ。コペルニクスが、カトリックの司祭であったことや、自然神学においては、キリスト教の教義に関する真理と、自然学の真理は区別されたからであろう。この著作が発禁となるのは、ガリレオ裁判（1616年）後のことである。「天球の回転について」では、惑星はすべて不動の太陽の周りを円運動する。地球は月を従え自転しつつ公転する。惑星軌道をすべて円軌道としたため、観測結果を再現するには、周転円を導入せざるをえなかった。それでも、プトレマイオスのモデルに比べれば、かなりすっきりした形になっている。太陽中心説に対するプトレマイオスの反論（第2章；天文・暦 参照）に対するコペルニクスの応対は、アリストテレスに倣い"地上的な物質は共感によって地球と共に回転する"というものであった。あくまで円軌道に執着した点では、プトレマイオスより、アリストテレスの自然観に忠実であったといえよう。しかしながら、当時のキリスト教社会にあって、神の創造した世界（地球）が、太陽の周りを動くという説は、かなり衝撃的なことであったに違いない。

ケプラー："世界の数学的調和"

　ケプラー（Johannes Kepler: 1571-1630）は、コペルニクスに遅れること100年、ドイツの現 Baden-Würtenburg 州の Weil der Stadt に生まれた。チュービンゲン大学で数学を学び、コペルニクスの地動説を知り、その正しさを確信したようだ。その後、1594年から4年間グラーツ（Graz：現オーストリア）の学校で数学の教師を務めている。新教徒だったケプラーは、グラーツを追われ、1600年プラハのティコ・ブラーエ（Tycho Brahe: 1546-1601）の助手となり、天体観測やデータ整理を行うことになった。ティコ・ブラーエは、デンマークの貴族で、デンマーク国王の援助を受け、天文台を建設し正確な観測データを蓄積していた。超新星（SN 1577）を発見し、その観測結果を残したことでも知られ

る。その天文台には、巨大な三角六分儀（円弧の長さが円周の 1/6 に由来。図 3-2 は四分儀を示す）等の観測装置が置かれ、精密な観測データが蓄積されていた（観測データはすべて肉眼によるものである）。彼はその観測データに基づき、地球以外の惑星は太陽中心に周回し、月と太陽は地球の周りを回転するとした。コペルニクス説を採らなかったのは、恒星の年周視差[註3-1]が観測できなかったためとされる。ティコは、その後国王の庇護を失い、デンマークを去りプラハに至り、神聖ローマ皇帝ルドルフ 2 世に援助を求めた。星の運行表を作成し、「ルドルフ表」として献呈することがその条件であった（1599 年）。

ケプラーが共同研究を始めて 1 年後、ティコ・ブラーエは尿毒症で死去したが、ケプラーはその後継者となる。ティコ・ブラーエは、特に火星に関する精密なデータをもっており、ケプラーはその解析より、太陽から惑星に引いた線分が描く面積速度が一定であることに気づいた。彼の視点は、コペルニクスとは異なり、惑星の軌道を運動の形態として捉えようとしたのである。惑星が太陽の周りを公転するのは太陽が発する力によるとし、月が地球を周回するのは地球の自転が生み出す力が原因と考えた。

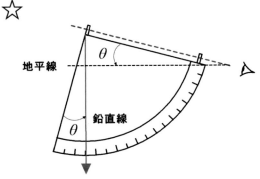

図 3-2. 星の高度を測定する四分儀。

惑星の公転運動を特徴づけるのはどのような物理量であろうか？すぐ頭に浮かぶのは、太陽からの距離と惑星の速度である。もし軌道が完全な円軌道であれば、太陽からの距離と速度はともに一定になる。幸運だったことは、火星の公転軌道の離心率（円軌道からのズレ[註3-2]参照）は、水星に次いで大きかったことだ。ケプラーは先ず、太陽から火星に引いた直線が描く扇形状の面積が、時間的に一定であることを見出した（円軌道でも楕円軌道でも成立する）。面積速度に注目したとき、円の面積を内接する正多角形の面積で近似したアルキ

メデスが脳裏に浮かんだに違いない。彼は、太陽からの距離が変化しても面積速度は一定という事実から楕円軌道を確信したのである。ところが実際は、ケプラーに先ず去来したのは、楕円ではなく卵円形の軌道であった[2]。恐らくその理由は、楕円の場合2つの焦点があり、太陽を配置する場所が2つあることに抵抗を感じたのではないだろうか。卵円形では1点に定まる。しかし卵円形を数式で表すことは難事である。宇宙の数学的な調和（神の御業）にこだわるケプラーにとっては、やはり楕円軌道しか有り得なかった。

　いずれにしても、これはまさに、アリストテレス以来おおよそ2000年続いた円の呪縛を解く革命的なできごとであった。こうして、ケプラーの第1法則：惑星は太陽を焦点とする楕円軌道を描く、と第2法則：太陽から惑星に引いた線分が等時間当たりに描く面積は一定である（面積速度一定）の2法則が「新天文学（Astronomia nova）」として1609年に出版された。第2法則は、角運動量保存則に該当する[注3-3]。この2つの法則から、万有引力の法則を演繹的に導出することは難しい。ニュートンは、「プリンキピア」第III章において、太陽が楕円の中心にあれば力は距離に比例し、太陽が楕円の焦点にある場合は距離の自乗に逆比例することを幾何学的に示している[3]。実際は、近日点・遠日点は1年に1度訪れるので、太陽は楕円の焦点にあることになる。

　その後、新教・旧教間の争いが起こり、プロテスタントのケプラーはプラハを去って、1612-1626年の間オーストリアのLinzで学校の教師を務めながら、天文学の仕事も続けた。その中で書き上げたのが「世界の調和：Harmonices Mundi」（出版：1619）である。ケプラーを駆り立てたのは、神の創造した世界の数的調和を見出すことであった。その主要部分は音楽における調和・和声について語られている。最後の第5巻に登場するのが、有名な第3法則だ。"惑星の公転周期の2乗は、楕円軌道の長軸の3乗に比例する"がそれである。この法則は、力が逆自乗則に従う2体の運動に対してのみ成立する（補遺3-1参照；力が距離に比例する場合は成立しない）。彼がこの法則を見出したのは、太陽の周りを回る惑星の周期と距離の間に相関があり、数的調和があると確信していたからに違いない。ティコ・ブラーエの正確なデータを基に、試行錯誤を繰り返した後、惑星の周期の自乗を惑星・太陽間の平均距離の3乗で割るとほぼ1になることを見出したのだ（地球に対する値を1とした）。神の御業としての宇宙の数学的調和に取りつかれた執念のなせる業である。

　ケプラーが生きたのは、新教・旧教間の紛争が頻発した厳しい時代であった。ケプラーがまさに第3法則にたどり着き、「世界の調和」を完成させたその時に、30年戦争が勃発した（1618-1648年）。新教・旧教の争いに名を借りた領

主間の権力闘争に他ならない。それは、魔女伝説がまだ生きていた時代でもある。ケプラーの母親は、魔女の嫌疑をうけ 1 年以上も拘留されたと伝えられている。母親の救出に奔走する中、戦火は Linz にも及んだ。そのような状況下、ティコに委託された「ルドルフ表」は、1622 年にほぼ出来上がったが、30 年戦争の騒乱の中、印刷場所と資金を求めて、帝国各地に足を運ぶ破目になった。それがウルムで出版されたのは、5 年後の 1627 年のことである。その口絵の中央、神殿の祭壇上には、コペルニクスとティコを配し、その屋根に数学の女神ゲオメトリア（幾何学）とロガリトミカ（対数）を飾った（対数の発見は 1614 年) [2]。テーブルに着きローソクの光の下で仕事をしているケプラーの姿は、祭壇の側面の一角に慎ましく描かれている。表に示されたのは、惑星の位置を予言する表と規則、1005 ケの恒星の位置である。1630 年秋、ケプラーは経済的窮状から「ルドルフ表」の対価を求め、皇帝が滞在していたレーゲンスブルグに向かったが、疲労と寒さに体調を崩し、到着の数日後に 59 年の生涯を閉じた。

ガリレオ：''自然は数学の言葉で書かれている''

　ガリレオ（Galileo Galilei: 1564-1642）が生きた時代は、ケプラーのそれと重なる。当時の政治・宗教の抑圧によって、困難な状況を強いられたことも共通している。ガリレオはピサ大学で学んだ後、パドヴァ大学・教授として、幾何学、天文学、数学を講じた。ガリレオの功績は、落体の法則の数学的表現を与えたことであろう（ピサの斜塔の実験は、伝記作者 V. Viviani の作り話らしい）。自然落下の運動などを数学的に表現する試みは、すでに 14-16 世紀にかけてなされていたようである。そこでは速度、加速度の定式化も行われていたらしい [1]。ガリレオの場合には、落体の法則を巧妙な実験によって検証するという新しい方法論が採られている。磨かれて摩擦の少ない緩い傾斜面に金属球を転がし（滑り摩擦は転がり摩擦の数千倍）[註 3-4]、時間間隔や走行距離を長くとって、測定の精度を上げるなどの工夫がなされた。時間の計測には、水時計（振り子の説もある）を使用したらしい。こうして得られた結果が、金属球の速度は時間に比例すること、走行距離は時間の自乗に比例するというものである。測定結果から、これらの結果を導き出すのは、それほど簡単なことではない。金属球には摩擦や空気の抵抗も働くので、測定結果にはばらつきが生じる。当時の時間の計測法はかなりの不確定性を生んだはずである。この落体の法則は「新科学対話」(1638 年) において言及されている。アリストテレスの自然学では、運動力 F は運動体の重さ M と速度 v に比例する。自由落下の場合、運動力は、

重さ M のみによって決まるので一定である。すると速度も一定ということになる。これは明らかに事実と反するので、いろいろな理屈が考えられたようである。

　ガリレオは、著書「天文対話」（1632 年）において、プトレマイオスとコペルニクスを対比し、地動説の正しさを説いたことで、法王庁の審問を受け有罪判決を受けた（1633 年）（このガリレオ裁判の結果は、1992 年ローマ教皇ヨハネ・パウロ 12 世によって撤回された）。裁判に至る経緯は、ガリレオの攻撃的な性格や政治的思惑も絡み複雑である。ガリレオは、真理の殉教者というより、名誉心と処世術に長けた人物だったようだ[1]。ガリレオは自作した望遠鏡（倍率：10−30）で、木星に 4 つの衛星があることを発見し、トスカーナ大公のメディチの名を冠して、Medicean 星と命名した。望遠鏡は当時、オランダで発明されたが（1608 年）、いち早く情報を入手し、独自のアイディアで望遠鏡をデザインした（1609 年）。これによって、月のクレーターや太陽黒点を初めて観測している。太陽黒点の発見は、太陽を讃仰・神聖視するプラトン・アリストテレス哲学に打撃を与えた。ガリレオの功績は、数学を使った法則の表現と実験的検証をセットにした方法論の確立である。また、宇宙という偉大な書物は数学で書かれているという有名な言葉を残している。これは現代科学（特に物理学）の根幹をなすものである。一方、ガリレオは、ケプラーの法則を知っていたが、円軌道に強い執着を示し、楕円軌道を認めなかった。大変皮肉なことに、アリストテレス同様、等速円運動こそが、永続的で完全な運動形態と信じて疑わなかったのである。

ニュートン力学の誕生－運動の幾何学的記述："プリンキピア"

　アイザック・ニュートン（Isaac Newton：1643-1727）は、ガリレオの死の 1 年後に生まれている。ニュートンは 1661 年ケンブリッジの Trinity College に入学し、アリストテレス、デカルト、ガリレオ、ケプラーの仕事を学んだ。1665 年、ペストの大流行で、大学は閉鎖となり、2 年間を郷里で過ごすことになった。この間に、微分・積分、万有引力の法則などの着想を得たという。まさに早熟の天才である。その後、ケンブリッジに帰ったニュートンは、26 歳で（1669 年） 教授(Lucasian professor)に就任する。その才能は広く大学内で認められていたのであろう。ニュートンは、単に数学や理論物理の才能ばかりでなく、反射望遠鏡を製作したり、錬金術の実験に凝ったり多彩な能力の持ち主であった。彼の名声を一気に高めたのは、言うまでもなく「プリンキピア：Philosophiæ Naturalis Principia Mathematica－自然哲学の数学的諸原理：1687 年」である。タ

イトルにある数学的とは、ユークリッド幾何学を意味しており、微分・積分法は使用されていない[3]。記述も、ユークリッドの「原論」に倣い、先ず定義を述べ次に公理を示す。その後、命題、定理が証明される構成をとっている。均一に持続として流れる時間と絶対空間は自明とされた。そして、ニュートンの運動の3法則が公理として提示される。

第1法則：すべての物体は、外力が働かない限り静止か等速直線運動を行う。
第2法則：運動状態の変化は、加えられた運動力に比例し、その運動力が加えられた直線方向に起こる。
第3法則：2物体相互の作用は、大きさは同じで逆向きに起こる。

第1法則は、慣性の法則である。運動する物体には外力が働いているとするアリストテレス自然学の明確な否定を意味する。この慣性の法則を最初に唱えたのはデカルト（René Descartes：1596-1650）で、"物体は、他の物体が衝突し、状態の変化を強いない限り、同一の状態を保つ"と「哲学原理」において述べている。ただ、ニュートンの場合は、力学の体系を構築する公理の一つとして導入した。現在では当たり前と思うこの法則も、当時は革新性をもつものであった。ちなみに、床の上を転がる物体は何も外力を加えなくても止まってしまう。ボートも漕ぐ手を止めれば止まってしまう。自由落下も然りである。摩擦力、空気や水の抵抗、万有引力といった力の存在を仮定しなければ、慣性の法則は成立しない。第2法則は、ニュートンの運動方程式に該当するが、いわゆる力＝質量×加速度の形で与えたわけではない。運動状態の変化を、運動量＝質量×速度の時間的変化と解せば運動方程式となる。ところが、第2法則を運動方程式と解せば、第1法則は第2法則に含まれてしまう。外力が無ければ加速度は0、よって速度は一定である。慣性の法則を最初に据えたのは、アリストテレス自然学を明確に否定する必要があったからであろう。ニュートンの深慮遠謀さをもってすれば、第1法則は、それが成立する座標系（慣性系）の存在を主張したものと解すこともできる。第3法則は、運動量保存則と等価である。プリンキピアは、3巻からなり、第1巻では、真空中の物体の運動を記述する（アリストテレスやデカルトは、真空の存在を否定している）。その中で、惑星の楕円軌道（円軌道含む）は、2体間に働く距離の自乗に逆比例する力を仮定することで、幾何学的に証明を与えた。天体間のみならず、地上の物体間も、すべての物体間には、距離の逆自乗に比例する万有引力が働くことは、第3巻「世界の体系について」において述べられている。有名なニュートンのリンゴの逸話は、伝記作家W.ステュークリーが晩年のニュートンから直接聞いた話とのことである[4]。万有引力則の実験的検証は、プリンキピア出版の約

100 年後に、キャベンディッシュ（Henry Cavendish:1731-1810）によってなされた。

　ところで、天体間に働く力は、距離の逆自乗に比例するという説は、フック（Robert Hooke: 1635-1703）のニュートン宛の書簡に述べられている。フックは、"バネなどの弾性体の伸縮長は、加えた力に比例する"というフックの法則で名高い。残念ながら、フックは、逆自乗則より楕円軌道を導出することができなかった。このため、フックは先取権の主張を取り下げている。ニュートンは、プリンキピア以外にも、反射望遠鏡の試作や、プリズムによる太陽光のスペクトル分解など、光学の分野でも大きな貢献をなした。その他、錬金術や神学の研究にも凝ったらしい。ニュートンに関しては、様々な逸話が伝わっている。生涯彼の笑い顔を見た者がいないとか、大小 2 匹の猫を家に飼っていた（ペストの発生後西洋では猫が多く飼われるようになった）など多数ある。ケンブリッジ大学時代、大学選出の下院議員になり、「議長、窓を閉めて下さい」と発言したのが唯一議事録に残っているという。ニュートンはケンブリッジを去り、1699 年、ロンドンで造幣局長官に就任する。これが錬金術に没頭するきっかけになったらしい。ニュートンは、1703 年より王立協会会長を終生務め長寿を全うした。

　ニュートンの運動の第 2 法則は、運動方程式として知られ、古典力学の基礎をなしている。質量 M の物体に外力 F が働けば、物体は加速度 a を得るというものだ。式で書くと、

$$F = Ma \quad (3\text{-}1)$$

である。物体に、力 F を加えると、加速度 a が生じたとすれば、この物体の（慣性）質量は M である。(3-1) 式は、慣性質量を定義する式でもある。これを、アリストテレス自然学の、"運動力 F は運動体の重さ M と速度 v に比例する"と比較すると、単に速度を加速度に置き換えただけのことになる。もちろん、アリストテレスにおいては、力や速度の明確な定義はなされていないが。ニュートン力学においては、速度、加速度は次のように定義する。微小時間 Δt が経過後、物体が位置 x から $x + \Delta x$ に微小変位し、速度は v から $v + \Delta v$ に微小変化したとすると、速度 v および加速度 a は、

$$v \equiv \Delta x / \Delta t \equiv \dot{x}$$
$$a \equiv \Delta v/\Delta t = \Delta(\Delta x/\Delta t)/\Delta t \equiv \ddot{x} \quad (3\text{-}2)$$

と表される。走行距離を所用時間で割ったものが速度だが、一般に速度は時々刻々変化しうる。上式は、地点 x（時刻：t）での瞬間速度（$\Delta t \to 0$）を表している。位置 $x(t)$ を時間の関数としてグラフに表せば、速度 $\Delta x/\Delta t$ は、位置 x（時

刻：t）における接線の傾きに該当する。位置 $x(t)$ を速度 $v(t)$ に換え、時刻 t から $t + \Delta t$ の間に速度が Δv 増加したとすれば、$\Delta v/\Delta t$ が加速度である。Δv が負であれば、ブレーキがかかり減速を受けたことになる。このとき、$\dot{x}(t)$, $\ddot{x}(t)$ を時間に関する 1 次および 2 次の導関数と呼ぶ。ライプニッツ（Gottfried Leibniz: 1646-1716）の表式では、dx/dt, d^2x/dt^2 と書き表す。いま、関数 $x(t)$ を t の関数として描き、t と $t + \Delta t$ の区間の面積を考える。Δt の値が十分小さければ、辺の長さが $x(t)$ と Δt の長方形の面積としてよいであろう。よって、区間（t_0, t）の面積は、Δt の微小幅で分割した長方形の面積を足し合わせればよい。
$F(t) = lim_{\Delta t \to 0}\{x(t_0) + x(t_0+\Delta t) + x(t_0 + 2\Delta t) + ... + x(t)\} \cdot \Delta t \equiv \int x(t)\, dt$ (積分範囲：$t_0 \to t$)、すると、$F(t + \Delta t) - F(t) = x(t + \Delta t) \cdot \Delta t \approx x(t) \cdot \Delta t$、すなわち、$lim_{\Delta t \to 0}\{F(t + \Delta t) - F(t)\}/\Delta t \equiv dF/dt = x(t)$ と表される。$\int$ は和（Summation）の S を記号化したものである。微分は接線の傾きを、積分は求積を意味している。こうして、微分と積分は逆演算の関係にあることが分かる。

このような微積分法は、ニュートンとライプニッツ双方、ほぼ同じころに着想を得て定式化した。ニュートンは、「流率の方法と無限級数」という著書を 1671 年に発表している[5]。ここで、流率とは変化率（微分[注3-5]）の意味である。ニュートンには、ガリレオの落体の法則が頭にあったものと思われる。ライプニッツの表現が数学的であるのに対し、ニュートンの表現には物理的発想が感じられる。こうして、ニュートン以後、物理学者は運動の第 2 法則を、
$F(x) = M d^2x/dt^2$　(3-3)
という微分方程式で表わし、具体的な力学の問題に適用した。微分方程式とは、導関数を含む等式のことである。力 $F(x)$ が既知の関数であれば、時間について 2 回積分を実行すれば、解 $x(t)$ が求まる。これは、時刻 t を指定すれば、その時の物体の場所 x と速度 v が分かるという意味で、力学の問題は解けたことになる。ただし、積分定数が 2 つ現れるので、いわゆる初期条件 $x(0)$ および $v(0)$ が与えられれば、解は一意的に決定できる。もちろん時刻はいつの時刻でもよい。自然落下を例にとると、手を放した瞬間の時刻を $t = 0$ とすると、その位置を 0、速度 0 が初期条件である。t 秒後の速度は $\dot{x} = g t$、落下距離は $x = g t^2/2$ となる（g は地球の引力による重力の加速度：地表近辺では一定とみなせる）。以上は、x-座標のみの 1 次元の場合だが、一般的には 3 次元に拡張しなければならない（2 体の運動は 2 次元面内で記述できる）。これは単に、$x(t)$ を物体の位置を表すベクトル r(t)：$(x(t), y(t), z(t))$ に換えればよい（太字はベクトルを表す）[注3-6]。この場合も初期条件を与えなければならない。もし、ある時刻に 2 つの天体が瞬間的にせよ静止していたとすれば、2 体は引力によっ

て近づき衝突する。初期条件によって、運動の形態・軌道は決まるのだ。惑星の運動に関する初期条件として、ニュートンはそれを"神の一撃"と表現している。

ところで上式では、Δ は 0 に近い十分小さな量としただけで、厳密な定義とはなっていない。その弱点は、主に哲学者・神学者の批判にさらされた。例えば、自由落下の運動で、$x(t) = gt^2/2$ の場合を考えてみよう。このとき、ニュートンの流率（微分）は、$\{(t + \Delta t)^2 - t^2\}/\Delta t = \{2t\Delta t + (\Delta t)^2\}/\Delta t = 2t + \Delta t = 2t$ となる（係数 $g/2$ は省略）。最初の方で、$\Delta t \neq 0$ だが、最後のところで 0 とするのは矛盾である。しかし、一般に物理学者は、論理的厳密さにはさほど頓着せず数学を使う傾向がある。そもそも点や線などの概念は数学的なもので、物理の経験的概念とは馴染まない。ニュートン、ライプニッツの微分・積分の概念も、この弱点を修正できぬまま時が過ぎた。0 を使わない極限値の概念の数学的定義は、プリンキピア出版から約 200 年後、ドイツの数学者ワイヤーシュトラス（Karl Weierstrass：1815-1897）によって与えられた（補遺 3-2）。物理は数学を表現の手段として使うが、その違いについては第 10 章において述べることにする。

参考文献
[1] 村上陽一郎 著「西欧近代科学」（新曜社、1971 年）
[2] ジェームズ・ヴォールケル 著「ヨハネス・ケプラー」（大月書店、2010 年）
[3] アイザック・ニュートン 著「プリンシピア」（講談社、1977 年）
[4] イアン・スチュアート 著「世界を変えた 17 の方程式」（ソフトバンク・クリエイティブ、2013 年）
[5] 佐藤文隆 著「宇宙論への招待」（岩波新書、1988 年）

第4章　近世から近代へ

　本章ではニュートン以後、絶対王政の時代から、その衰退を経て、近代科学と科学者の誕生に至るまでの科学の歩みを辿る。この時期（17世紀末から19世紀初頭）の科学の発展を担ったのは、職業としてではなく、ある意味趣味的に科学研究を行った科学愛好家と言うべき人たちであった。そして、力学以外にも、化学や電気・磁気などが科学として注目を集めるようになる。

近代への序章

　ニュートンのプリンキピア以後、科学はどのような道を進んだのだろうか。ニュートンは、プリンキピアの批判に応える形で、「一般的注解」を著わし、その中で、「現象から導き出せないものは仮説であり、私は仮説を立てない」と述べている[1]。ニュートンに先立ち、フランシス・ベーコン（Francis Bacon: 1561-1626）は、実験・観察データをもとに、そこから一般的法則を見出すという"実験哲学"を提示していた。ニュートンはプリンキピアにおいて、均等な絶対時間と一様な絶対空間を自明なものとした。しかし、これも一つの仮説に他ならない。恐らく、神も考察の対象外、現象から導き出し得ない（自明な）ものとしたのであろう。しかし、先に述べたように、初期条件が与えられれば、あるいはある時刻での物体の位置と速度が分かれば、過去・未来にわたるいかなる時刻においても、その物体の位置・速度は、運動方程式によって決まってしまう。もちろんこの場合、力が既知でなければならないが（例えば、万有引力）。このようなニュートン力学の決定論的性格と（量子力学も含め、基本的には物理法則はすべて決定論である）、デカルトの人間理性に対する信頼とが結びつき、啓蒙思想（17世紀末-18世紀末）が生まれた。そこには、もはや神の居場所は存在しない。特にフランスでは、この啓蒙思想が市民革命と共和主義的近代化への道を開くことになる。

　絶対王政の時代、王権の干渉を受けることなく科学振興を目指す学者の組織である科学アカデミーが創立されている。当時の情報交換はもっぱら書簡によるものであった。それ以外では、貴族のサロンでの集まりなどに限られていた。イギリスの王立協会（Royal Society: 1660年）の創設が最も早く、協会の独立性を王権が容認したという意味で、王立の名が付されている。それは、学者が定期的に会合を開き、情報交換する場であり、図書館や実験室なども併設された。また、学会誌も発行するようになった。フランスの場合、ルイ14世の経済支援もあって、1666年パリにフランス科学アカデミーが設立されている。1700

年には、プロイセン科学アカデミーがベルリンに創設され、ライプニッツが初代会長に就任した。ロシア科学アカデミーは 1725 年、アメリカ科学アカデミーの創立は南北戦争（1861-1865）中の 1863 年である。日本では、帝国学士院が 1906 年に設立され、第 2 次大戦後、日本学士院・学術会議（1947 年）となった。各アカデミーは、ごく少数の会員（Fellow）に限定され、その形態は今日まで引き継がれている。

ニュートン力学と機械論的自然観－"ラプラスの悪魔"

　18 世紀のヨーロッパでは、理性に基づき政治・社会一般を合理的に捉える思潮が盛んになってくる。フランスでは、特にヴォルテール（Voltaire; François-Marie Arouet：1694-1778）によってニュートン力学が紹介され、デカルトの合理主義と結びついて、機械論的自然観に傾斜してゆく。神は、科学の体系にとって用無しとされたのである。このような無神論的思想は、相対的に人間の価値を高めることになる。そして、新しい拠り所としたのが人間の理性であった。理性はすべての人に平等に付与されたものとし、広く社会一般の人への啓蒙活動が重視され、フランスでは百科全書が編纂された。そこでは、信仰の自由や人権（平等）の尊重が説かれている。一般市民の個としての意識の高まりが、やがて市民革命へとつながってゆく。こうして、絶対王権と貴族社会は次第に衰退し、代わって市民階級が台頭してきた。科学もそれに対応して変貌を遂げることになる。このような情勢下フランス革命が勃発する。革命後の混乱を収受し、フランスをヨーロッパの強国に仕立て上げたのがナポレオン（Napoléon Bonaparte：1769-1821）であった。ナポレオンは、軍事だけでなく、教育にも関心を払い、エコール・ポリテクニークやエコール・ノルマルなどを創設している。また数学を好み、ラグランジェ（Joseph-Louis Lagrange：1736-1813）、ラプラス（Pierre-Simon Laplace：1749-1827）、ルジャンドル（Adrien-Marie Legendre：1752-1833）、フーリエ（Joseph Fourier：1768-1830）、ポワソン（Siméon Poisson：1781-1840）などの物理数学者を重用した。ラプラスは国会議員に、フーリエは県知事に任命されたが、ナポレオン失脚後、王政復古したルイ 18 世に忠誠を誓っている[2]。

　世界の未来が、現在の状態で決まっているという決定論で、よく引き合いに出されるのがラプラスの悪魔（デーモン）である。これは、"世界がすべて原子からできているとして、ある時刻に、すべての原子の位置・速度を知ることのできる知性（Laplace's Demon）が存在するとすれば、世界の過去・未来を完全に知ることができるだろう"というものだ。ラプラスは、ナポレオンに著書

「天体力学」（全5巻：1799-1825）を献呈した際、ナポレオンの言葉"この書物には神のことが書かれていないようだが？"に対して、"帝よ、私はそのような仮説を必要としないのです"と答えたと言われている[3]。ラプラスは決定論者であったが、多体系に対して解を求めるのは容易でないことは十分承知しており、複雑な系に対して確率論を使用することを考えた。観測値の平均値とその揺らぎ（分布幅）が、正規分布（図4-1）で表されることを証明したのはラプラスである。図では、平均値 $<x> = 1$ 標準偏差：$\sigma = 1$ とした。偏差値とは、50: $x \geq <x> + 0 \times \sigma$ (50 %) 60: $x \geq <x> + 1 \times \sigma$ (16 %)、 70: $x \geq <x> + 2 \times \sigma$ (2.3 %) … と定義される。正規分布は、ランダムな現象の背後に見える規則性とも言える。液体表面を熱運動で動き回る微粒子の運動（ブラン運動：酔歩に同じ）を見ると、1つの微粒子が最初の点から離れる距離は、正規分布を示す。拡散方程式（補遺5-1）を解くことで、これを明らかにしたのはアインシュタインであった。サッカーにおいて、例えばFWの選手の位置取りを1分ごとにサンプリングすれば、同様に正規分布が得られるだろう。株価の変動もある平均値の周りで正規分布するのではないか（大規模自然災害や劇的社会変動がなければ）。

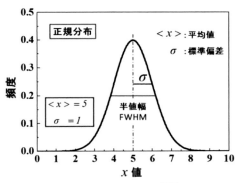

図 4-1. 正規分布。$f(x) = exp[-\{x-<x>\}^2/2\sigma^2]/\sigma \cdot \sqrt{2\pi}$ （exp は指数 e）

詳細は第10章で述べるが、3つ以上の物体が相互作用する（例えば万有引力則の下で）系に対して、その運動を記述する解析的な解（数値解でなく解析関数としての解）は存在しない。太陽系の惑星の運動は、一定周期の楕円軌道を描いていると思うかも知れないが、これは近似的な話で、厳密には異なる軌道を描き続けている。ただその軌道のズレは小さいので、準周期的とみなしてよいのである。一般に自然は、余計なちょっかいを出さず放っておけば、完全

に調和した状態（平衡状態）に落ち着くだろうと考えられている。経済学においても、余計な規制を加えずに、市場に任せておけばことはうまく運ぶという説がある（市場原理主義）。ところが自然のバランスはほうっておけば常に安定化するとは限らない。3 体問題において不安定な解の存在に気付いたのは H. Poincarè であった（1890 年）。その軌道の複雑怪奇さに驚いた彼は、この問題を封印したと言われる。このカオス現象が表舞台に現れるのは 70 年後のことである。非線型微分方程式の数値解として現れるカオスは、初期値が同じであれば同じ時間発展を辿るという意味では決定論である（小さな擾乱があれば予測不能）。太陽系惑星の場合、スーパー・コンピューターの数値計算結果によれば、惑星同志が衝突するような事態は、20-30 億年の間は起こらないらしい。ただし、火星 - 木星間にある小天体群の運動はほぼ予測不能である。カオスに関しては、第 10 章・非線形性とカオスにおいて詳しく述べる。序のことながら、量子論における確率解釈も広義の意味で決定論と言えるだろう。

目的論的自然観と解析力学－"自然（神）は無駄を欲しない"

ニュートンの力学体系は、アリストテレスの目的論的自然学の体系を崩壊させた（ように思われた）。惑星の運動に関する観測データは、ニュートンの運動方程式を解くことで、定量的に説明することができる。さらに、未来・過去の運動形態も定量的に予見できるのである。ただしこのとき、万有引力の法則をアプリオリ（a priori：経験的認識に先立つ先験的な意）なものとして認めなければならない。アリストテレス自然学の弱みは、説明はできるが定量的な予見ができないことだ。アリストテレスの運動学では、神の欲する調和の世界（天上界は円運動、地上界は直線運動）が自然の本性とする。円は閉じた曲線としては完全な対称性をもち最大の面積を囲み、直線は 2 点間を結ぶ最短距離を与える特別なものだ。ここで、万有引力則を定めたのが神であると結論すれば、科学はここでおしまいである。アインシュタインは、質量をもつ物体が周りの時空を歪ませることによって重力が生ずるとした（一般相対性理論）。ニュートンのアプリオリな万有引力則を時空の幾何学に還元したのである。しかしこの場合も、なぜ質量をもつ物体が周りの時空を歪ませることができるのかという問いが生まれる。自然科学の宿命は、この問いを問い続けることにほかならない。

ニュートンの運動の法則は、物体に外力が働けば、物体はその外力を質量で割った加速度を得るというものだ。これを微分方程式という数学の言葉で表したのが、ニュートンの運動方程式である。ニュートンに言わせれば、"この法

則は、自然界を注意深く観察し、その経験をもとに理性的直観によって導出した（一般化・普遍化）"ということになるだろう。このイギリス経験論（帰納法）に対置されるのが、デカルトに発する理性に基づく合理論である。理性によって根本原理を把握し、これをもとに一般法則を演繹的に導くという考え方だ。特殊相対論や一般相対性理論は、後者の範疇に入るであろう。経験重視か理性重視かということだが、いずれにしても、いかなる予見も実験的に検証されなければ、科学としては承認を得られない。

　ところが、プリンキピアが出てほぼ 100 年後、自然（神）は無駄を欲しないという目的論的原理から出発して、ニュートン力学を包含するより一般的な力学の形式がラグランジェによって体系化された。これが解析力学である（1788 年）。これに先立ち、ダランベールは、ニュートンの運動方程式 $M \cdot (d^2r/dt^2) = \boldsymbol{F}$ を、$M \cdot (d^2r/dt^2) - \boldsymbol{F} = 0$ とし、左辺第 2 項を見かけの力と解せば、運動を記述する運動方程式は、力の釣り合いの式に帰着することを指摘した（1743 年）。ラグランジェは、これに注目し、変分という概念を導入することで、すべての力学系に適用できる新しい基礎方程式を導き出した。通常の微分と変分の違いは図 4-2 を見れば容易に理解できる。図では、横軸を時間にとり、縦軸を質点（物体の位置を点で指定）の位置としてその軌道を描いている。質点が、時刻 $t = t_A$ では、q_A の位置にあり、時刻 $t = t_B$ で、場所 q_B にあるとし、実際の質点の経路を $q(t)$、この径路より少しずれた経路を $q'(t)$ とした。通常の微分は、$dq(t) = q(t+dt) - q(t)$ で定義される。一方、変分は、同一時刻で、経路のズレによる微小変位、$\delta q(t) = q'(t) - q(t)$ で定義する。また、点 A と点 B は固定し、その間の経路をいろいろ変化させる。ラグランジェによれば、Lagrangian $L(q(t), dq(t)/dt, t)$ を点 A（q_A）から点 B（q_B）まで時間積分したとき（作用積分）、その値が極値（極小ないし極大）を与える経路が真の経路である。$q(t)$、$dq(t)/dt$ は、粒子の時刻 t における場所、速度に対応する。これより、ニュートンの運動方程式に代わる Lagrange 方程式が得られる[註4-1]。$L(q(t), dq/dt, t)$ =（運動エネルギー）－（位置エネルギー）と定義すれば、Lagrange 方程式は Newton の運動方程式になる。物体を力（重力や電気的クーロン力など）に抗して基準点からある位置まで運ぶに要するエネルギーが、運ぶ経路によらない場合、物体はその位置に対応した重力ないし電気的位置エネルギーをもつ（エネルギーに関しては、第 5 章熱の科学（ii）参照）。作用積分が極値をとるような状態が実現されるという要請を変分原理と呼ぶが、物理の幅広い分野で使用される普遍的な原理である。経路を原子の配列・構造に変えれば、最短時間は系の最小エネルギーに対応する。例えば、固体内部および固体表面の原子配列は、この原理

によって決まる。今後、我々はこれを最小作用の原理と呼ぶことにしよう。多くの物理の基本法則は、この原理によって導き出すことができる。なぜこの原理が成立するのかは明らかではないが、一種の"目的論的原理"とみなされよう。

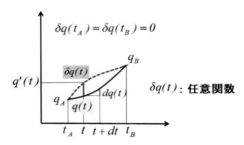

図 4-2. 通常の微分 $dq(t)$ と変分 $\delta q(t)$。

　波の重要な性質であるスネルの屈折の法則は、高校の教科書では、ホイヘンスの素元波の重ね合わせで説明されている。ここでは、変分原理によって屈折の法則を簡単に導出できることを述べておこう。図 4-3 に示すように、海と砂浜があり、海岸線は直線とする。今、砂浜に居た A さんが、海中でおぼれる B さんを発見した。A さんは最短時間で、B さんを助けに行かねばならない。A-B の直線で向かえば、距離は最短だが、海に入ると泳いで行かねばならず速度は落ちる。陸地での速度と同じであれば、最短距離を行くのが正解である。陸地での速度が圧倒的に速ければ、海岸線から垂直に B さんに向かうのが正しい選択であろう。海岸線のどこから海に入るのかは、陸地での速度 v_1 と泳ぐ速度 v_2 の比によって決まる。今、最短時間で行く経路が APB であったとする。この系路より、ほんの僅かずれた経路 AQB を考えよう。変分原理は、その時間差が 1 次の微小量[4-2]の範囲では同じであることを要請する（2 次の微小量まで考慮すれば、経路 AQB の方が長い時間を要す）。P 点を通り海岸線に垂直な直線を引き、AP および PB とのなす角を各々 θ_1（入射角）、θ_2（屈折角）とする。次に、三角形 APQ が 2 等辺三角形になるように Q 点より直線 AP に直線を引き交点を R とする。すると、∠QAR は十分小さいので、∠ARQ は直角とみなしうる。海岸線での微小なずれを PQ $= \Delta x$ とすれば、線分 RP は $\Delta x \sin\theta_1$ である。全く同じ理屈で、線分 QS は $\Delta x \sin\theta_2$ となる。A から B に至る 2 つの経路での所要時間は、1 次の微小量[4-2]の範囲で同じゆえ、$\Delta x \sin\theta_1 / v_1 = \Delta x \sin\theta_2 / v_2$、すなわち $\sin\theta_1 / v_1 = \sin\theta_2 / v_2$ が成り立つ。この式

を導くには種々の方法があるが、いずれにしても我々は計算して初めて最短のコースを知るが、波はその本性として最短時間の経路を採るのである。

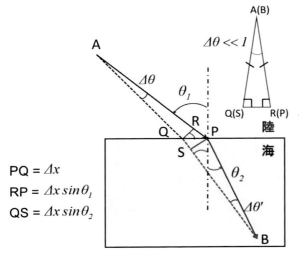

図 4-3. A 点から B 点に至る最短時間径路（APB）。屈折点を P から Q へ Δx ずらした経路（AQB）。

科学愛好家の時代

　プリンキピア以後 18 世紀から 19 世紀中葉にかけて、力学のみならず、電気・磁気、熱や化学の分野で、新しい発見がもたらされた。興味深いことだが、それらの発見者は、いわゆる専門家ではなく、多彩な能力・経歴を持つ人たちである。時代は、絶対王政の衰退と市民階級が台頭する時期に当たる。

　特にこの時期、電気・磁気の分野で目覚ましい発展があった。電荷の間に働く力が、重力と同様逆自乗則に従うことを発見したクーロン（Charles-Augustin de Coulomb: 1736-1806）は、陸軍士官学校卒の軍人である。電流が磁場を作ることを最初に発見したエルステッド（Hans Ørsted: 1777-1851）は、哲学の学位を取り、詩集も出版している。彼は後にコペンハーゲン大学の教授に就任した。エルステッドの発見を知り、電流の磁気作用を法則化したのがアンペール（André-Marie Ampère: 1775-1836）である。アンペールは、詩作を行い、さらに歴史、哲学、数学、自然科学一般に通じていた。リセ（高等学校）の教師を務めた後、エコール・ポリテクニークの教授に就いている。電気・磁気や電気化学など広い分野で革新的な仕事を成し遂げたのがファラディー（Michael

Faraday: 1791-1867)である。ファラディーは、学校教育をほとんど受けておらず、書店での年季奉公中に書物を読み漁り独学で勉強した。数学の知識が乏しかったにもかかわらず、電磁場における近接作用の概念を提示し、現代物理学における"場の理論"の創始者とみなされている。奇しくも、**Faraday** の生まれた年は、音楽の神童モーツアルトの死去した年に当たる。ファラディーこそ、まさに物理学における神童といってよいだろう。調理器の IH（Induction Heating）、電動モーター、電磁波などはすべて彼の発見の賜物である。モーツアルトの曲はあまねく人に知られているが、ファラディーの業績を知るものは少ない。彼は、敬虔なキリスト教徒で、名誉欲とは無縁の人であったらしい。また、クリミア戦争中、政府からの、化学兵器の製造依頼を断固拒否している。まさに科学者の鑑である。

　化学は錬金術を起源にもつが、近代科学の一つの分野につながる研究が進展した。燃焼理論・化学反応過程を、実験に基づき明らかにしたのがラボアジェ（**Antoine de Lavoisier: 1743-1794**）である。彼は、法学士であり、弁護士資格をもっていたが鉱物学・地質学・天文学にも通じていた。徴税請負人を務めたため、フランス革命で処刑されるという不運に見舞われている。この時期、物質の最小要素としての元素の存在が明らかになってくる。酸素の発見者（命名者はラボアジェ）プリーストリー（**Joseph Priestley: 1733-1804**）は牧師であった。イギリスの裕福な貴族であったキャヴェンディッシュは、水素の発見者であり、重力定数の測定も行っている。彼は、自邸に実験室や工作室を作り、そこで実験を行った。有名な重力の実験（1797-1798）は、捩じれ天秤に 2 つの連結した小金属球を吊るし、これと固定した 2 つの大金属球間の引力測定を行ったものである。こうして、ニュートンがプリンキピアにおいて仮定した法則は、110 年後、実験室において検証されたことになる（キャヴェンディッシュの目的は、地球の重さ M を測定することだった。小球・大球間（距離: r_0）の引力、$F_1 = Gm_1m_2/r_0^2$ を測定した後、小球に働く重力 $F_2 = Gm_1M/R^2$ を計量し（R: 地球半径）、その比をとって重力定数（G）を相殺すれば、地球の重さが分かる）。元素の相対質量比を決定し（水素を 1）、化合物は異なる原子が一定の割合で結合してできているとした原子論（1808 年）の提唱者がドルトン（**John Dalton : 1766-1844**）である。ドルトンは、高校の教師や家庭教師で生計を立てていたらしい。気象学や眼の色覚に関する論文も発表している。アヴォガドロ（**Amedeo Avogadro: 1776-1856**）もほぼ同じ時期に、"同温度、同圧力、同体積の気体には、その種類に関係なく同じ数の分子（単原子気体の場合は原子：例えば He など）が含まれる"というアヴォガドロの法則を見出した。もともと、法学と哲学を

修めた弁護士であったが、後にトリノ大学の教授職に就いた。

　ところで、光に関して、ニュートンは「光学」（1704年）という著書を著わしている。その中で、光は粒子の様なものだとした。光の直進性（物の背後に影ができる）を考慮した結論である。一方、同時代に活躍したオランダのホイヘンス（Christiaan Huygens: 1629-1695）は、反射・屈折を説明するため、光は波と結論している。その後、プリンキピアの成功もあって粒子説が有力となった。ちょうど、その100年後、ヤング（Thomas Young : 1773-1829）は、2重スリットを使った光の干渉実験で回折像を観測し（図7-5 参照）、光の波動性を決定づけた。回折とは、波が入射したとき物体の背後に回り込む現象である。ヤングは、もともと医者であるが、視覚の研究から光に関心を持つようになったらしい。後に王立研究所の自然学の教授となった。光が粒子か波動かの論争は、この後さらに1926年まで続くことになる（第7章；量子論 参照）。

参考文献
[1] 佐藤文隆 著「宇宙論への招待」（岩波新書、1988年）
[2] 小堀憲 著「大数学者」（新潮選書、1968年）

第 5 章　近代科学と科学者の誕生－第 2 次科学革命

　近代科学への道を開いたのは、絶対王権の崩壊と産業革命（18 世紀後半-19 世紀中葉）の進展に伴う市民階級の台頭である。産業革命は、植民地からもたらされた莫大な富と連動し、さらにその発展を加速させた。絶対王政時の交易による商業資本は、産業資本に取って代わられ、産業資本主義体制が確立する。こうして、個人的興味に基づく科学研究は、社会的要請として社会に組み込まれ組織的なものに変貌してゆく。こうした中、知を求める者が組織した大学も、キャリア取得の場と化して行った。この大きな変貌を第 2 次科学革命と呼ぶことにする。第 2 次科学革命は、神からの解放（大衆化）と産業資本主義との結合によって生み出されたものである。こうして、科学の研究は一つの社会的制度として定着し、それを担う専門家の集団として科学者が誕生した（19 世紀中葉）。その科学者の基本的性格は、今日まで変わることはない。本章では、その科学者のコミュニティと、研究活動の実態などについてみてゆくことにしよう。そして、なぜ近代科学が、ヨーロッパにおいて興ったのか考えてみたい。産業革命は、技術革新のみならず、熱の科学や電気・磁気学、化学など、科学の新たな分野の開拓と発展に結びつき相乗効果・Synergetic Effet をもたらした。その発展の歩みも併せて辿ることにしよう。

科学者とそのコミュニティ

　Scientist という言葉が、最初に現れたのは 1840 年頃のことらしい[1,2]。これは、Science をなすものという造語である。これは、法曹家や聖職者と同じように、科学者という専門職が社会的に認知されたことを意味している。このような専門家集団を生み出すには、その教育システムが不可欠となる。既にフランスにおいて、技術者養成機関として、エコール・ポリテクニーク（École polytechnique）がナポレオンによって創立された（1794 年）。実際は、技術のみならず数学・物理・化学などを含む理工系のエリート養成機関である。この時、大学の教員や研究者を養成するエコール・ノルマル（高等師範学校：École Normale Supérieure）も同時に設立された。これを手本として、ドイツやイギリスに新たに大学やカレッジが設立され、従来の大学の再編が行われることになる。大学は、初等・中等教育に次ぐ高等教育機関と位置づけられた。大学に入学するには、高等学校（フランス：Lycée、イギリス：High school、ドイツ：Gymnasium）の卒業認定試験をパスすることが義務付けられたのである。このように教育システムが整備され、大学は専門家養成機関へと変貌してゆく。従来の知を求める者の共同体組織であった大学は様変わりすることになった。大

学では、専門家として身につけるべき訓練（Discipline）が行われ、卒業資格を得ることで、関連する専門職につくことができるようになったのだ。そこでは、その専門分野における学術用語や測定技術・方法、結果を発表する方法などが教育された。これは、現在に至るまで変わっていない。各専門分野の科学者集団は、学会を結成し、定期的に学会を開催すると同時に機関誌（Journal）を発行するようになった。このようなシステムは、必然的に専門外の門外漢を排除することになる。こうして、閉ざされたコミュニティが形成されたのである。そこでは、資本主義における"自由競争"の理念と、国籍・宗教・思想に無関係な価値基準が共有されている。ある意味で、最も Global 化した世界と言えよう。コミュニティの構成員は、そのコミュニティを守るために一致団結する。また科学全般において、最も重視されるのが、先行発見の絶対的優位性である。これによって、競争の激化・秘密主義に拍車がかかることになった。研究の成果は各学会の機関誌（Journal）に発表されるが[註5-1]、掲載の可否は通常 2 人以上の Referee によって決定される。今、あなたが論文を書き、投稿したとする。論文の体裁は、各機関誌に論文作成マニュアルがあり、それに従って執筆しなければならない。論文を受理した編集長（Editor）は、それにざっと目を通し、適当と思える Referee を選ぶ。Referee の選定は、編集長の専権事項である。その Referee は、あなたの顔見知りであるかも知れないが、匿名を原則とするので、あなたにはそれが誰かは分からない。2 人の Referee が掲載可とすれば（Accept）、あなたの論文はその機関誌に何週間かの後掲載されることになる。一人の Referee は掲載可としても他の Referee が不可とすれば、論文は Reject される。多くの場合、Referee は、論文の不備な点を指摘してくるので、再実験も含め論文を書き直し再投稿することになる。これが Peer-review 制といわれるものだ。要するに同業者が論文掲載の可否を決めるシステムである。このシステムの難点は、新参ものらしき投稿論文にからく、その分野で重きをなすような研究者あるいはその研究者が名を連ねる論文に対して甘くなるということだ。また、斬新なアイディアをもつ論文は通りにくく、流行のテーマに少しばかりの付け加えをするような論文がパスしやすい。論文に記載された測定データは、明らかにおかしいという場合を除き、内部矛盾が無い限り信用せざるを得ないという事情もある。さらに、論文を読んだ Referee が、論文を Reject して時を稼ぎ、その方法等を剽窃して、論文投稿するということもあり得る。非常に稀ではあるが、そのような例をいくつか聞き及んでいる。残念ながら、この Peer-review 制に勝るシステムが考案されていないのが実情である。同じ研究分野でも、複数の Journal が存在し、その序列も大体決まっている。個人

の業績は、論文の数、特に著名な Journal の掲載論文の数で優劣が決まる場合が多い。Journal は、複数年において掲載論文の引用回数を掲載論文数で割った値（Impact factor）によって評価する。また論文は、その論文を引用する論文数（Citation）で評価される。もちろんこれらは、あくまで一つの目安であって、その掲載論文ないし学会等での発表論文の重要性・革新性が、そのコミュニティで認められれば、十分な評価を得ることができる。

先に述べたように、論文に示されたデータを、Referee が実際に検証できる場合は、極めてまれである。理論計算した数値に関しても信用せざるを得ない場合も少なくない。こうして、掲載された論文にある実験結果の再現性が得られない場合や、計算の誤りが後で判明することもある。問題は、自分の立てたモデルに合わないデータを捨て都合のよいデータのみ見せる、後処理で都合のよい形に改ざんすることなどだ。これらは、他のグループによって検証されるので、いずれ真偽は判明する。科学においては、再現可能・実験的検証がなされなければ、真理としての承認は得られないからだ。しかしながら、測定システムの巨大化などによって、測定場所や測定者が限定され、他の研究者・研究機関による再現性のチェックが難しい事例が出てきている。例えば、CERN（**C**onseil **E**uropéen pour la **R**echerche **N**ucléaire：ヨーロッパ合同原子核研究所）の LHC（Large Hadron Collider）で行われた Higgs 粒子発見の場合もこれに該当する（2012 年）。測定は、ATLAS と CMS という 2 つの実験ステーションで独立に行われたが、この種の実験を他で行うことは出来ない。また空間・時間が宇宙のスケールに及ぶと、実験室での再現性・実験的検証という科学的要請が満たされない状況も生まれている。

最近、データのねつ造や、他人の結果を剽窃したというニュースが、時折新聞・TV で報道されることがある。以前の科学愛好家の時代に比べれば、今日の科学者とその予備軍は膨大な数に上る。分野にもよるが競争は熾烈である。キャリアを積み上げ、よりよい地位を得るためには、論文を書かねばならず、そのためには資金の獲得が不可欠となる。そこに不正が行われる余地が生ずる。賞の獲得を目指す生々しい科学者の姿は、例えば「二重らせん」（ジェームズ・ワトソン著、講談社文庫）などを読むと、よく伝わってくる。これほどあからさまではないにしても、名誉欲は大小の差はあれ、すべての科学者の心に巣くうものだ。最近大きな話題となったのが STAP（Stimulus-triggered Acquisition of Pluripotency）細胞の論文（Nature, **505**, 2014）である。理化学研究所・調査委員会報告（2014 年 12 月 25 日）を読むと、データをいくつか恣意的に改ざんした形跡はあるが、渦中の O 女史や W 山梨大・教授が意図的に ES 細胞

（Embryonic Stem Cells：胚性幹細胞）を混入させたとは思われない。真偽は追実験によってすぐ検証されるし、信頼を損なうダメージは極めて大きいからだ（W-研の STAP 細胞保管場所に入ることのできる誰かが混入させた可能性が高い）。問題は、O-女子を犯人と決めつけた NHK スペシャル「調査報告-STAP 細胞-不正の真相」（2014 年 7 月 27 日）である。十分な検証を怠り、一部のひとの証言のみに基づく Story 作りは厳に慎まなければならない。

　ねつ造ではないが、データを著者の主張を強調できる形のグラフ化（スケールの取り方や対数座標表示）など、一般のひとには見破り難いテクニックがあるのも厄介な問題だ。これについては、第 12 章・科学と社会；科学鑑定と和歌山毒カレー事件において述べることにする。一般にマスコミを含め、科学論文は、すべて正しいもののみが出版されていると信じられているようだ。ところが、アインシュタインでさえも一般相対論に関する間違った論文を発表している（宇宙項の挿入以外に）。量子化学のパイオニアでノーベル化学賞・平和賞の受賞者であるライナス・ポーリングも DNA を 3 重鎖とする論文を書いている（DNA は 2 重螺旋構造、DNA に関しては第 9 章を参照）。著者は 1982-1983 年、当時西ドイツの GSI（Geselschaft für Schwer Ionen Forschung）での国際共同研究 "真空の崩壊：Vacuum Decay" 実験（1978-1990）に参加した。この一連の研究成果は、物理の Journal としては最も権威のある Physical Review Letters 誌に 3 編の論文として発表され、そのうちの 1 編に共著者として名を連ねたのだが、測定データの再現性が得られない事態が生じた。データの統計が余りよくなかったのは事実だが、未だその原因は掴めていない。この研究テーマに関して、2 つのグループが成果を競ったのだが、いずれも似たようなデータを出していたのも不可解なことである。3 つの論文はいずれも約 250 の citations（引用論文数）があるのだが、1986 年以降宙に浮いたままになっている。今後、このテーマに再挑戦する研究グループが現れる可能性はあるのだが。

　以上、一般には余り知られていない科学の内幕について述べたが、科学の世界では、業績の評価は基本的に公平である。優れた成果に対しては、率直のところ賞賛の気持ちが湧いてくるものだ（Jealousy も混じっているかも知れないが）。我々科学者にも共通の美（？）意識が存在するのである。文系で時折みられる非難合戦のようなものはまず起こらない。科学においては、実験的検証という形で決着がつき、客観性が担保されているからである。

近代科学はなぜヨーロッパで生まれたのか

　これまで、中世から近世末までのヨーロッパの歴史を、科学との関わりを通し

て概観した。ヨーロッパの近世は、市民革命や産業革命による市民階級の台頭による絶対王政の衰退によって近代に移行してゆく。これまで、ごく一部の愛好者に限定された科学の探求は、広く一般市民にその門戸が開放されたのである。そのような中で誕生したのが科学者であった。ここで、表題の"近代科学はなぜヨーロパで生まれたのか"について考えてみたい。もちろん、そこには種々の要素が複雑に絡み合っており、その中から単純にいくつかの要素を列挙するのは、正確な表現とは言えないかも知れない。従って、ここで指摘するのは、他の地域との比較を通したヨーロッパの特殊性である。もちろん、これに加えて、近代科学に向かう必然の流れが存在する。

先ず挙げたいのはキリスト教の存在である[11]。一般に、ガリレオ裁判等のイメージより、キリスト教は科学の発展を阻害したと思われがちである。しかし、古代ギリシャ・ヘレニズム文化を取り込んだ自然神学（特にスコラ哲学）においては、神の創造した自然には整然たる秩序（法則）が存在すると考える。また、人間は理性を与えられた特別な存在と位置づけられている。その理性によって、神の創造した自然の秩序・法則は理解可能という動機付けが与えられているのである。もっとも、そのスコラ神学も、アリストテレス自然学に固執し過ぎた面もあるが、西洋近代科学の誕生に大きな役割を果たしたことは間違いない。これをオリエント世界と比較すると、キリスト教の特殊性が際立ってくる。イスラム教の聖典コーランは、現実をいかに生きるべきかの指針（啓示）を与えるもので、論証的な要素は少ない。ヒンズー教や仏教は汎神論的であって、自然と共生するのをよしとする考え方と言える。神の創造した世界を理性によって把握しようというモチベーションは存在しない。ヒンズー教や仏教では、原則的には肉食（殺生）は禁じられている。良寛は、血を吸う蚊さえ殺したりしなかった。この世に生を受けたものはすべて同等という考え方であり、人間のみ特別な存在とするキリスト教とは、かけ離れた思想である。気候風土によるものだが、石（堅牢、長期性）の文化と、樹（柔軟、短期性）の文化の違いは、思想・行動様式に大きな影響を与えたはずである。

次に指摘したいのは、ヨーロッパが古代ギリシャ・ヘレニズム文明を発展的に継承できた点である。古代ギリシャ・ヘレニズム文明は、哲学・自然学・芸術を網羅し、知の体系化を目指した極めてユニークな文明だ。自然学の方法論は、原理に基づく理性的な自然認識を目指すもので、西洋近代科学の方法論と基本的には同じである。イスラム科学を通して、西洋に逆輸入されたのは中世後半の頃だが、その最も忠実な後継者となったのが西洋であった。その背景には、中世の不安な世情、疫病（ペスト、スピロヘータ等）の大流行に対する実

証的・科学的な探求の必要性が芽生えたことも一因であろう。このような状況下、西洋に誕生した大学は、学びたい者の集団が生み出したもので、権力者の意向で生まれたものではない。まさに知の探究の場であった。高等教育機関としての大学は、中国では官吏養成機関であり、インドでは寺院に付属する教育機関であったことと対照的である。

　ある意味で皮肉なことだが、キリスト教の自然神学における理性に対する信頼は、人間個々の意識を高め、結果として市民革命と市民による産業革命に導いたのである。また市民による民主主義を掲げたギリシャの影響もあったであろう。さらに、海外進出と植民地から得られる莫大な富は、産業資本として産業革命を推し進める原動力となった。こうして、絶対王政は衰退し、市民階級の台頭によって、これまでごく一部の愛好者に限定された科学の探求は、広く一般市民にその門戸が開放された。しかしそこでは、愛好し楽しむ科学は存在し得ず、科学は産業資本に取り込まれることになった。その要請として誕生したのが科学者である。そこには、神の創造した世界を理解し称えるという枠組みはもはや存在しない。第1次科学革命と決定的に異なる点である。

熱の科学－"エネルギーとエントロピー"
(i) 熱とは何か？

　蒸気機関が現れ、第1次産業革命が始まるのが18世紀中葉だが、それに合わせて熱機関に対する関心が高まってくる。そもそも熱とは何であろうか？熱に関する論述は、遠く古代ギリシャまで遡る。アリストテレスは、世界は水・空気・土に火を加えた4元素より成るとした。これを基本的に受け継いだのがドイツ人医師のベッヒャー（Johann Becher: 1635-1682）で、すべての物質は空気・水と3種類の土からなると考えた。その3種類の土の一つが燃える土で、可燃性物質中にはこの土が含まれ、それは燃焼によって分離して出て来るとしたのである。この考えを継承し、可燃物は灰と燃素（フロギストン）から成り、燃焼で出て来るフロギストンを熱とする説を唱えたのがスタール（Georg Stahl: 1659-1734）であった（1697年）。この説はラボアジェによって否定される。燃焼とは物質が酸素と化合することであり、燃焼によってできた物質の質量は増大するためである。ラボアジェは、フロギストンに代わって質量の無い保存量としての熱素（カロリック：Caloric）によって熱が伝わると考えた（1777年）。燃焼で出る熱はこの質量をもたない熱素である。その根拠となったのが、金属酸化物（灰）を加熱すると出て来るのが酸素であることを実験的に確認したことである。金属 = 灰＋フロギストンとしたスタール説は、金属＋酸素 = 灰

（酸化物）と訂正されたことになる。質量はないが実体としての熱素説を打ち出したのは、燃焼（酸化）の前後で、質量が保存されること（金属＋酸素の質量＝酸化物の質量）を実験的に確証したためである。その後、この説は広く受け入れられ、フーリエは熱素に対する拡散方程式（補遺 5-1）を導出し、熱伝導の理論を作り上げた。拡散とは、温度や密度などに勾配が生じると起こる現象である。風は、気圧（空気の密度）の勾配によって生じる空気分子の拡散だ。化学反応に基づく熱素説は、ジュール（James Joule: 1818-1889）によって否定されるが、この熱伝導の式は依然有効である。ジュールは、力学的な仕事によって熱が発生することを実験的に示し（水槽の水を力学的に撹拌すると水の温度は上昇する）、熱の仕事当量 1 Calorie = 4.5 Joule を見出した（1843 年）[註 5-2]。1 Calorie とは、純水 1 g の温度を 1°C 上げるに必要な熱量である。1 Joule は仕事（エネルギー）の単位で、1 kg の物体に 1 N の力を加え、力の方向に 1 m 運ぶに要する仕事量と定義される。1 N (Newton) は、1 kg の物体に加速度 1 m/s^2 を与える力である（地上 1 kg の物体に働く重力：9.8 N）。温度の測定は、水銀やアルコールの体積膨張や白金・チタン酸バリウムなどの電気抵抗の温度依存性を利用して測定することができる。こうして、熱 (Heat) とは、Caloric のような実体ではなく、物体の温度変化（相変化[註 5-3]も含む）をもたらすエネルギーの移動形態と定義される（伝導、対流や放射・電磁波など）。

(ii) エネルギーとその保存則：熱力学第 1 法則

ここで、シリンダーに閉じ込められた水蒸気（作業物質）の熱機関を考えよう。今日我々は、その水蒸気が〜10^{23} の H$_2$O 分子から成ることを知っているが、当時まだ原子・分子の存在を認める研究者はほとんどいなかった。このような膨大な分子から成る系の状態を知るには、ラプラスのデーモンの力を借りる必要があるだろう。ところが、このような膨大な数の粒子の系は、温度 T、圧力 p、体積 V の 3 つの状態量で記述できるのだ。さらにこれら 3 つの量の間には近似的経験則として次の状態方程式が成立する。

$pV = nRT = n\,k_B\,N_A\,T$ (5-1)

ここで、n は気体（作業物質）のモル数（原子量・分子量に g をつけた量；H$_2$O の場合は 2×1 + 16 = 18 g）、$k_B = 1.38\times 10^{-23}$ J/K は Boltzmann 定数、$N_A = 6.02\times 10^{23}$ はアボガドロ数である。こうして、熱機関は僅か 2 つの状態量によって記述できる。状態を変化させるのが熱量 Q と仕事 W である（Joule の実験）。

先に述べたように、熱はエネルギーの一つの形態とみなし得る。固体では、原子の（格子）振動の形をとり、放射熱は電磁波に他ならない。エネルギーとは、自然を数量的に記述するために考え出された不変量の概念であり、質量や

長さ、速度などの物理量と異なり直接測ることはできない。Energy という言葉を最初に使用したのは、Thomas Young である（1807年）。その語源は、ギリシャ語の Energeia：仕事をする能力であるらしい。仕事は、物体に力 F を加え、力線に沿って距離 x 移動させたとき、$W = F \cdot x$ で定義される。エネルギーは、様々な形で存在しかつ変化する。例えば、力学的な仕事は熱に、弓の弾性エネルギーは矢の運動エネルギーへ、重力のエネルギーは落体の運動エネルギーに、モーターの力学的エネルギーは電気エネルギーに転換する。これがエネルギーの特徴であり、その利用価値の高さでもある。その代表的なものが力学的運動エネルギーと位置エネルギー（Potential Energy）[註5-4] である。外力が作用しなければ、その和は保存する（時間的に変化しない）。力学的位置エネルギーとは、1 kg の物体を重力に抗して基準となる場所からある場所まで運ぶに要する仕事・エネルギーとして定義される（電気的位置エネルギー：電位）。今、地上に質量 m [kg] の物体があり、これを重力に抗して鉛直上向きに h [m] 引き上げるに要する仕事（力 × 移動距離）は、m [kg]× g（重力の加速度：9.8 m/s^2）× h [m] = mgh であり、これが地上 h [m] にある m [kg] の物体のもつ重力の位置エネルギーに該当する。地面から高さ h の地点を基準にすれば、地面での質量 m の物体の位置エネルギーは $-mgh$ であり、地面を基準点に取れば、高さ h での位置エネルギーは mgh になる。物体 m が高さ h から自然落下する場合、地上に到達した時の速度は gt、$h = gt^2/2$ である（t は経過時間）。この時、位置エネルギーが運動エネルギーに転化したと考えれば、$mgh = mg^2t^2/2$ が導かれる。これを速度 $v = gt$ で表せば、$mgh = mv^2/2$ が得られ、右辺の表式を運動エネルギーと定義する。力学的エネルギー保存則は、

（運動エネルギー）＋（位置エネルギー）＝ 一定　　(5-2)

の形で記述できる。この力学的エネルギー保存則を熱機関に拡張したのが、熱力学第1法則である。

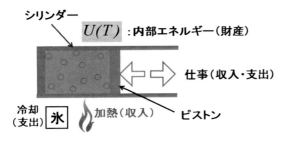

図 5-1. シリンダー、ピストンと作業物質（理想気体）。

今、シリンダーに作業物質のガス（理想気体：気体原子の体積十分小で相互作用しない）を封入し、滑らかなピストンが x-軸方向に往復運動できるような系を考える。作業物質の熱的状態を U（内部エネルギー）、体積を V、圧力を p とし、系が外部になした仕事を δW、系が吸収した熱量を δQ とすれば、内部エネルギーの変化は、

$$dU = \delta Q - \delta W = \delta Q - pdV \quad (5\text{-}3)$$

と表せる（図 5-1 参照）。ここで、ピストンは圧力 p を一定に保ち十分緩やかに押し出されるとした。このような摩擦などを伴わず理想化された十分緩やかな過程を準静的過程とよぶ。dV はピストンを引き抜いたときのガスの体積の増分にあたる。シリンダーの断面積を S とすれば、ピストンにかかる力は pS、その移動距離を dx とすれば、外になした仕事 $\delta W = p S \times \Delta x = p dV$ である。上式はエネルギーの収支を表しているが、全体としてのエネルギー収支は一定に保たれている。熱に関わる現象を、内部エネルギー U、温度 T、圧力 p、体積 V などの状態量と、熱量 Q や仕事 W のような状態を変化させる量によって記述するのが熱力学である。上式では、状態量の微小変化は d、状態を変える量の微小変化は δ（どのような過程を経るか径路に依存）を付けて区別した。エネルギー保存則は、力学的系や熱の関わる現象を含め、すべての自然現象で成立する基本原理である。振動する振り子は、空気の抵抗によって徐々に減衰するが、そのエネルギーの減少は空気分子の運動エネルギーに転化したと考え、あくまで全体としてのエネルギー収支は一定と考える。もし、ある自然現象で、エネルギーが保存されないような系が見つかった場合、エネルギー収支が合うような隠れた存在を探すことになる。宇宙論におけるダーク・マターやダーク・エネルギーがその例である。

(iii) 熱と温度

　ここで、熱と温度の違いについて述べておこう。熱力学では原子・分子の存在を前提しないが、後で述べる統計力学によれば、物質は膨大な数の原子からなり、各原子は熱運動を行っている。温度が高くなれば熱運動の速度は増大するが、各原子の速度はすべて一定ではなくある幅を持って揺らいでいる。温度とは、各原子・分子の運動エネルギー（$Mv^2/2$：M は原子・分子の質量、v はその速度）の平均値と定義する。$<Mv^2/2> = 3k_BT/2$ である（低温ではこの式は成立しない）。一方、物体のもつ熱量（Quantity of Heat）とは、それを構成する原子（分子）のエネルギーの総和である。これが内部エネルギーに該当する。U が温度のみの関数であることは、既に Joule の実験（1841 年）で示されていた。熱の伝わり方は、伝導、対流、輻射と学校で習ったことと思う。物体の一

部を加熱し、その場所の温度を上げると、熱は拡散し全体に伝わる。これが伝導である。媒質が気体や液体などの流体の場合、高温部は熱エネルギーを得て、重力に抗して上昇し冷やされる。冷えた流体は熱エネルギーが減少しており、重力によって下方に移動する。これが対流である。放射は、高熱体から出る赤外から遠赤外の電磁波に該当する。ヒトも体温約 310 K の放熱体である（K は絶対温度[註 5-5]）。放熱体から出る電磁波の強度を波長の関数として、図 5-2 に示した。最大強度を与える波長は、高温になるほど短波長側にシフトする。この最大強度を与える波長を読み取れば、その放熱体の温度が分かる。星の温度は、そこから到達する電磁波の波長分布を測定して決定する。

　ところで、我々人間は何ワット（1 W = 1 J/s）の熱を放射しているのであろうか？その値はシュテファン・ボルツマンの法則[註 5-6]より見積もることができるが、人間が 1 日に摂取するカロリー数（~2000 kilo-Calorie）より大よその値を推定できる。1 Calorie = 4.18 J とすれば、$2×10^6×4.18/(24×60×60) = 96.8$ W となり、人間はおよそ 100 W の発熱体であることが分かる。ここで、単位について注意して欲しいのだが、仕事・エネルギーの単位は J (Joule)であり、仕事率（1 秒当たりになす仕事量）を W (Watt) = J/s で表す。ドライアーなどのヒーターや発電機などは、出力として W で表示するが、使用電力量は Wh（1 W の出力で 1 hour 使用した時の仕事量）すなわちエネルギーの単位 J となる。

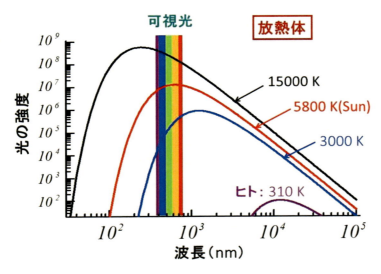

図 5-2. 黒体（放熱体を近似的に黒体とした）からの電磁波の波長スペクトル。

(iv) エントロピーと熱力学第 2 法則

　物理学では、定量的な議論を行うために、先ず理想的な系と理想的な操作の概念を導入する。熱力学においては、熱平衡や理想気体、準静的過程などである。準静的過程はエネルギーの散逸を伴わない可逆過程を意味している。そこで、この準静的過程が重要な役割を果たすカルノー（Sadi Carnot: 1796-1832）が考案した理想的な可逆的熱機関について説明しておこう（図 5-3 参照）。今、シリンダーに封入した作業ガス（理想気体）を、高温（T_1）、低温（T_2）の熱源に接触させることで、外部に仕事をさせる（熱機関）。ピストンの押し込みと押し出しは十分な時間をかけ滑らかに行うことで、可逆性を確保している（準静的過程）。この熱機関の特徴は、作業物質を熱源に接触させるとき、温度差なしに設定している点である。もし、作業物質を接触させるとき、有限の温度差があると、熱の拡散・対流が起こり、余計な熱を消費することになる。先ず、

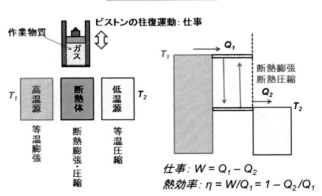

図 5-3. カルノー・サイクル。

（1）作業物質の温度を高温熱源の温度（T_1）と同じにセットして熱源に接触させる。この状態で、準静的にピストンを押し出す（等温膨張過程）。(5-3) 式より、作業物質に熱の流入がなければ、内部エネルギーすなわち温度は下がるはずである。等温に保たれるのは、十分な熱容量を持つ高温熱源から熱の供給（Q_1）を受けることによる。次に（2）熱源より離して、さらにピストンを準静的に押し出せば、断熱膨張によって温度は下がる（式 (5-3) で $\delta Q = 0$）。このプロセスを $T_1 \to T_2$ まで続ける。次いで、(3) 作業物質の温度 T_2 と等しい低温熱源に接触させ、準静的過程でピストンを押し込んで行く（等温圧縮過程）。

もし熱の出入りがなければ、(5-3) 式よりピストンのなす仕事で内部エネルギーすなわち温度は上がるはずだ。作業物質の温度は、低温熱源への熱量 Q_2 の放出で一定値 T_2 に保たれる。最後に、(4) 作業物質を熱源から切り離し、断熱的に作業物質の温度が T_1 になるまでピストンを押し込んで行く(断熱圧縮)。これで元の状態に戻り、1 サイクルが終了したことになる(準静的可逆過程)。

　断熱膨張過程 (2) では、温度は T_1 から T_2 に変化し、断熱圧縮過程 (4)で、温度は T_2 から T_1 に戻り、内部エネルギーの変化を相殺する。等温膨張過程(1)では、内部エネルギーは不変だが、高温熱源から作業物質に、熱量 $Q_1 = nRT_1 log(V_B/V_A)$ 註5-7 が供給される (最初のガスの体積を V_A、膨張後の体積を V_B)。等温圧縮過程 (3)では、作業物質のもらう熱量は $nRT_2 log(V_D/V_C)$ だが (V_C は圧縮前の体積、V_D は圧縮後の体積) これは負の値である。これは、$Q_2 = nRT_2 log(V_C/V_D)$ (正値)を低温熱源に渡したことを意味する。結局、1 サイクルで、$w = Q_1 - Q_2 = nRT_1 log(V_A/V_B) - nRT_2 log(V_D/V_C)$ が実質外部になした仕事であり、内部エネルギーは不変である。ここで、断熱過程（B→C、D→A）で成立する $TV^{\gamma-1} = c$ (一定) を使えば、$T_1 V_B{}^{\gamma-1} = T_2 V_C{}^{\gamma-1}$、$T_2 V_D{}^{\gamma-1} = T_1 V_A{}^{\gamma-1}$ ゆえ、$(V_A/V_B) = (V_D/V_C)$ の関係が成り立つ註5-8。よって、作業物質が外部になした仕事は $w = Q_1 - Q_2 = nR(T_1 - T_2)log(V_A/V_B) = Q_1(1 - T_2/T_1)$ (5-4) と表される。熱効率 η は、外部になした仕事を、高温熱源から得た熱量で割った値で定義されるので、カルノー熱機関の熱効率は、

$\eta = (Q_1 - Q_2)/Q_1 = 1 - Q_2/Q_1 = 1 - T_2/T_1$ 　　　(5-5)

となる。高温熱源から得た熱量の一部は低温熱源に逃げてしまうので、熱効率は 1 未満となる。熱効率を 1 にするためには低温熱源の温度を絶対 0 度にするか高温熱源の温度を無限大にしなければならないが、これはいずれも不可能である。

　得られた結果の意味するところは、理想的な(可逆的)熱機関を働かせても、熱源から得た熱をすべて仕事に変えることはできないということだ。これが熱力学第 2 法則である。一方、仕事は 100 % 熱に換えることができる (Joule の実験)。このカルノー・サイクルでは、高温熱源より熱をもらい外部に仕事をなした ($W = Q_1 - Q_2$)。この逆過程は、外部から仕事をしてもらうことで、低温熱源から高温熱源に熱を運ぶことになる (温度差を作る)。これは、まさに冷蔵庫・ルームクーラーに該当する。熱力学第 2 法則は、"外部からなんら仕事をされることなく、低温熱源より高温熱源に熱を運ぶことはできない" と言ってもよい。これは、熱が高温から低温へ拡散する事実を表現したものである。

　ここで、(5-5) 式を見ると、Q_1/T_1 と Q_2/T_2 は相等しいことが分かる。そし

て、Q_1(Q_2)は温度 T_1(T_2)の下で移動する熱量である。これに目をつけたのがクラウジウス（Rudolf Clausius: 1822-1888）で、$S \equiv Q/T$ という量を独立した状態量とし、エントロピー（Entropy）と名付けた（1865 年）。Entropy の語源はギリシャ語で"変化"を意味する言葉らしい[3]。カルノー機関のような可逆的熱機関では、その 1 サイクル後、作業物質を出入りしたエントロピーの総和は 0 となる。熱素説を信じていたカルノーは、熱量（熱素）を変化しない保存量と考えたが、これは熱力学第 1 法則を満足しない。実際には、完全な可逆過程は存在せず、作業物質と熱源の間や周りの環境との間に温度差が生じ、一部の熱は拡散によって失われる。また、接触などに伴い摩擦熱が発生する。いずれの場合も、その箇所で Q/T のエントロピーが発生する。厳密な証明は省略するが、外部との接触の無い孤立系（エネルギーは保存する）において、作業物質の（終状態のエントロピー）−（始状態のエントロピー）≥ 0 が成立する。これは孤立系の内部において、摩擦熱や温度差による対流などによって、エントロピーが増大することを意味している。等号は準静的・可逆過程の場合にあたる。エントロピーの導入によって、熱力学第 2 法則を数式（不等式）で表現したことになる。要するに、エントロピー増大則は、実際の自然界では、温度差による熱の移動や摩擦などによる熱の発生、すなわち熱拡散によるエネルギーの散逸が起こることを述べたものだ。現実の熱現象では、時間はエントロピー増大の方向にのみ進むことになる。これが、いわゆる"時間の矢"である。

(v) 統計力学−力学（決定論）と確率論の併用

　系を温度、体積、圧力、エントロピーといった状態量と、状態変化を引き起こす仕事、熱などによって記述するのが熱力学であった。この場合、内部構造に立ち入った議論は行わないので、このような手法を現象論的という。熱力学の弱みは、内部エネルギーなどを具体的な数式で与えることができないことである。これは、フラストレーションの溜る事態であった。こうして 19 世紀末、原子論に基づく熱の科学が、マックスウェル（James Clerk Maxwell: 1831-1879）やボルツマン（Ludwig Boltzmann: 1844-1906）によって形作られて行くことになる。その基本原理となるのが、原子・分子系の運動学（ニュートン力学）と統計学（確率論）の併用であった。これが統計力学である。当時、原子・分子の存在が化学の分野で徐々に認められつつあったが、それを信じる科学者は依然少数派であった。さらに、原子・分子の運動学（時間反転可能）を持ち込んだため、熱力学における時間の矢（熱力学第 2 法則）との矛盾を指摘されることになった。ニュートン力学のみならず物理過程一般において、時間を逆遡行した過程も起こり得る。ところが熱現象においては、時間はエントロピーが増

大する方向に進む。なぜ、自然界では放っておけば、気体・流体は密度の高い方から低い方に、熱は温度の高い方から低い方に拡散するのか理由は分らない。もちろん人為的（圧縮・冷却・遠心分離その他）には、逆の凝縮過程を起こしうる。こうして議論は沸騰したが、20世紀に入り、原子・分子の存在が認識されるようになって、ようやく統計力学は広く受け入れられることになった。

統計力学によれば、内部エネルギーは原子ないし分子の運動エネルギーの総和に帰着する。温度は、構成原子の運動エネルギーの平均値 $<mv^2/2> = (3/2)k_BT$ より決まるので、内部エネルギーは、$U = 3k_BTN/2$ と表される（N は全分子数；導出は大学入試に頻出）。我々人間のスケールの世界では、例えば **1 kg** の氷は、約 $3×10^{25}$ ケの水分子（H_2O）からなっている。10^{25} という数字は余りピンとこないと思うので、次の問題を考えていただこう。今、コップ **200 cc** の水に含まれる水分子を赤く染めたとする。これを大海に注ぎ、十分拡散した後、どこかの海辺で海水をコップ1杯すくうと、この中に何ケの赤い水分子が含まれるだろうか？約 **100** ケが正解だ。コップ **200 cc** 中に含まれる水分子の数はほぼ 10^{25} ケ、我々の人体を構成している原子の数は約 $5×10^{27}$ ケである。このような系に対しては、個々の原子・分子の平均的振る舞いを記述するしか手立てはない。従って、確率論の導入が不可欠となる。

ここで、確率過程と確率分布について説明しておこう。今、秋の落ち葉の季節を想像して欲しい。大きな銀杏の大樹が音もなく葉を落としている。1分間に落ちる葉の数を数えてみよう。0枚、1枚、2枚、3枚、… の頻度を調べ（例えば1分×100回）、横軸に落ちた葉の枚数を、縦軸に観察した回数（頻度）を棒グラフに描くことができる。この分布をポワソン分布と呼んでいる。次に、同じような銀杏の大樹が10本並んだ並木を想像して欲しい。同じように1分間に落ちる葉を数えてグラフに表すとどうなるであろうか？この場合、明らかに1分間に落ちる葉の数は約10倍になるであろう。ただし、分布は単に1本の銀杏の木に対する分布を平行移動した形にはならない。分布を図で示すと（図5-4）、1本の銀杏の場合は左図のような最大値に関して非対称な分布となり、一方10本の銀杏では、ほぼ対称な分布となる（右図：正規分布に近づく）。このポワソン分布を数式で表すと、分布関数は、$P_\mu(n) = \mu^n/n!$ と表すことができる（$n! = n×(n-1)×(n-2) … ×3×2×1$）。$n$ は1分間に落ちる葉の数で、μ はその平均値に対応する。分布の幅（揺らぎ）を偏差値というが、ポワソン分布の偏差値は、次式で与えられる[註5-9]。

$$\sigma \equiv (<n^2> - <n>^2)^{1/2} = \mu^{1/2} \quad (5-6)$$

この結果は、1本の銀杏の場合、1分間あたりに落ちる葉の数の平均値が仮に

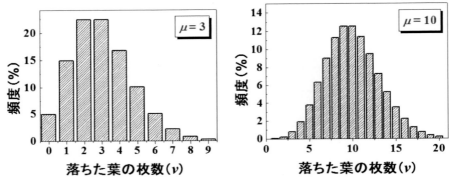

図 5-4. 落ちた葉の枚数に対するポワソン分布。平均値：3（左図）、10（右図）。

10 枚であったとすれば、その揺らぎ・ばらつきは $\sqrt{10}$ を意味し、1 分間あたりの落ち葉の数は、$10 \pm \sqrt{10}$ 枚と評価できる。確からしさは $\pm \sqrt{10}/10 = \pm 0.316$（31.6 %）である。銀杏の木 10 本を対象とすれば、平均値は大よそ 100 枚であり、そのばらつきは $\pm \sqrt{100}/100 = \pm 0.1$（10 %）に減少する。これは、事象の数が増えるほど、それに関わる現象の確度は高くなることを意味している。事象の数が増せば、図からも予想されるように対称な正規分布に近づく（中心極限定理）。統計力学の対象となる系の原子（分子）の数は膨大であり、このため、統計力学においては、原子・分子系の平均値のみが重要であり、その揺らぎは無視できるほど小さい。すなわち、個々の原子・分子の挙動を知る必要はなく、巨視的測定装置で測る圧力、温度などの量の記述は、平均値のみで十分であり、その揺らぎは観測にかからない程度に十分小さいと見なすことができる。

(vi) 時間の矢

それでは統計力学において、エントロピーはどのように与えられるのであろうか。ボルツマンは、統計力学におけるエントロピーを、系のとり得る状態数を W として、$S = k_B \log W$　　(5-7)
で記述できるとした（1872 年）。エントロピーが、系の取りうる状態数の対数に比例する理由は、エントロピーの加算性に由来する。エントロピーを取りうる状態数の関数としたとき、系が 2 つの部分系 A と B から成る場合、
$S_A = a f(W_A)$,　　$S_B = a f(W_B)$　とすれば、
$S = S_A + S_B = a f(W) = a f(W_A \times W_B)$ でなければならない。これを満たす関数形は log である。(5-7) 式によるエントロピーの定義が、熱力学の定義 $S = Q/T$ に

等価であることは、標準的な統計力学の教科書で説明されている[4]。今、例えば、16 のエネルギー状態があったとしよう（図 5-5）。その状態を、16 ケの相異なる原子が占めるとする[註 5-10]。①16 ケの原子がすべて異なるエネルギー状態を占める場合の数は、$16!/(1! \times 1! \times ... \times 1!) = 16!$ になる。次に、②ある 1 つの状態を、すべての原子が占める場合は、$16!/16! = 1$ である。また、③異なるエネルギー状態に原子が 2 ケのペアで入る場合は、$16!/(2!)^8 = 15!/16$ となる。

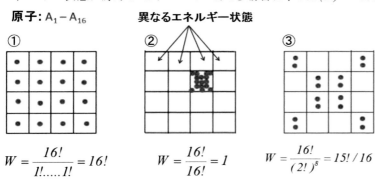

図 5-5. 16 ケの原子がすべて異なる状態（左）、すべて同じ状態（中）、ペアで異なる状態（右）を取る場合の配置図。

原子は集団としてかたまるより、ばらけて各原子が異なった状態をとる場合の方が、圧倒的に大きなエントロピーを獲得する。これは、1 つの状態にかたまった秩序状態より、ばらけたランダムな状態の方が、はるかに大きなエントロピーをもつということを示している。例えば、赤い角砂糖を 1 ケ、水中に落としたとき、角砂糖の分子は拡散して無秩序的に拡がった方がエントロピーは圧倒的に大きくなる。実際、放っておけば角砂糖は溶けて次第に拡散し、一様なピンク色を呈するだろう。拡散はエントロピーが増大する過程である。熱力学第 2 法則は、熱の拡散性を表現したものだ。各原子間に強い引力相互作用が働けば、熱によるランダム化に打ち勝ち、固体のような凝集体を形成する。時間反転させて、一様に溶けた角砂糖を元に戻すには、熱を加えて水を蒸発させ、角砂糖が底に結晶として析出後乾燥させる仕事が必要になる。人為的な手間のかかる処置を施さない限り元の状態にもどすことはできない。赤いインクの一滴の水中での拡散を、時間を逆回して元にもどすことは極めて難しい。このように断熱的に孤立した系は、エントロピーが増大するように状態変化を起こす。従って、熱平衡状態は、エントロピーが最大の状態である。クラウジウスは、

こうして、宇宙という閉じた系は、時間の経過とともにエントロピーを増大させ、なんの特徴もない一様な"熱死"の状態に至ると予想した。宇宙が熱死に至らないのは、重力凝縮（エネルギーの貯め込み）と重力崩壊（エネルギーの放散）によるエネルギー循環過程を維持しているためである（十分膨張した後は熱死に至る？）。熱の科学は、すべては熱化・拡散均一化し平衡状態に至るとするが、化学反応を引き起こす材料を常に補給し、最終生成物を廃棄する作業を続ければ、非平衡状態を維持することができる。我々すべての生き物は、非平衡状態で存在する。地球上でこれを可能にしているのは太陽から絶え間なく降り注ぐ光エネルギーなのである。

　エントロピーを再定義し、統計力学を創始したボルツマンは、古典力学の時間反転性と熱力学第2法則の時間の矢の矛盾を説明することを迫られた。一般に力学系では、時間反転過程（時間 t を $-t$ に置き換えた過程）も起こり得る。太陽光発電と LED（Light Emitting Diode）、電波の発信器と受信器、コンプトン散乱（X-線が電子と衝突しエネルギーの一部を与え波長が長くなる）と逆コンプトン散乱（電子が X-線にエネルギーの一部を与え X-線は短波長になる）など多くの例がある。よって物理学者は、ある現象が見つかった場合、その時間反転過程を必ず予見する。ボルツマンは、系が熱平衡に至る過程において、エントロピーが減少する過程も起こり得るが、その確率は圧倒的に小さいことを、エルゴード仮説[注 5-11] を導入することで説明を与えた。一方向に流れる時間の矢は、熱の拡散性に由来するものである。なぜ自然界には、断熱系で拡散が起こり、逆の凝縮が起こらないのだろうか？我々は、これを説明することができない。これを自然界の法則・原理として受け入れ、"熱力学第2法則"という形で表現したということである。統計力学の完成には、量子力学の導入とエルゴード仮説の数学的な基礎付けを必要としたが、ボルツマンンの提示した方向は間違ってはいなかった。ブラウン運動[注 5-12] を水分子の熱運動による拡散過程とするアインシュタインの論文が出たのが 1905 年であり、原子・分子の存在は徐々に認識されつつあった。しかし当時のボルツマンには、やはり一抹の不安があったのであろうか。1906 年アドリア海に面したドゥイーノ（Duino: リルケの悲歌で有名）で自殺したと伝記は伝えている。ウィーンの中央墓地（Zentralfriedhof；Friedhof は安らぎの場所）に行くと、$S = k \log W$ を刻んだ彼の墓を見ることができる（k は Boltzmann 定数）。

見えないものを科学する（電気と磁気）

　人類が、電気および磁気に関わる現象に気づいたのは古く紀元前の時代まで

遡る。紀元前 6 世紀、古代ギリシャのタレスは、琥珀を布でこするとものを引き付けることを見出した。静電誘導である（図 5-6）。電気（Electricity）は、ギリシャ語の琥珀（Elektron）にちなんで命名された（1600 年: W. Gilbert）。2 種類のものを擦りあわせた時、表面から電子が飛び出してくる。ものによって、電子の受け入れを好む傾向・嫌がる傾向の度合いが異なる。前者の傾向が強いものは負に帯電し（ビニール、テフロン、エボナイトなど）、後者の傾向が強ければ正に帯電する（ガラスや皮革、人の皮膚など）。

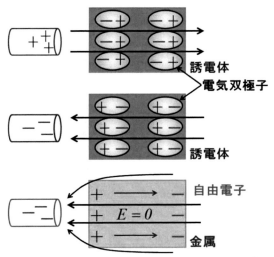

図 5-6. 静電誘導。上・中図：誘電体、下図：金属。

　帯電したものを軽いチリや紙片に近づけると、チリや紙片は引き付けられる。正（負）に帯電したものをチリ・紙片に近づけると、その対向する表面に逆の負（正）の電荷が顔を出す（逆符号の電荷は引き合い、同符号の電荷は反発）。これが静電誘導だ。対向する逆符号の電荷は引き合うので、軽いチリ・紙が引き寄せられるのである。皮膚は正に帯電しやすいが、湿気たものに触ると逃げ出すので、電荷が大量に蓄積されることはない。ところが、冬は乾燥するので帯電量が減らず、特に金属器具に触ると静電誘導が起こり、金属の表面に顔を出した電子が皮膚の正電荷に引き寄せられて放電が起こる。ものを単に機械的に擦るだけで、表面から電子が飛び出してくるのは驚きであるかもしれない。物質 1 cm^3 中にある電子の数は 10^{22}-10^{23} ケ、最表面近傍にある電子の数は ~10^{15}/cm^2 程度だが、擦ることで表面から出て来る電子の割合は極めて小さい。

今、仮に表面に 10000 ケの電子が帯電し、対向する紙片の表面にも同数の正電荷が現れたとしよう。その距離を 1 cm、紙片の重さを 0.1 g とすれば、紙片に働く力は~2×10^{-4} [N]（クーロンの法則）、紙片の得る加速度は~2 [m/s^2] となる。これは、落体の加速度の 1/5 に当たる。

　静電誘導は、電荷を金属（導体）に近づけた場合と、誘電体（絶縁体）に対向させた場合で、応答は異なる。金属中には自由に動き回る自由電子が存在するのに対し、誘電体では電子は原子核ないし（原子核と内殻電子からなる陽イオン芯）に強くトラップされている。通常、電場が印加されていなければ、電子の重心位置は原子核の位置と重なり（球対称）、電気的に中性である。これに電場が印加されると、重い原子核は動かず、かるい電子（負電荷）が電場と逆方向に動いて釣り合う。このように正電荷の重心と、負電荷の重心がずれることを、分極（電気双極子の生成）という。こうして、誘電体中の原子は一斉に分極を起こし（誘電分極）、置かれた電荷に対向する表面に逆電荷が顔を出す（図 5-6 上・中図）。このような電荷を分極電荷とよび、自由に動き回れる真電荷と区別する。金属では、置かれた電荷が負であれば、対向する表面は電子の欠乏した状態（正）となり、裏側には電子（負に帯電）が顔を出す（図 5-6 下図）。金属内部では誘導電場と相殺して電場は 0 となる。これは、電子が電気的エネルギーを最小化させる Action を起こすことを意味している。

　人類が磁石の存在を知ったのは、3000 年くらい前まで遡る。BC 10 世紀以前に、ギリシャのテッサリア地方で磁化した磁鉄鉱が発見されたといわれている。（静）電気・磁気が発見されたのは、紀元前の古い時代だが、それが電磁気学の科学として発展を始めるのは、18 世紀の後半からのことである。なぜ、電磁気学がヨーロッパ以外の世界で発展しなかったのか、またなぜその発展がこのように遅れたのであろうか。重力は、物体という見えるものの間で働く力であるが、電荷を眼で見ることは出来ない。静電誘導による引力を見出した時、先ず目に見えないものの間に働く力を定量化しなければならない。次いで、その力を生み出す源を特定し数量化する必要がある。このように、自然界の法則を、定量化を通して導き出すことは、第 1 次科学革命を通じて、ヨーロッパ世界が見出した方法論であった。

(i) 電荷を生み出すもの－電子

　先ほど述べたように、帯電には 2 種類あることが分かった（1733 年）。なぜなら、帯電した物体間には、引力と斥力が働くからである。その後、電荷の間に働く力は、重力同様、その距離の自乗に逆比例することが、クーロン（Charles de Coulomb: 1736-1806）とキャベンディッシュによって明らかにされた。1785

年のことである。2つの点電荷（q_1, q_2）間のクーロン力は次式で表される。

$F = (1/4\pi\varepsilon_0)\cdot(q_1 q_2/r^2)$　　　(5-8)

ε_0 は真空の誘電率（誘電率の意味は後で述べる）、r は点電荷間の距離を表す。正・負の電荷は、電子の欠乏と過剰によって生じる。我々の身のまわりに存在するもの（自分自身を含め）は、すべて電気的な力によって結合しており、その主役は電子なのである。現在の日用品（テレビ・冷蔵庫・洗濯機等々）から情報機器（パソコン・スマートフォン・電波など）まで、その製品はすべてエレクトロニクスによるものだが、それは電子の挙動を制御することで機能する。

　電子の存在を、初めて実験的に示したのがトムソン（Joseph Thomson: 1856-1940）で、今から120年前のことであった（1897年）。真空管の対向電極間に高電圧（数kV）をかけると放電が起こる。放電とは蓄積した電荷が逃げ出すことだ。このとき、負電極から正電極に走るものがあり（陰極線）、電場や磁場をかけると曲がる。これは、陽極板やガラスの内壁に蛍光塗料を塗っておけば可視化できる。電場や磁場の強さ、曲げられる度合い、極板間に印加する電圧などから、陰極線の正体である電子の電荷と極性（正・負）および質量を決めることができる。トムソンの実験で重要な役割を果たしたのはガイスラー管である。陰極線（電子）が方向の揃ったビーム状で走るためには、空気分子を大幅に除去した真空中でなければならない。当時、真空ポンプなどなかった時代に、どのように真空を作ったのだろうか？ガイスラー管は、ガラス細工のテクニシャンであったガイスラー（Johann Geissler:1814-1879）が、トリチェリーの真空を利用して、ガラス管内を真空にし、対向する電極を真空中に取りつけたものである（1857年）[註5-13]。20世紀に入って、近代科学は、目に見えぬ極微の粒子、分子・原子・原子核、さらに核子（陽子・中性子）・クォーク（Quark）を次々に発見してきた。それに合わせて、極微の世界を見る技術、電子顕微鏡やトンネル顕微鏡・原子間力顕微鏡などが発明され、その解像度は原子を識別できるまでに至っている[註5-14]。もちろん我々が見る像は、画像処理されたものであるが、今日原子の存在を疑う者はいない。

　物質界で分割不可能な最も微小な粒子と定義された原子だが、ラザフォードの実験によって、正の電荷をもつ重い原子核の周りを負の電荷をもつ軽い電子が回るという原子モデルが提示された（1911年）。原子核の大きさをビー玉程度（直径1cm）とすれば、その周りを回る電子の広がりは、直径数kmに及ぶ。電子が原子核にトラップされているのはクーロン引力によるものだ。その電子を束縛から解くためには、外部からエネルギーを与えなければならない。電子が束縛を解かれ自由になることを電離という。自由になった電子と正に帯電し

た陽イオンが生成したことになる。逆に電子を中性原子がトラップすれば陰イオンができる。フッ素や塩素、酸素原子は電子を引き付ける性質をもち陰イオンになりやすい。原子同士が結合して分子を作るが、その結合の仲立ちをするのが電子である。また電流は、電子の流れであり、蓄電池（バッテリー）は電子を蓄える器で、太陽電池は光のエネルギーを利用して電子を蓄える機能をもつ。電子を上下・左右に振動させれば電磁波が発生する。このように、物質世界の主役を演じているのが電子なのである。電子は直接見ることは出来ないが、電子を発生させる種々の電子源がある。タングステン・フィラメントを高温に熱すれば、その熱エネルギーをもらって表面より電子が出射する。金属に紫外線などの短波長の光を当てると、そのエネルギーを吸収して表面から電子が飛び出て来る（光電効果）。先端を半径 ~1 μm 程度に尖らせたチップに高電圧をかけると、その電界によって、電子がその最先端の原子から引き出される。その出射領域は原子のスケールであり、これを電子顕微鏡の電子源として使用すれば高解像度が得られる。

　ところで、このように身近に存在する電子は、実はよく分かっていない。電子は、電荷 $-e = -1.602176565×10^{-19}$ [C]、質量 $m_e = 9.10938291 × 10^{-31}$ [kg] をもつ粒子（正確には量子）であり、強さ $e\hbar/2m_e$ （$\hbar = 1.054571726×10^{-34}$ [J s]）の磁石でもある。磁石となるためには、電子は高速で自転しなければならないが、この磁石の強さに対応する自転速度は光速を超えてしまうので、特殊相対性理論に矛盾する。電子がなぜこのような磁石として存在するのかは依然謎のままだ。これまで電子を壊す試みがなされたが、結局電子を壊すことはできなかった。電子は内部構造をもたない素粒子なのである（ミュー粒子、タウ粒子、ニュートリノと同属のレプトン Lepton に分類される）。先ほど、電子は磁石になっていると言ったが、その方向は、例えば磁場をかけたとき、磁場に平行な向きと反平行な向きの 2 通りしかない（Stern-Gerlach の実験：1922 年）。よって、電子は 2 つの内部自由度をもつという。荷電粒子が自転（スピン：Spin）すれば磁石になるので、電子は左回りと右回りの独楽のようなものとイメージされている（図 5-7）。

　電子がなぜ 2 通りの対応をするのか理由は分からないが、観測結果を説明するための必須事項なのである。電子の反粒子（電荷の符号が逆である以外はすべて電子と同じ）が陽電子だ。エネルギー1.022 MeV（$1 eV = 1.602×10^{-19}$ [J]）以上のガンマ線（電磁波）から電子－陽電子のペアが生成するが、逆に電子・陽電子ペアは消滅し 2 つのガンマ線に転換する。陽電子は、^{22}Na 原子核などの放射性同位元素が $β^+$ 崩壊する時にも放出されるが、身の周りにも多数飛び回っ

ている。実際、ガンマ線検出器で測定すると、電子・陽電子ペアの消滅によるガンマ線（$5.011×10^5$ eV）が明確なピークとして検出にかかる。それは主に、宇宙のかなたから飛来する超高エネルギー粒子（銀河宇宙線：陽子が主体）が大気中でミュー粒子に換わり、それがさらに崩壊して生成する陽電子である。この大気中には、電子や陽電子とその他の粒子に加え、種々の電磁波が飛び交っている。

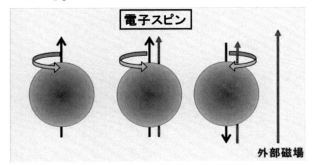

図 5-7．電子のイメージ図。電子磁石の向きが磁場と平行か反平行かの確率は 1：1。Spin (s)は内部自由度と解してよい（s = 1/2 → ±1/2、s = 1 → 0、±1）。

(ii) 電荷－充電と放電

　電荷を貯めこむのが充電であり、貯めこんだ電荷を失うのが放電である。充電と放電は時間反転過程に対応する。雲に貯めこまれた電子が、地上に向かって放電するのが落雷だ。冬の乾燥した時期に、金属のノブなどに触ると、微弱な火花が飛ぶことがあるが、これも金属側から電子が正に帯電した皮膚に向かって走る放電による。蛍光灯も放電によって、封入された水銀原子が光り、その紫外線を蛍光塗料に当てて白色光に変換する仕組みになっている。放電を起こさせるには、当然充電が必要だ。乾電池やバッテリーは、大量の電荷を貯めこんだコンデンサーである。乾電池やバッテリーに貯めこんだ電子を放電させることで電流が流れる。太陽電池は、半導体の p-n 接合を作り、入射した太陽光のエネルギーを吸収して、価電子帯の電子を伝導帯に上げて電子・正孔対を作る（価電子帯・伝導帯に関しては第 7 章・量子論 参照）。拡散によって電子は n-側に移動し、正孔は p-側に集められ充電が行われる（p-側が正、n-側が負のコンデンサーの充電）。LED（Light-Emitting Diode）では、電子が n-側から p-側に流れ（放電）、p-n 接合部で伝導体の電子が価電子帯の空孔に落ちて、余ったエネルギーを光として放出する。太陽電池と LED は時間反転過程に対応して

いる（補遺 5-2 参照）。電気的メモリー素子では、コンデンサーの充電状態と放電状態で 1 ビット（bit）を構成する。8 ケのビット列が 1 byte に相当している。充電によってデータの書き込みを行い、放電によってその消去を行うことができる。電気の利用は、このように電荷（電子）の充電とその放電によって成り立っていることが分かる。

　後づけになるが、p-型および n-型半導体について説明しておこう。p-型半導体は、基板が Si（4 ケの価電子）の場合、図 5-8 に示すように B や Al などの 3 ケの価電子をもつ原子を不純物として $10^{15} – 10^{17}/cm^3$ 添加すれば得られる。価電子とは、原子核の最も外側の軌道を回る電子で、原子同士を結合させる接着剤のような存在である。すべてが Si 原子であれば、4 ケの価電子がペアを作り完全な共有結合が完成するが、B（Al）は価電子 3 ケのため、価電子 1 ケが不足し、電子座席が 1 つ空位になる。室温では価電子は熱エネルギーをもつため、近くの電子がこの空位を埋めることができる。すると空位は逆に跳びこんできた電子の位置に移る。その空孔が B（Al）原子より遠ざかれば、B（Al）原子は電子過剰で負に帯電した状態になり、空孔は恰も正電荷をもつ電子の様に振る舞う。それ故、電子空孔を正孔と呼ぶ。n-型半導体の場合は、不純物として価電子 5 ケの P や Sb を添加する。この場合は、価電子が 1 ケ過剰になり、P（Sb）原子から遠ざかれば、P（Sb）原子は正に帯電した状態になる。p-型半導体と n-型半導体を接合すると、過剰な電子が n-型から p-型へ熱拡散し、逆に正孔が p-型から n-型へ拡散する。その結果、接合界面で p-型の方は負に、n-型の方は正に帯電する。すると接合界面では、電子は p-型から n-型へ引かれ、

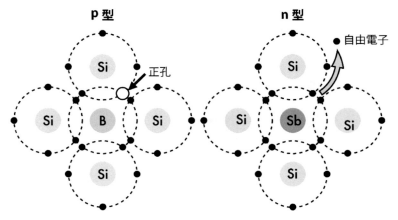

図 5-8. Si 基板における p-型（左）および n-型半導体。

正孔は n-型から p-型に引き寄せられる。要するに電子に対しては、p-型から n-型に下るスロープができ、逆に正電荷の正孔は n-型領域から p-型領域に転がり落ちる（補遺 5-2）。そのため、接合界面近傍には、電子も正孔も存在せず空乏層と呼んでいる。

(iii) 電荷の作る放射状の場：電場

　質量をもつ物体が周りに重力場を作るように、電荷は周りに電場を作る。電場とは、単位正電荷(+1 [C])に働く電気的な力と定義する。空間のある場所、$r: (x, y, z)$ での電場が $E(x, y, z)$ であれば、その場所に電荷 q [C] を置けば、電荷は $q\,E(x, y, z)$ の力を受ける。点電荷は周りに放射状の電場を作ることは、クーロンの法則より明らかだ（図 5-9 参照）。クーロンの法則によれば、点電荷 Q と q の間に働く力は、電荷に比例し、点電荷間の距離の自乗に逆比例する。電荷を質量に置き換えれば重力と同じだが、電荷には正・負がある点が異なる。同種電荷の間には斥力が、異種電荷間には引力が生じる。白板の上に着色した細かい金属紛を撒き、そこに帯電した小円板を置くと、丁度磁石の周りに撒いた鉄粉のように、電場を電気力線（単位正電荷をおいたとき、それが受ける力の方向）として可視化することができる。ファラディーは、電荷が空間に歪を生み（電気力線；電場）、これを通して他の電荷との相互作用が生まれるという近接作用の概念を打ち出した。真空（無）が弾性をもつという画期的なアイディアだ。近接作用を数学的に記述するのが微分方程式である。クーロンの法則 (5-8) を微分方程式で表すと（∂x は y, z を固定し x のみを変化させる偏微分[註3-5]を表す）、

$$\mathrm{div}\,\boldsymbol{E}(x, y, z) \equiv \partial E_x(x, y, z)/\partial x + \partial E_y(x, y, z)/\partial y + \partial E_z(x, y, z)/\partial z = \rho(x, y, z)/\varepsilon_0 \quad (5\text{-}9)$$

となる（ガウスの法則）。ε_0 は真空の誘電率、$\rho(x, y, z)$ は、場所 $r: (x, y, z)$ での電荷密度を表す。これが正電荷であれば、放射状の発散場（**Divergence Field**）であり、負電荷であれば、電荷に向かう収縮場（**Convergence Field**）となる（図 5-9）。これは、+1 [C]の点電荷を置き、これが受ける力の向きを考えれば明らかだ。重力場は引力のみの収縮場である。電場を計算するという立場からは、クーロンの法則で十分だが、量子論への拡張や新たな理論的予見（例えば電磁波の存在など）には、微分方程式で表すのが必須となる。微分方程式が成立するには、物理量が連続的に変化することが前提条件となるが、その詳細は後で述べることにする。

　ところで、(5-10) 式は、電荷を真空中に置いた場合を想定している。電荷を誘電体中に置いた場合、真空の誘電率をその誘電体の誘電率で置き換えなければならない。微視的に見ると、誘電体の電気双極子は、置かれた電荷が作る

電場を最小化するように応答する（図 5-10 左図）。その応答は媒質によって異なる。点電荷を金属中に置いた場合は、どうなるであろうか？金属に静電場（時間的に変化しない）を印加すれば、電場の方向の表面には正電荷（電子の欠乏状態）が、反対側の表面には負電荷（電子）が顔を出し、平衡状態となる（図 5-6 下図参照）。電場を印加した瞬間（短時間）には、電荷の移動が起こり、電流が流れるが直ちに平衡状態となり、内部は電気的に中性であり、この条件を

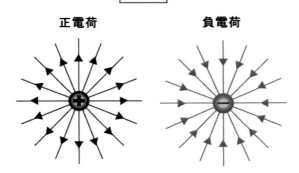

図 5-9. 正電荷の作る発散場と負電荷の作る収束場。

破る電荷は存在しない。もしそのような電荷が存在すれば、周りに電場ができて電流が流れ平衡状態は実現しないからだ。電流を流したり、時間的に振動する電場を印加したりしなければ、金属内部には、付加的な電荷や電場は存在しない。例えば、正電荷を金属中に置けば、直ちに自由電子が集まり、正電荷の作る電場を完全に打ち消す（図 5-10 右図）。誘電率とは、電荷を媒質中に置いたとき、その電場を打ち消そうとする媒質電子の応答を表している。この意味では、静電場（点電荷を金属中にそっと置いたとき）に応答する金属の誘電率は無限大とみなしてよいだろう。このように外部からの電場を打ち消すような媒質電子の応答を遮蔽効果（Screening Effect）と呼んでいる。これが静電誘導の本質である。従って、外部電場を打ち消したければ、金属のケージで囲ってやればよい。外部電場を打ち消すように、金属のケージは電気的分極を起こすからである（図 5-6 参照）。同様に、強磁性体物質で囲えば、外部磁場を打ち消すことができる。このような遮蔽（Screening）現象が起こるのが電磁場の特徴である。電荷の移動によって、系を電気的にエネルギーの低い状態に誘導する最小作用の原理（変分原理）の発現である（電磁場は真空の歪としてエネル

ギーを蓄積する[註 5-15]）。

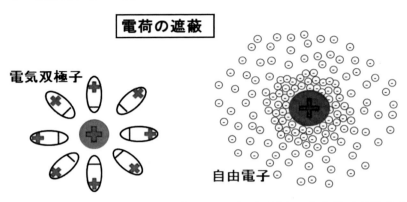

図 5-10. 誘電体（左）：電気双極子が、金属（右）：自由電子が電荷を遮蔽。

　重力場と電磁場は、逆自乗則で表される点で似通っているが、重力の源は質量という単一な量であり、正負をもつ電荷と異なる。重力は引力のみだが、同種電荷間では斥力、異種電荷間で引力が生じる。斥力と引力の存在とそのバランスによって、安定な状態を作ることができる。例えば、金属の状態は、結晶の格子点を陽イオンの芯が占め、間隙を自由電子（量子論では波動的に振る舞う）がガス状に埋めた一種のプラズマ状態を作っている[註 5-16]。自由電子同士は反発し合うが、自由電子と陽イオン芯は引き合う。この 2 つの力のバランスによって安定な状態を保つことができるのだ。また、電場は導体によって、磁場は強磁性体によって遮蔽することができるが、重力は遮蔽することはできない。引力のみの重力では、一般的に安定な構造を維持するのは難しい（例えば、重力凝縮・重力崩壊）。重力は、太陽系や宇宙のスケールで効いてくるが、身の周りにある物質世界を形作るのは電磁気学的な力である。今、NaCl（塩）を考えてみよう。NaCl の結合は、Na^+ と Cl^- のイオン間に働くクーロン力によるものだ。このクーロン力と、Na^+ と Cl^- 間の重力を比較すると、重力/クーロン力 = 3.9×10^{-34} であり、重力の効果は完全に無視できる。落体の運動や浮力は重力によるものだが、これは、地球という非常に重い物体が相手であることによる。

(iv) 磁場を作るものー電流と電子磁石

　電荷が電場を作るのであれば、磁場を作るのは磁荷と考えたくなる。残念ながら、電荷のように単独で存在する単磁荷は、今日までその存在は確認されて

いない（多分存在しないであろう）。このため、放射状の磁場は存在せず、次の磁場に対するガウスの法則が成立する（磁荷密度はなし）。電場 E に対応するのが磁場 H である。

$div\ H(x, y, z) = 0$　　(5-10)

単磁荷は存在しないが、正負の単磁荷が存在すると仮定して、電磁気の体系を構築することは可能である。それでは、磁場を作るのは何か？磁場を作るのは磁荷ではなく、電流（電荷の流れ）と（永久）磁石である。歴史的には BC 1000 年以上も前に、磁化した磁鉄鉱（磁石）が発見されていた。一方、電流が磁場を作ることが発見されたのは、1820 年のことである。デンマークの物理学者エルステッドは、導線を流れる電流の周囲に円形・渦状の磁場ができることを発見した。このレポートを読んだアンペールは、電流の磁気作用を詳細に調べ、その重要な性質を明らかにした。直線電流の向きにねじが進むように右ねじを回すと、その回る方向が円形磁場の方向に合致すること（右ねじの法則：図 5-11 左図）、平行な 2 本の直線電流は、同方向に流れるときは引力が、逆方向に流れているときは斥力が働くこと、その力は導線間の距離に逆比例し、電流値に比例することを発見している。右ねじの法則を、微分方程式で表したのが次式である（アンペールの法則）。

$rot\ H(x, y, z) \equiv (\partial H_z/\partial y - \partial H_y/\partial z)e_x + (\partial H_x/\partial z - \partial H_z/\partial x)e_y + (\partial H_y/\partial x - \partial H_x/\partial y)e_z$
$= j(x, y, z)$　　(5-11)

ここで、$j(x, y, z)$ は電流密度を表している[A/m^{2}s]。$rot\ H(x, y, z) \neq 0$ は、H が渦状の場（回転場）を形成していることを意味する。静止した電荷は静電場を作り、一定速度で動く電荷（電流）は電場のみならず磁場も生み出す。電荷は、放射状の発散場（電場）を作るが、電流は周りに渦状の磁場を形成する。

　余談だが、ネジ（Screw）の発明者はアルキメデスであるらしい（BC 3 世紀）。その後、オリーブを搾って油を取り出すための圧搾機・ネジプレスが普及したようだ（BC 1 世紀以降）。これはさらに、ブドウ酒作りにも利用された。結締用のネジが考案されたのはルネサンス期らしく、レオナルド・ダ・ヴィンチのスケッチに、タップ・ダイスのネジ加工の原理が詳細に書き込まれている。ダ・ヴィンチが設計したネジを使った様々な機械仕掛けの装置図が残っているようだ。金属製のネジ、ボルト、ナット類が広くヨーロッパに普及したのは 15 世紀末以降である。日本では、家を建てる時など、力のかかる箇所には、材木を凹凸にしてはめ込む継手という手法が使われた。強引に自己の主張を通すため相手にかけ合うことを、"ねじ込む"と言うが、文化の違いなのかもしれない。

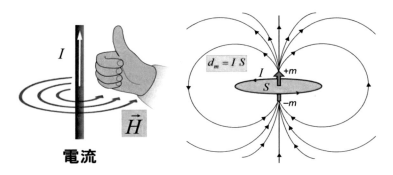

図 5-11. 直線電流の周りにできる渦状の磁場（左図）。直線電流の方向に進むよう右ねじを回すと、その回転方向が磁場の向き。Wikimedia Commons: Das Steinerne Herz。電流ループ（電流：I、面積：S）は磁気双極子 $d_m = IS$ に等価（右図）。

　電流ループが磁気双極子に等価であることは、アンペールの法則より導き出すことができる。磁気双極子モーメントは（図 5-11 右図参照）、$d_m \equiv ml$ で定義される。l は $-m$ から $+m$ に引いた長さのベクトルである。電流 I がループを作り、ループの面積を S とし（半径 a の円形電流では、πa^2）、電流の向きに右ねじを回したとき、磁気双極子モーメントは IS で、ネジの進む方向が N 極になる。

　それでは、永久磁石が磁場を作る仕掛けは何だろうか？強磁性体（Fe, Co, Ni など）に磁場をかけると、自身が磁石である電子が一定方向に整列し、磁化される（図 5-12）。これは、誘電体に電場をかけると、誘電分極を起こすことに類似している。外部磁場によって電子磁石が一方向に整列し、自身が強い磁石になるものが強磁性体である。電子磁石の整列は、熱のエネルギーによって阻害される。ある温度（キューリー点：転移温度）以上では、熱エネルギーの擾乱によって、電子磁石は整列できず、常磁性（磁場の方向に弱く磁化）に相転移する。永久磁石をいくら細かく切断しても、N 極と S 極に分離できないのは、その最小単位が電子磁石のためである。

　先ほど述べたように単磁荷は存在しない。しかし、単磁荷（$\pm m$：単位は Weber；N-極に対応する単磁荷を正、S-極に対応する単磁荷を負とする）がペ

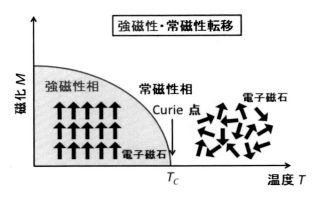

図 5-12. 電子磁石の整列（強磁性体：左図）。熱運動によるランダム化（右図）。

ア（磁気双極子）として存在するという立場と、ループ電流が磁気双極子と等価であることから、あくまで磁荷を想定しない 2 つのやり方で、電磁気学を体系的に記述することができる。磁石とは磁気双極子のことである。電気双極子は原理的には正負の電荷に分割できが、磁気双極子を N と S に分割することは出来ない。これが、電気双極子と磁気双極子の本質的な違いである。

　先に、印加した磁場の方向に物質は磁化されると述べた（強磁性体、常磁性体）。磁力線は、図 5-13 に示すように、N−極より出て S−極に入ってくる。従って、磁石の N（S）極をクリップ（鉄やコバルト含有）に近づけると、対向面には異極の S(N) 極ができる。よって、クリップは磁石に引き付けられる。ところが、自然界には、全く逆の性質をもつ物質が存在する。磁石の N (S) 極に対向して、同一の N (S) 極が出て反発し合うのである。このような物質を反磁性体と呼んでいる。超伝導体は磁気感受率[註 5-17] $\chi_m = -1$ の完全反磁性体で、外部磁場の侵入を跳ね返す（マイスナー効果）。この効果によって、磁石は超伝導体上に浮き上がる。マイスナー効果は、巨視的なスケールに出現する量子効果である。反磁性は、弱いながらビスマス、水銀、炭素や水など多くの物質に現れる。これは、基本的には、物質中の電子が外部磁場を打ち消すように円運動のループを描くためだ（遮蔽効果）。電荷の遮蔽同様、物質中にできる磁場を打ち消し、エネルギーを低く保つためである。モーゼが出エジプトの際、追手を逃れるため、杖で海を割くシーンがある。実際、少量の水をはったトレーの中心に強力な磁石を対向させれば、水の中心部はへこむ。モーゼの杖は超強力な磁場を生み出したのであろう。これをモーゼ効果と称している。反磁性は、

自由電子の磁場に対する応答だが、電場に対しては類似の現象は起こらない。電場と磁場は、本質的に異なっていることが分かる。

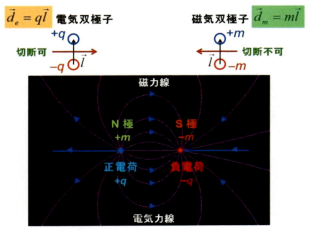

図 5-13. 磁気双極子と磁力線、電気双極子と電気力線。

(v) 変動する磁場は変動する電場を誘起—その逆も真なり：電磁波

　電荷の流れである電流が周りに磁場を作るのであれば、磁荷の流れ、例えば磁石を動かせば電場が発生するのではないかとファラデーは考えた。そして、コイルに対して、磁石を前後に往復運動させると、コイルに電流が流れることを実験的に確認した。これが、電磁誘導の法則である。磁石を固定し、コイルを前後に動かしても同じように電流が発生する。ただし、磁石（コイル）を、コイル（磁石）に近づける時と遠ざける時で、電流の流れる向きは逆転する（図5-14）。要するに、磁場の変化を妨げるように、物質中の電子が応答することによって引き起こされる。この電磁誘導の意味するところは、"時間的に変動する磁場は、時間的に変動する渦状の電場を誘起する"ということだ。これを微分方程式で表したのが次式である。

　rot $\boldsymbol{E}(x, y, z, t) = -\mu_0 \partial \boldsymbol{H}(x, y, z, t)/\partial t$　　(5-12)

ここで、μ_0 は真空の透磁率である。誘電率同様、物質の透磁率は、外部磁場に対する物質の電子磁石の応答を表す（真空は電子・陽電子ペアで満たされた状態）。右辺に負の符号が付くのは、磁場の変化を打ち消すように渦状の電場（電流）が誘起されることを示している。この負の符号は、電磁波が存在するための必須条件となる。と言うより、電磁波が存在する故、負符号になると解すべ

きだろう。

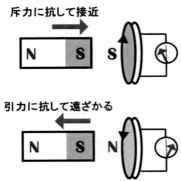

図 5-14. S 極を近づけると、その方向に S 極が出るようにループ電流が誘起される。S 極を遠ざけると逆に N 極が出るようにループ電流が流れる。

変動する磁場が変動する渦状の電場を誘起するのであれば、変動する電場は変動する渦状の磁場を誘起するに違いないとマックスウェルは考えた。これを数式で表すと、

rot $\boldsymbol{H}(x, y, z, t) = \varepsilon_0 \, \partial \boldsymbol{E}(x, y, z, t)/\partial t$　(5-13)

となる。右辺は電流と等価で（アンペール則 (5-12) 式を参照）、マックスウェルの変位電流と呼んでいる。変位電流の存在は、電荷の保存則から導き出すことができる。ファラデーなら、弾性を有す真空に、変動する電場・磁場が誘起されれば、真空中を伝搬する電場・磁場の波（電磁波）が存在すると直感したはずだ（図 5-15 参照）。マックスウェルは、電荷・電流密度を 0 とし、式 (5-9)、(5-10) と(5-12)、(5-13) 式より、真空中を光速 c で伝搬する波動方程式を導出した[註5-18]（簡単化し、x–軸方向に伝播する成分のみを示す）。

$\partial^2 \boldsymbol{E}(x, t)/\partial x^2 - \varepsilon_0 \mu_0 \, \partial^2 \boldsymbol{E}(x, t)/\partial t^2 = 0$

$\partial^2 \boldsymbol{H}(x, t)/\partial x^2 - \varepsilon_0 \mu_0 \, \partial^2 \boldsymbol{H}(x, t)/\partial t^2 = 0$ 　($\varepsilon_0 \mu_0 = 1/c^2$)　(5-14)

ここで、c は真空中の光速を表している。

電磁波を発生させるには、例えば、図 5-16 に示すように、充電したコンデンサー（C: 容量）をコイル（L: インダクタンス）に直列に結合し、回路にギャップを作っておいて、スイッチ・オンで、コンデンサーを放電する。ちょうど水を満たした U 字管の一方を押して手を放すと、水面が上下に振動するように、回路に電流の振動が発生する。その周波数は、$f = 1/2\pi(LC)^{1/2}$ である。すると、ギャップの両端子に現れる電荷も、$1/f$ の周期で単振動する。これが

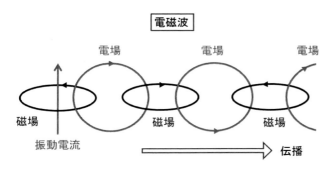

図 5-15. 振動する電流は振動する磁場を生み出し、振動する磁場は振動する電場を誘起する（電磁波）。

図 5-15 の振動電流に対応し、渦状の変動する磁場を生み、これに絡んで変動する電場が誘起される。こうして、電荷の振動により、その振動数をもつ電磁波が発生することが分かる。先に示した 4 つの式（Maxwell 方程式）を、加速度運動する点電荷に適用すると、放射の角度分布と、放射パワーが加速度の自乗に比例することが導出できる。従って、電磁波を発生させるには、質量の軽い電子を加速度運動させるのが得策であることが分かる。

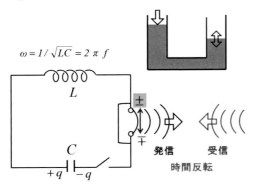

図 5-16. LC 回路と電気振動。アンテナでの発信と受信は時間反転過程。

Maxwell 方程式とは無関係に、電磁波は様々な形で発生する。加熱体からの放射（我々も電磁波を放射している）、原子の発光、原子核のガンマ線崩壊、電子と空孔の再結合による発光（レーザー、LED）などである。電磁波は横波だが、一般の波動と異なり媒質を必要としない。ファラディーが考えたように、

真空自体が弾性体のように振る舞うと解釈せざるを得ないのである。この情報化社会で、誰もがスマートフォンを使用している。スマートフォンの基本的機能として、電波の発生と受信がある。電波の発生は、先ほど述べたように電気振動を起こせばよい。ある種の物質（水晶、チタン酸バリウム、チタン酸ジルコン酸鉛など）は、力を加え歪ませると起電力を生み出す（圧電性：Piezo Electricity）。逆に電圧をかけると、結晶を歪ませることもできる（逆圧電性：Inverse Piezo Electricity）。結晶は弾性体なので、電圧をかけ歪ませておいて、電圧を解除すれば、弾性体は振動する。すると振動する電場が発生することになる。スマートフォンでは、水晶振動子を用いた回路を組み電波を発生させている。逆に電波（振動する電磁場）が入射すれば、回路に電気振動が誘起される。電波の発信と受信は、互いに時間反転の逆過程に対応する（図 5-16 参照）。

　古典電磁気学（Maxwell 方程式）より、光（電磁波）は、エネルギーを運び、運動量をもつことが示される。単位時間・単位面積を通過する電磁波のエネルギーを S とすれば[J/m²s]、電磁波の運動量密度は、$G = \varepsilon_0 \mu_0 S = S/c^2$ と表わすことができる。今、3 [W] のレーザー・ビーム（かなり High Power）を、Al 板に垂直に当てたとする。照射面積を $A = 1$ mm²、Al 板は鏡面で 100 ％ 光を反射するとし、Al 板の受ける圧力を計算してみよう。Al 板がもらう運動量は単位時間当たり、$F = \Delta p/\Delta t = 2GcA = 2SA/c$ である（p：運動量）。因子 2 が付くのは、完全反射によって、Al 板が、入射電磁波の運動量の 2 倍を受け取ったためだ。3 [W] のレーザー・ビームが、面積 A [m²] に照射されたということは、$S = 3/A = 3 \times 10^6$ [J/m²s] を意味している。圧力は、単位面積当たりにかかる力なので、Al 板にかかる圧力は、$p = F/A = 2S/c = 6 \times 10^6/3 \times 10^8 = 2 \times 10^{-2}$ [N/m²] = [Pa] である。これは、2×10^{-7} 気圧に相当する。光の圧力は非常に微小だが、真空中で、ねじり秤の先端につけた鏡に光を当て、Maxwell 理論の実験的検証が行われた（1901 年）。夏目漱石の「三四郎」（1908 年）の中に、物理学者の野々宮さんが登場し、地下の実験室で、光の圧力を測定しているシーンが出てくる。光の圧力は、19 世紀末より議論に上ったホットな話題であり、物理学者の寺田寅彦が情報提供したようだ。

参考文献
[1] 村上陽一郎 著「科学者とは何か」（新潮社、1994 年）
[2] 広重徹 著「近代科学再考」（朝日選書、1979 年）
[3] 朝永振一郎 著「物理学とは何だろうか（上下）」（岩波新書、1979 年）
[4] 砂川重信 著「熱・統計力学の考え方」（岩波書店、1993 年）

第6章　現代の科学1－相対性理論

　20世紀初頭に登場した相対性理論は、ニュートンによって自明とされた絶対時間と絶対空間の概念を崩壊させた。こうして物理学は、これまで哲学の対象であった空間と時間の問題に踏み込むことになった。特殊相対性理論は、いかなる慣性系[註6-1]からみても、物理法則と真空中の光速は不変とする要請によって築かれた理論である。そこでは、時計の進みと物差しの長さは、観測する座標系によって異なる。理論を構築したアインシュタイン（Albert Einstein: 1879-1955）の目論見は、ニュートン力学を解体し、より普遍的な力学・電磁理論を創造することであった（真空中の光速が観測する座標系によらず一定であるのはMaxwell電磁理論の帰結）。特殊相対性理論は重力のない世界の話なので、ニュートンの万有引力仮説をどのように解釈するかが次の課題となる。アインシュタインはこれを、物体が周りの時空を歪ませる結果と捉え、一般相対性理論を構築した（1915年）。万有引力を、時空の幾何学（リーマン幾何学）に還元したのである。

絶対時間・絶対空間の放棄－"特殊相対性理論"

　特殊相対性理論は歪のない時空における運動学であり、いかなる慣性系[註6-1]からみても、物理法則と真空中の光速は不変という原理によって構築された理論である。この理論を発表したのは、スイス・ベルンの特許局に勤めていた26歳のアインシュタインだった（1905年）。Maxwell電磁理論では、電磁波（光）の速度は座標系に依らず一定であるが、ニュートン力学で成立するガリレオ変換を施すと変化してしまう。アインシュタインは、Mxwell電磁理論と両立する新しい力学の構築を目指したのである。ここで、変換則について説明しておこう。今、地上に立ち止まっているAさんの座標系（K-系）と、その座標系のx-軸方向に沿って一定速度vで走るトラックに乗ったBさんの座標系（K'-系）を考える。ある事象をAさんが（K-系）観測すると場所(x, y, z)、時刻tに起こり、Bさんが観測すると場所(x', y', z')で、時刻t'に観測されたとする。このとき、K-系の(x, y, z, t)とK'-系の(x', y', z', t')との間の関係式が変換則である。例えば、花火の打ち上げが観測対象であれば、その場所はAさんの座標系では(x, y, z)で、時刻はtで指定される。それをBさんが見れば、場所(x', y', z')で、時刻はt'となる。

(i) ガリレイ変換とローレンツ変換

　まず、ニュートンの運動方程式が、ガリレイ変換に対して不変であることを見てみよう。今、1つの座標系があってこれをK-系とし、この座標系に対して、

x-軸方向に一定の速度 v で動く慣性系を K′-系とする（図6-1 参照）。道路で立ち止まっている A さんの見える風景が K-系であり、一本道の道路に沿って速度 v で動くトラックに乗った B さんが見る情景が K′-系と思えばよい。K-系から見た質量 M の物体の座標を (x, y, z) とし、K′-系から見たその座標を (x', y', z') とする。時刻 $t = t' = 0$ で両座標の原点は一致しているが、そこから B さん（K′-系）は、A さん（K-系）に対して x-軸方向に速度 v で動き始めるとしよう。すると常識的にみて、

$$x' = x - vt, \quad y' = y, \quad z' = z, \quad t' = t \quad (6\text{-}1)$$

が成り立つだろう。これがガリレイ変換である。今、K-系の原点に静止している A さんを観測対象とすると、$x = 0$ であり、$x' = -vt$ となる。これは、B さんから見ると、A さんは速度 v で遠ざかることを意味する。逆に K′-系の原点に立っている B さんを A さんが観測すれば、$x' = 0$ であり、$x = vt$ となる。つまり、A さんから見ると、B さんは速度 v で x-軸の正方向に遠ざかっていることになる。次に速度を見てみよう。(6-1) 式より次式が得られる。

$dx'/dt' = (dx'/dt)\cdot(dt/dt') = d(x - vt)/dt\cdot 1 = dx/dt - v$ (6-2)

K-系の原点に静止している A さんを観測対象とすれば、$dx/dt = 0$ であり、$dx'/dt' = -v$、すなわち B さんから見ると、A さんは速度 v で x-軸の負の方向に遠ざかる。同様に加速度、

$d^2x'/dt'^2 = d\{d(x-vt)/dt\}\cdot(dt/dt')\}/dt' = d\{dx/dt - v\}/dt\cdot(dt/dt') = d^2x/dt^2$ (6-3)

と表され、両座標系で変化しない。また質量 M と、物体に働く力も座標系に依らず変化しない。力は、物体間の距離に依存するが、次に述べるように、距離はガリレイ変換によって変化しないためである。よって、運動方程式の x-成分は、ガリレイ変換に対して不変であることが分かる。y-成分、z-成分も不変

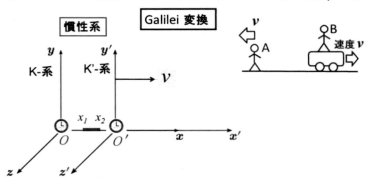

図 6-1. K-系に対してその x-軸に沿い速度 v で動く K′-系。

であることは明らかである。では物差しの尺度（距離）を見てみよう。(6-1) 式より、$x_2'-x_1' = x_2 - vt - (x_1 - vt) = x_2 - x_1$ となるので、物差しのスケールも両座標系から見て変化しない。すべて我々の常識を満足する結果である。

それでは、K-系の原点からx-軸方向に速度 c で出射した光を観測対象にしよう。これを K'-系より観測すると、ガリレイ変換によれば、光速は $c' = c - v$ となる。ところが、マックスウェル方程式（1864 年）を不変に保つには、(5-16) 式から明らかなように $c^2 = 1/\varepsilon_0\mu_0$ ゆえ $c' = c$ でなければならない（ε_0, μ_0: 座標系に無関係な定数）。この事実は物理学者をおおいに悩ませることになった。マックスウェル方程式に問題があるのか、それともニュートンの運動方程式とガリレイ変換が間違っているのかの選択を迫られたことになる。しかし、マックスウェル方程式に問題は見出されなかった。ローレンツ（Hendrik Lorentz: 1853-1928）が、マックスウェル方程式を不変に保つローレンツ変換式にたどり着いたのは 1904 年のことである。

電磁波は横波[注6-2]であることは、理論的にも実験的にも示されていたが、一般的に波の伝搬には何らかの媒質が必要である。音は空気分子の密度の疎密が振動し伝搬する縦波であり、津波は海水無くしては起こりえない。そのため、マックスウェルを含め、当時の科学者はすべて、電磁波は宇宙空間を満たすエーテルを介して伝搬すると考えていた（エーテルとは天空を満たす物質の意）。マックスウェルは、地球の公転速度（$v = 30$ km/s: 光速 c の 1/10000）を利用すれば、エーテルに対する光の速度を実験的に決定できることを示唆している。これに挑戦したのがマイケルソンである。彼は、高精度の光の干渉計を考案し、モーレーと共同で光の干渉実験を行った（1887 年）（補遺 6-1 参照）。地球の公転方向（東西）と、これに垂直な方向（南北）で、光線を 2 つに分け、等距離（L）に置いた鏡で反射させて、その干渉をみることで、2 つの反射光の経過時間の差を測定した。ガリレイ変換を想定すれば、時間差は $L\beta^2/c$（$\beta \equiv v/c$）である。ところが、実験結果は、期待した値の 1/4 以下となった。すなわち、地球のエーテルに対する速度は 8 km/s 以下ということになる。このため当時、この実験は失敗とみなされた。マイケルソンは、1907 年にノーベル物理学賞を受賞したが、それは優れた干渉計の発明に対するものである。その後、レーザーを使うことで高精度の実験が可能となり、地球のエーテルに対する速度は 0.025 m/s 以下とされている（1974 年）。要するに、エーテルなるものは存在せず、光の速度はいかなる慣性系から見ても不変ということである。いずれにしても、当時の状況として、ローレンツもアインシュタインも、マイケルソン・モーレーの実験結果とは関係なしにローレンツ変換式を導き出したのだ。ロー

レンツの場合、あくまでマックスウェル方程式を不変に保つ変換則を探し求めたわけだが、アインシュタインは時空の概念の変革と新たな力学の体系を目指した点で大きく異なっている。ローレンツは、特殊相対論が出るまで、エーテルの存在を信じていたようだ。電磁波は横波であることは既に分かっていたが、横波は捻じれ弾性をもつ固体にしか生じない。固体のような弾性体が宇宙空間を満たしているというのも不思議な話だ。しかし、ファラディーが考えたように、真空自体が弾性的な性質をもっているとすればよいのである。一般相対性理論の時空の歪もそこからきている。

それでは、ガリレイ変換 (6-1) 式に代わるローレンツ変換式を示しておこう。
$x' = (x − vt)/(1 − β^2)^{1/2}$、 $y' = y$、 $z' = z$、
$t' = (t − vx/c^2)/(1 − β^2)^{1/2}$ $(β ≡ v/c)$ (6-4)
逆変換（K'-系での位置・時刻を K-系に変換）は、v を $−v$ に換えればよい。
$x = (x' + vt')/(1 − β^2)^{1/2}$、 $y = y'$、 $z = z'$、
$t = (t' + vx'/c^2)/(1 − β^2)^{1/2}$ (6-5)
この変換式を使えば、マックスウエル理論から導かれる電磁波の式で、その速度（光速）は不変に保たれる。今、K-系での電磁波の電場の y 成分（偏光）が次式で表されたとする。電磁波は横波なので、電場（偏光成分）は進行方向（x-軸）に対して垂直である。

$E_y(x, y, z, t) = E_0 \cos\{ω(t − x/c)\}$ (6-6)
この式にガリレイ変換 (6-1) 式を施すと、
$E_y(x, y, z, t) = E_0 \cos\{ω(t − x/c)\} = E_0 \cos[ω\{t' − (x' + vt')/c\}]$
$= E_0 \cos[ω(1 − v/c)\{t' − x'/(c − v)\}]$ となる。角振動数は $ω' = (1−β)ω$ のドップラー・シフト[注6-3]を示し、電磁波の速度は $c−v$ となる。それでは、(6-6) 式にローレンツ変換を施してみよう。(6-5) 式より、

$E_y(x, y, z, t) = E_0 \cos\{ω(t − x/c)\} =$
$E_0 \cos[ω\{(t' + βx'/c)/(1 − β^2)^{1/2} − (x' + vt')/c (1 − β^2)^{1/2}\}]$
$= E_0 \cos[ω \{(1 − β)/(1 + β)\}^{1/2} (t' − x'/c)]$
が得られ、光の速度は c で変化しない。ドップラー・シフトは、
$ω' = ω\{(1 − β)/(1 + β)\}^{1/2} ≅ (1 − β)ω$ (6-7)
で与えられる。$β ≡ v/c → 0$ でローレンツ変換はガリレイ変換に移行する。ローレンツが導き出すのに難渋したローレンツ変換は、光速不変の原理より容易に導き出すことができる（補遺 6-2 参照）[1]。

ローレンツ変換では、時間も慣性系の相対速度 v に依存した変換則に従うので、空間座標 (x, y, z) に時間 t を加えた 4 次元時空として取り扱うのが適当

であろう。そこで今後、4 次元 (x, y, z, ct) 座標で時空を表すことにする。時間軸を ct としたのは、長さの単位に合わせるためである。4 つの座標はお互いに独立なので、幾何学的に言えば、各座標軸は直交している。そこで、時間軸を縦に、空間軸を横軸に描くと、図 6-2 のようになる。今、t と x の 2 次元面に $t = x/c$ の直線を描き、これを t 軸の回りに回転させてできる円錐を光円錐と呼ぶ。原点は観測者の現在に相当する。光円錐の外の点を $(x > 0, t')$ とし、原点よりこの点を通る直線をひき、$t' = x/c'$ としよう。すると、この点は光円錐の外にあるので、$x/c = t > t' = x/c'$ となり、c' は光速 c より大きくなってしまう。情報を交換するとき、光速以上の媒体は存在しないので、光円錐の外は、見ることのできない時空なのである。光円錐内の $t > 0$ は未来を、$t < 0$ は過去を表している。もし、光速が無限大に近づけば、光円錐は横に広がり全時空をカバーすることができる。光速が有限であることは、4 次元時空としての宇宙の一部しか我々は観測できないことを意味している。もし、光速より速いタイムマシンが可能で、特殊相対性理論が破れれば、我々は、理論上は過去に遡行できる。すると過去の失敗を訂正でき、現在と異なる自分が出現可能となり、因果律を破壊する。因果律が成立するのを一応認めるのが物理学の立場である。

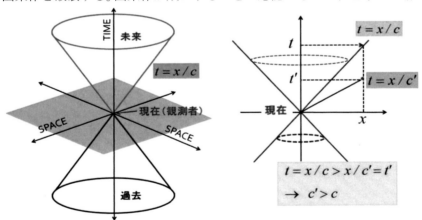

図 6-2. 光円錐。

(ii) 動く時計は遅れ、動く物差しの長さは縮む

ローレンツ変換は、我々にとって一見奇異とも思える現象を予見する。その一つが、静止した座標 K-系からみると、一定速度 v で動く座標 K′-系に固定された時計は遅れることだ。今、K′-系の原点に固定された時計を観測対象としよ

う。すると、$x' = 0$ であり、(6-5) 式より、$t = t'/(1-\beta^2)^{1/2}$ の関係式を得る。よって、$t = t'/(1-\beta^2)^{1/2} > t'$ であり（$(1-\beta^2)^{1/2} < 1$）、A さん（K-系）からみて、動く座標系（K′-系）に固定された B さんの時計は遅れることになる。逆に、K-系の原点に固定された A さんの時計を観測対象にすると、$x = 0$ で、(6-4)式より、$t' = t/(1-\beta^2)^{1/2} > t$ となる。これは B さん（自分は静止）から見て、速度 v で遠ざかる A さんの時計は遅れることを意味している。

次に物差しの長さがどうなるかを見てみよう。今、x-軸に沿って速度 v で動く車に固定された長さ $l' \equiv x_2' - x_1'$ の物差し（x-軸方向）を観測対象とする。これを K-系（静止）で時刻 $t = 0$ に観測すれば (6-4) 式より、$x_1' = x_1/(1-\beta^2)^{1/2}$、 $x_2' = x_2/(1-\beta^2)^{1/2}$ の関係式を得る。よって、$(x_2' - x_1') = (x_2 - x_1)/(1-\beta^2)^{1/2} > x_2 - x_1 \equiv l$ が成り立つ。$l \equiv x_2 - x_1$ は、K-系から測ったその物差しの長さである。これより、K-系から見て（静止）、速度 v で遠ざかる K′-系に固定された物差しの長さは縮んで見えることが分かる。逆に K′-系に対して速度 $-v$ で遠ざかる K-系に固定された物差しの長さ $l \equiv (x_2 - x_1)$ を観測対象にしよう。これを時刻 $t' = 0$ に測定すれば、(6-5) 式より、$x_1 = x_1'/(1-\beta^2)^{1/2}$、 $x_2 = x_2'/(1-\beta^2)^{1/2}$ が成り立つ。すると、$(x_2 - x_1) = (x_2' - x_1')/(1-\beta^2)^{1/2} > x_2' - x_1' \equiv l'$ の関係式が得られ、K′-系（静止）からみれば、動く座標系 K-系に固定された物差しの長さは縮んで見えることを意味する。これをローレンツ収縮という。

この一見奇異な現象は、実際観測にかかっている。例えば、銀河宇宙線（高エネルギー陽子が主成分）が大気に突入し、地上約 10 km でミュー粒子に壊変する。そのミュー粒子の寿命は静止系で $\tau_0 = 2.2\times10^{-6}$ s で、電子とニュートリノに壊変する。今、高速ミュー粒子の速度を $v = 0.999c$ としよう。地上からそのミュー粒子を観測すれば（K-系）、寿命 $\tau = \tau_0/(1-\beta^2)^{1/2}$ であり（時間の遅れ）、ミュー粒子の走行距離は $l = v \times \tau = 0.999 \times 3 \times 10^8 \times 2.2 \times 10^{-6}/0.04471 = 14.747$ km である。ミュー粒子から見れば（K′-系）その距離は、$l' = \tau_0 \times v = 0.999 \times 3 \times 10^8 \times 2.2 \times 10^{-6} = 659$ m $= l \times (1-\beta^2)^{1/2}$ の距離を走ったに過ぎない（Lorentz 収縮）。実際、ミュー粒子は地表に多数飛来する。

相対論の一般書には、"双子のパラドックス"というトピックスが必ず登場する。これは、地球にいる A と宇宙旅行に出て帰って来た双子の B を比べて、どちらが若いかという問題である。A は、動く座標系に乗った B が若いと主張し、逆に B から見れば、A が動く座標系に居ることになるので、A が若いと主張する。この場合、少なくとも A は加速度運動を行ってないが、B は往復しているので加速度運動を行ったことになる。それでも B は、A が最初遠ざか

り、次いで B の方に戻って来たと主張するかもしれない。しかし、加速度運動は体感できるので、あくまで、加速度運動を行ったのは B であり、A ではない。夜やトンネル内を電車が一定速度で走っている時、外の景色が見えなければ、自分が停まっているのか走っているのかは判別できない。ところが、電車に急ブレーキがかかればたちどころに自分が走っていたことが分かる。よって加速運動する座標系に乗っていたのは B であり、A ではない。後で述べる一般相対性理論によれば、加速度運動する座標系に固定された時計は、加速度無しの座標系の時計より遅れる。よって、A の主張、"B の方が A より若い" が正解である。

(iii) 質量はエネルギーに等価

特殊相対性理論を完成させるには、ニュートンの運動方程式に代わるローレンツ変換に対して不変な相対論的運動方程式を提示しなければならない。これを行うには、ベクトル解析の知識が必要なので、ここでは結果だけを述べることにする。相対論的運動学は、4次元時空を舞台とするので、運動方程式は4成分より成る[1]。

$$m_0 d[u_j(t)/\{1-u^2(t)/c^2\}^{1/2}]/dt = F_j \quad (j = x, y, z)、$$
$$d[m_0 c^2 \{1-u^2(t)/c^2\}^{1/2}]/dt = \boldsymbol{F}\cdot\boldsymbol{u}(t) \quad (6\text{-}8)$$

ここで、m_0 は物体の固有な質量（静止質量）であり、$u(t)$ は物体の速度、$\boldsymbol{F}$ は外力を表している。物体の速度が光速より十分小さいとすれば（$u(t)/c \ll 1$）、(6-8) の第1式はニュートンの運動方程式に一致する。(6-8) の第2式は、$\boldsymbol{F}\cdot d\boldsymbol{r}/dt$ ゆえ、外力 $\boldsymbol{F}$ が単位時間になす仕事を意味する。よって、その左辺カッコ内の $m_0 c^2/\{1-u^2(t)/c^2\}^{1/2}$ は、物体の得た運動エネルギーに該当する。この式を $u(t)^2/c^2$ の冪で展開すると（Tayler 展開[注6-4]）次式が得られる。

$$m_0 c^2/\{1-\boldsymbol{u}^2(t)/c^2\}^{1/2} = m_0 c^2 + m_0 u^2/2 + \ldots \quad (6\text{-}9)$$

右辺・第1項は静止エネルギーであり、第2項はニュートン力学における運動エネルギーを表している。第1項の意味は、質量 m_0 をもつ物体は必然的に $m_0 c^2$ のエネルギーをもつということであり、質量はエネルギーに等価であることを示している。この帰結は、実はそれほど奇異なものではない。すでに Maxwell 電磁理論において、質量の無い電磁波（光）が運動量をもち、その方向はエネルギーの伝搬方向に一致することが示されているからだ。

現実に質量がエネルギーに転化する典型的な例が原爆・水爆である。^{235}U の原子核が、遅い中性子を吸収し、ほぼ真二つに分裂することは、O. ハーン（Otto Hahn: 1879-1968）によって発見された。1938年末のことである。この核分裂反応によって、質量が 0.09 % 減少する。こうして 1 ケの ^{235}U が核分裂して約

89

200 MeV のエネルギーが放出される（1 eV：電子が 1 V の電位差で加速されたときの運動エネルギー：$1.602×10^{-19}$ J）。炭（炭素）を燃やす化学反応（$C + O_2 \to CO_2$）で得るエネルギー4.1 eV に比べると、50,000,000 倍のエネルギーが解放されることになる。広島に投下された原爆では、855 g の ^{235}U が核分裂を引き起こした。これをエネルギーに換算すると、7×10^{13} [J] になる。体重 70 kg の人の質量がすべてエネルギーに転化すれば、$70 \times (3 \times 10^8)^2 = 6.3 \times 10^{18}$ [J] が得られる（光速：$c = 3 \times 10^8$ m/s）。これは、広島に投下された原爆の 100,000 発分に該当する。現実には、質量をすべてエネルギーに転換することは不可能だが。ところで我々は、化学反応の前後で質量は保存されると教わる。しかし厳密に言うとこれは正しくない。例えば、$H + H \to H_2 + 4.74$ eV であり、水素分子の結合エネルギーは 4.74 eV である。これは、$mc^2 = 4.74$ eV に相当する質量がエネルギーに転化したことを意味する。結合エネルギーの変化は、質量変化に対応している。この質量減少は、水素分子質量の $2.5×10^{-9}$ であり、十分 0 とみなしうるのだ。

物体は周りの時空を歪ませる：一般相対性理論
(i) 一般相対性原理と等価原理

　特殊相対性理論は、重力の無い時空における運動学の理論である。必然的にそれは、重力のある時空に一般化されなければならない。これを成し遂げたのもアインシュタインで、重力はリーマン幾何学に基づく時空の幾何学として記述できるとした（1915 年）。この一般相対性理論は、次の 2 つの原理を要請する。（1）物理法則はいかなる座標系（加速系を含む）から見ても不変である、（2）時空内の局所領域においては、無重力の局所慣性系を設定することが可能。局所慣性系では、特殊相対性理論が使用できる。（1）は特殊相対性理論の要請、"すべての慣性系から見て物理法則は不変" を加速系も含めて一般化したものだ。（2）は等価原理といわれるもので、重力は加速系に移ることで、局所的に打ち消すことができるという意味である。重力の加速度と一般の加速度を同等なものとみなすということだ。宇宙船内や自由落下するエレベータでの無重力状態がその例である。宇宙船内では、地球による重力と周回する遠心力の釣り合いによって無重力状態が実現されている。国際宇宙ステーションの高度は地上 400 km だが、地上の重力の 0.89 倍の重力が依然存在する。宇宙船内でも、自由落下するエレベータ内でも、足が床を押す力ないし反作用として床が体を押す力は 0 であり、自分の重さを感じることはない。無重力状態では、特殊相対性理論が適用できる。次に、体重（Weight）と質量（Mass）の違

いについて考えてみよう。体重計に乗ると指示される目盛りは、地球の引力によるものである。引力（重力）を F_G とすれば、$F_G = M_G g$ と表される（g は重力の加速度）。このとき、M_G を重力質量（体重）という。ニュートンの運動の第 2 法則から定義されるのが慣性質量 M_I だ（$F = M_I a$、a： 加速度）。これは、物体の動きにくさを示す量である。いま、力が重力のみであったとすると、$a = (M_G/M_I)g$ の関係式が得られる。等価原理より、$M_G/M_I = 1$ でなければならない。等価原理は、重力質量と慣性質量が同じであることを要請している。

(ii) 時空の歪とリーマン幾何学

アインシュタインは、質量をもつ物体が時空を歪ませることが、重力の本質と考えた(図 6-3)。その歪む時空の構造を記述する数学として選んだのがリーマン幾何学である。リーマン（Bernhard Riemann: 1826-1866）は、微分幾何学という手法によって、歪んだ空間（非ユークリッド幾何学）を含む一般化された幾何学を構築した。ユークリッドの幾何学（BC 3 世紀）は、歪の無い空間における幾何学である。歪んだ空間においては、ユークリッド幾何学における平行線の公理（第 5 公準）が成立しない。平行線の公理とは、"平面上に直線 A があり、その直線上にない点 P が与えられたとき、P 点を通り直線 A に平行な直線は 1 本のみ引くことができる"というものだ。ところが、球面上（球面幾何学）ではそのような平行線（決して交差しない 2 本の直線）を引くことは出来ない（図 6-4 参照）。逆に、馬の鞍のような面上（双曲幾何学）では、無数の交差しない線を引くことができる。ユークリッドの平行線の公理を満たさない幾何学を非ユークリッド幾何学という。

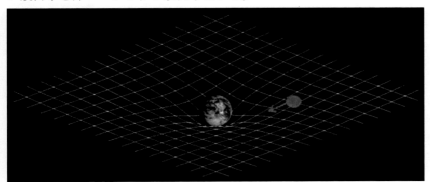

図 6-3. 物体が周りの時空を歪ませ重力が生まれる。Wikipedia: Space-time-curvature より転載。

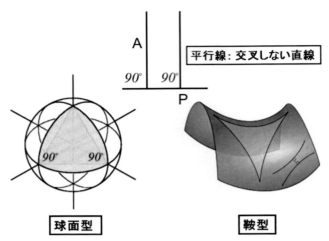

図 6-4. 平行線の公理。球面及び鞍型幾何学。Wikimedia Commons、 LucasVB。

　一般化された幾何学を記述する重要な概念は、曲率と計量である。前者は空間の歪を定量的に表し、後者は一般化された距離を定義する。空間のある点における歪の度合いは、図 6-5 に示すように、曲線に内接する円の半径（曲率半径）によって定量化できる。曲率半径の逆数が曲率である。歪の無い平面では、内接する円の半径は無限大であり、曲率は 0 になる。球面では正の曲率、鞍型面では曲率は負である。空間の 2 点間の距離を決めるにはピタゴラスの定理を使う。今、空間の 2 点の座標を、P: (x_1, y_1, z_1)、Q: (x_2, y_2, z_2) とすれば、歪の無い空間（ユークリッド空間）では、PQ 間の距離 s は、次式で与えられる。
$s^2 = (x_2 - x_1)^2 + (y_2 - y_1)^2 + (z_2 - z_1)^2$　　(6-10)
これを 4 次元時空に拡張し、歪のある空間に対して一般化しなければならない。4 次元直交座標を $(x_1 = x, x_2 = y, x_3 = z, x_4 = ct)$ とすれば、歪は時空の場所に依存するので、近接した 2 点 (x_1, x_2, x_3, x_4) と $(x_1+dx_1, x_2+dx_2, x_3+dx_3, x_4+dx_4)$ 間の 4 元距離 ds を次のように表す。
　$ds^2 = \Sigma\Sigma g_{\mu\nu}(x)dx^\mu dx^\nu$
（2 つの Σ は、$\mu, \nu = 1, 2, 3, 4$ の和）　　(6-11)
これは一般化された 4 次元時空でのピタゴラスの定理を表している。
$g_{\mu\nu}(x_1, x_2, x_3, x_4)$ は、時空の歪を示す物差しのようなもので、計量テンソルという。特殊相対性理論では、$g_{\mu\nu}$ は場所・時間に依存せず、$g_{11} = g_{22} = g_{33} = 1$, $g_{44} = -1$ 以外はすべて 0 になる。

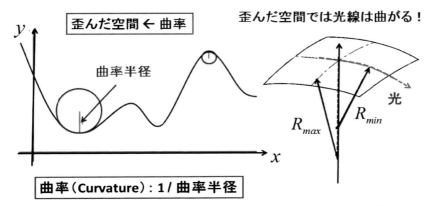

図 6-5. 歪んだ空間を曲率半径・曲率で表す。歪んだ時空では光線は曲がる。

(iii) 重力場の方程式

　ある質量源が与えられたとき、この計量テンソルを決める式が、重力場の方程式である。これを導き出すには、テンソル解析の知識が必要であり、ここでは、結果のみを示すことにする。

$R_{\mu\nu} - Rg_{\mu\nu}/2 = 8\pi G T_{\mu\nu}/c^4$、　$(R \equiv \Sigma\Sigma g^{\mu\nu}(x) R_{\mu\nu}(x))$ 　(6-12)

ここで、$R_{\mu\nu}(x)$ は曲率テンソルと呼ばれるもので、計量テンソルの 2 次導関数の線形結合で表される[1,2]。時空に歪が無ければ、曲率テンソルの全成分は 0 である。等価原理は、加速度座標系に移ることで、局所的には重力の効果を見かけ上打ち消しうるというものだが、実際に歪が無くなるわけではない。計量テンソルは対称性をもつので（$g_{\mu\nu}(x) = g_{\nu\mu}(x)$）、未知数は 10 となる。上式の右辺が質量源を表すエネルギー・運動量テンソル $T_{\mu\nu}(x) \equiv -\rho(x) c^2 u_\mu u_\nu$ で、G は万有引力定数を表している。$\rho(x)$ は質量密度、$u_\mu(x)$ は質量源の 4 元速度である[1,2]。このように、重力場の方程式は、10 元 2 次の非線形微分方程式であり、対称性のある簡単な静的重力源の場合以外は、計算機で近似的に解くしかない。実際上は、通常の天体が周りの時空を歪ませる効果は非常に小さいので、一般相対性理論の出番はほとんどない。強力な重力源であるブラック・ホールや、宇宙は膨張し続けるのか収縮に転ずるのかといった予測など、その適用は限定的である。アインシュタインは、膨張も収縮もしない解を得る目的で、(6-12)式の左辺に宇宙項：$\Lambda g_{\mu\nu}$（Λ は小さな正の値）を付け加えた（1917 年）。その後、ハッブルによる膨張する宇宙の観測結果を受けて（1929 年）、アインシュタインはこの宇宙項を加えたことをひどく悔やんだらしい。ところが近年、宇宙の

加速膨張が観測され、それを説明するため斥力（$\Lambda>0$）としての宇宙項の存在が必要とされている。

(iv) ブラック・ホール

上記重力場の方程式は、球対称な一様質量源に対して、Schwarzschild の解という厳密解をもつ。Schwarzschild は、計算結果を、第1次世界大戦中の戦場からアインシュタインに送った（1916年）。この解の興味深いのは、重力半径 $r_s = 4GM/c^2$ の内と外で 4 次元時空間距離が無限大になることだ[1,2]。内と外では、情報交換不能を意味する。例えば、太陽の場合、質量 $M : \sim 2\times10^{30}$ kg、半径：$\sim 7\times10^5$ km であり、その重力半径は約 3 km である。よって、もし太陽が質量をそのまま保ち、半径を 3 km まで圧縮されたなら、ブラック・ホールとなる。その強い重力にトラップされ、ブラック・ホールに光は吸い込まれ出て行くことは出来ない（名前の由来）。地球の場合は、半径 6371 km を 9 mm の球体にまで圧縮できればブラック・ホール化する。このとき、密度は 5×10^{22} kg/m³ に達する。これは、原子核同士が接触するような超高密度である。超新星が爆発した後の中心核中の陽子が、電子をトラップして中性子化が進み、さらに重力凝縮することでブラック・ホールに至ると予測されている。ブラック・ホールは周りの星を飲み込み巨大化する。宇宙には、ブラック・ホールとおぼしき天体が多数観測されており、特に銀河の中心には巨大ブラック・ホール（Quasar）が存在するといわれている。

(v) 重力による光線の屈曲と時計の遅れ

一般相対性理論の重要な予見に、（1）光線の屈曲と（2）重力による時計の遅れがある。（1）は、空間が歪めば、光は測地線に沿って進むので屈曲することになる（測地線とは、2点を結ぶ最短の線）。別の言葉でいえば、重力によって曲げられるということだ。従って、特殊相対性理論の光速不変の要請は成り立たない。光の重力による屈曲は、皆既日食の際、太陽の近辺を通って地球に至る恒星からの光が、本来の恒星の位置からずれる現象として観測されている。皆既日食を利用するのは、太陽の明るさを消すことで恒星の光をより精度よく捉えるためである。この光の屈曲は、恒星の形を変えたり、複数の像が見えるなどの重力レンズ効果を生み出す。（2）の重力による時計の遅れは、等価原理に従えば、加速度をもつ座標系に固定された時計も遅れることを予見する。それでは、重力による時計の遅れを調べてみよう[1]。今、地上と高さ h の場所に時計 C_1 と C_2 を設置する。また、地上 h の場所にエレベータを吊り下げ中に時計 C_0 を置く。時計 C_0 を通して、時計 C_1 と C_2 の刻みを比較することができる。今、時刻 $t = 0$ にエレベータを自由落下させ、その時の時計 C_2 と

C_0 の進み具合を $\varDelta\tau_2$、$\varDelta\tau_0$ とする（非常に短い時間間隔）。時計 C_2 と C_0 が保持された系は慣性系であることに注意しよう（等価原理）。今、エレベータが自由落下を始める瞬間は、エレベータの初速度は 0 ゆえ、$\varDelta\tau_2 = \varDelta\tau_0$ である。次にエレベータが丁度地上まで落下した時、その速度は v で、エレベータの人から見ると、地上に設置した時計 C_1 は、その瞬間上に v の速度で上昇したことになる。すると、エレベータ内の人から見た C_1 の時計の刻み・進み方は、特殊相対性理論（動く座標系の時計は遅れて観測される：(ii) 参照）より、$\varDelta\tau_1 = (1 - v^2/c^2)^{1/2} \varDelta\tau_2 < \varDelta\tau_2$ となる。すなわちより強い重力を受けている地上の時計（C_1）は、高度 h にある時計（C_2）に比べて遅れることを示している。時計の遅れる割合は（Taylor 展開し、1 次項までとる）、

$$\varDelta\tau_1/\varDelta\tau_2 = (1 - v^2/c^2)^{1/2} = (1 - 2gh/c^2)^{1/2} \cong 1 - gh/c^2 = 1 - |\phi|/c^2 \quad (6\text{-}13)$$

と表される（$v = gt$, $h = gt^2/2$）。ここで、gh は重力の位置エネルギー（単位質量当たり）の相対値 $|\phi|$ を表している。

(vi) GPS (Global Positioning System)

最近は、GPS を装着する車が増えてきた。タクシーや宅配便の運転手にとって、大変重宝なものである。GPS は電磁波を使って距離を測り、いわゆる三角法によって場所を特定するシステムである。衛星からの電波を受信し、経過時間に光速をかければ衛星との距離が算出できる。3 つの衛星からの電波を同時に受信すれば三角法によって地上の居場所が特定できるが、実際は精度を上げるため 4 つの衛星からの電波を受信している。衛星と地上間の距離を正確に計算するには、衛星から電波が出射した時刻と地上でそれを受信した時刻の差 t より衛星・地上間の距離が ct で求まる。ところが衛星の時計の進み方は、地上の時計のそれに比べ遅れるので、その補正が必要となる。そこで、地球の中心に固定された座標系 K-系（自転なし）を基準に、地上に固定された座標系 A-系と衛星に固定された座標系 S-系の時計の進み方を比較する（図 6-6 参照）。先ず、特殊相対性理論の補正を見積もってみよう。K-系からみて、衛星は接線速度 v_s で周回しており（地球中心からの高度を 25,000 km としておく）、地上の時計は K-系に対して速度 $v = r_0\omega = 6.378\times10^6 \times 7.29\times10^{-5} = 465$ m/s で自転している（赤道上）。衛星の回転速度は、$v_s = (GM/r_s)^{1/2} = (3.986\times10^{14}/2.5\times10^7)^{1/2} = 4.0\times10^3$ m/s である（G：万有引力定数, M：地球の質量）。地上の時計は、K-系の時計に対して、$(\tau_K - \tau_A)/\tau_K = 1 - (1 - v^2/c^2)^{1/2} \cong v^2/2c^2$ の割合で遅れ、衛星の時計は K-系の時計に対して、$v_s^2/2c^2$ の割合で遅れる。結局衛星の時計は、地上の時計に対して、$(v_s^2 - v^2)/2c^2 \cong 8.769\times10^{-11}$ の割合で遅れる。これは 1 時間あたり 3.16×10^{-7} 秒の遅れである。距離に換算すると、1 時間当たり 94.7 m ずれ

ることを意味する。

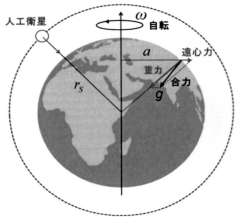

図 6-6. 地球上の物体には、地球の重力と自転による遠心力が作用する（地球の半径：r_0）。

次に一般相対性理論による時計の補正を計算しよう。衛星は、K-系に対して、$\phi_s = -GM/r_s$ の重力の位置エネルギーをもっている。一方、地上に固定された時計には、地球の重力（引力）と自転による遠心力が働いている。重力ポテンシャルは $-GM/r_0 = -g\, r_0$ と表される。また角速度 ω で回転する物体には見かけ上、$r_0^2\omega^2/2 = v^2/2$ の遠心力ポテンシャルが作用する（力学の標準的教科書に記載されている）。よって、地上に固定された時計に対するポテンシャル・エネルギーは、$\phi_0 = -GM/r_0 + v^2/2$ となる。上記の数値を当てはめると、地上の時計に対する衛星の時計の遅れの割合は、$\{|\phi_s|-|\phi_0|\}/c^2 = -5.16\times10^{-10}$ である。こうして、衛星の時計の進みは、1 時間当たり 557 m のズレを生み出す。結局、一般相対論の方が特殊相対論より約 6 倍の補正を生み出すことになる。このように、車を所定の位置に導くには相対性理論に基づく時刻の補正が欠かせないことが分かる。逆に言えば、GPS による高精度の位置決めは、相対性理論の正しさの検証にもなっているのだ。

(vii) 重力波

第 2 編で述べたように、ファラディーは、電磁場は空間の歪みと考えた。真空は一種の弾性体のように振る舞うとする。その真空自体の歪を介して伝わるのが電磁波であった。電磁場に比べて微弱ではあるが、重力場も真空の歪を生み出すというのが一般相対性理論である。強力な重力源が振動や何らかの衝撃

を時空に与えれば、真空の歪は波として伝搬するはずだ。従って、重力波の速度も光速に一致する。アインシュタインは、一般相対性理論を発表した 2 年後、重力波の存在を予言した。2002 年国立電波研究所（USA）は、Quasar（巨大ブラック・ホール）からの電波が木星によって曲げられるのを観測し、重力波の伝搬速度は光速と約 20％ の精度の範囲で一致したと発表している。その後、2016 年 2 月、アメリカ MIT と Caltech の建設した LIGO（Laser Interferometer Gravitational-wave Observatory: Livingston & Hanford）で、2 つのブラック・ホール（13 億光年）の合体時に出た重力波が検出された（2015 年 9 月）と報じられた（B.P. Abbott et al. Physical Review Letters 116, 2016, 061102）。測定には、レーザー光とマイケルソンの干渉計を使用している（補遺 6-1）。重力波は、時空の歪が振動・伝搬する波であり、ある方向で空間が引張りで伸びれば、垂直方向は圧縮される（図 10-2 参照）。よって、垂直に分岐し反射されて戻って来た 2 つの波の干渉パターンの振動を捉えればよい。信号は非常に微弱なので、これが重力波由来と判定するには注意が必要である。今回の報告では、3030 km 離れた 2 ケ所の検出装置で同時に類似の波形が観測されたことと、2 つのブラック・ホールが合体した際に出射する重量波の波形(計算機シミュレーション)と類似することが根拠とされた。同様のレーザー光を使った重力波干渉計の設置は、ヨーロッパ(VIRGO：ピサ)や日本（KAGRA：神岡）でも進められている。

参考文献
[1] 砂川重信 著「相対性理論の考え方」（岩波書店、1993 年）
[2] 内山龍雄 著「一般相対性理論」（裳華房、1978 年）

第7章　現代の科学2－量子論

19世紀の末ごろより、古典力学やそれに基づく統計力学では説明できない現象がいろいろと見つかってきた。固体の比熱が温度に依存すること、放電によって水素原子などの原子から出て来る光を分光すると、原子に特有な波長の光が離散的に現れること（原子スペクトル）、空洞を断熱材で囲み温度を一定に保ったとき中から漏れる光を分光したスペクトルを理論的に再現できないことなどである。これらの問題は長年物理学者を悩ませてきた。その突破口を開いたのがプランク（Max Planck: 1858-1947）である。プランク定数 h を導入することによって、空洞放射のスペクトル（図5-2）を再現することに成功した（1900年）。結局のところ、この h（= $6.626070040×10^{-34}$ J s）を 0 と見なすことができれば古典論が成立し、0 と見なせないミクロな現象は量子論によって記述されなければならない。

光は粒子か波動か？

光は粒子なのかそれとも波動なのかという問題の決着には長い時間を要した。オランダのホイヘンス（Christiaan Huygens: 1629-1695）は、光の屈折を素元波で説明し、波動説を唱えた（1690年）。同時代のニュートンは、その直進性より、著書「光学」において、光は粒子としている（1704年）。その後、ニュートンの名声のためか、粒子説が優勢だったようだ。その丁度100年後、ヤング（Thomas Young: 1773-1829）は、単色光を2重スリットに当て干渉縞を観察した（1803-1805年）。同時代に、フレネ（Augustin-Jean Fresnel: 1788-1827）は、暗闇で単色光を小円板に当て、背後にできる干渉パターンを観測し、その理論的証明を与えた（1818年）。ホイヘンスからヤングまで、光は縦波と見なされてきたが、横波であることを示したのもフレネである。小円板の回折パターンの中心に明るい点が現れるが、これをポワソンのスポットという。これは、フレネの論文（懸賞論文）に感動したポワソンが、その理論で計算し気づいたらしい。自身も粒子説を信じていたポワソンには、意外に思えたのだろう（波であれば中心で強め合うのは当たり前である）。実際に、中心が明るいスポットになるのを実験的に示したのはアラゴーである。こうして、波動説が有力となった。それからさらに100年後、先ほど述べたようにプランクが、光が離散的エネルギーをもつ波束（粒子的）とする仮説によって、空洞放射のスペクトルを再現した。これを受けて、アインシュタインは、金属に紫外線を当てるとその表面より電子が飛び出す光電効果を、光の粒子性より説明している（1905年）。これによって、アインシュタインはノーベル賞を受賞した（1921年）（受

賞理由が相対性理論でないのはなぜだろう？）。さらに、1923年、コンプトンは X-線が電子を反跳し波長が長くなることを発見している（X-線の粒子性）。一方、1912年、X-線が結晶によって回折を起こすことは、マックス・フォン・ラウエ（Max von Laue）によって初めて示された。

　この問題に決着をつけたのはルイ・ド・ブロイ（Louis de Broglie: 1892-1987）である。電磁波に対して、そのエネルギー密度（J/m³）は、

$$u = \{\mu_0 H^2 + \varepsilon_0 E^2\}/2 = cG \quad (7\text{-}1)$$

と表される。ここで、G は運動量密度である。プランクによれば、振動数 ν の電磁波はエネルギー $h\nu$ をもつ波束と見なせる。そこで、エネルギーを $h\nu$、運動量を p とすれば、$h\nu = cp$ の関係が得られる。すなわち、電磁波に対して、

$$p = h\nu/c = h/\lambda \quad (\lambda：電磁波の波長) \quad (7\text{-}2)$$

の関係式が成立する。ド・ブロイは、学位論文で、この関係式がすべての物質に対して成立するとした（1924年）。すると、波長 λ の波は h/λ の運動量を併せもつ。逆に、運動量 p をもつ粒子は、h/p の波長をもつ波動として振る舞うことになる。これは、電子線が回折を起こすことでただちに実証された。1927年、トムソン（George Thomson: 1892-1975）は薄い多結晶金属片に電子線を透過させ、(7-2) 式の予見する回折像を得ている。同年、デイヴィッソン（Clinton Davisson: 1881-1958）とジャーマー（Lester Germer: 1896-1971）は、Ni 単結晶に低速電子線を照射し、反射回折像を観測した。超高真空が作れない当時にあって、清浄な表面を得るのは至難の業であり、測定は困難をきわめた。ところがアクシデントで、試料を入れたガラスの覆いが破損し、空気が流入して試料表面が酸化されてしまった。それで、酸化物を除去するため試料を高温で加熱し、室温にもどした後測定すると、予期に反して、ある特定の方向に電子が強く散乱される結果（回折）が得られたのである（1925年）。電子が波動として振る舞うことを全く知らなかった彼らは、すっかり途方にくれてしまった。ところが翌年、デイヴィッソンはオックスフォードの学会に出席し、理論物理学者のマックス・ボルン（Max Born: 1882-1970）が、自分たちが以前に発表した不十分なデータを、電子の波動性を使って説明する講演を聞き驚いたという。帰国後、更に再実験を行い、その翌年に漸く論文として出版した（1927年）のがノーベル賞の対象となった。

波動性と粒子性

　ここで、波動と粒子はどのように定義されるのか考えてみよう。波動は、空間に局在することなく周期性をもち、物体の背後に回り込む性質（回折）をも

っている。一方、粒子は空間のある場所に局在し、それを物体に投射すれば、その背後に影を作る。矢や鉄砲玉に対して盾が有効なのはそのためだ。その状況を図7-1に示した。

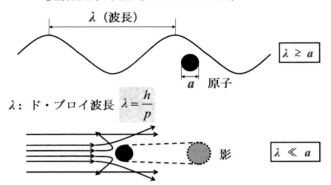

図 7-1. 波動性と粒子性。ド・ブロイ波長が相手のサイズより十分小さければ背後に影ができる（粒子性）。

　ド・ブロイによれば、物体は (7-2) 式で与えられる運動量と波長をもっている。波長 λ の波が大きさ（相互作用する領域）a の物体に入射したとき、$\lambda \ll a$ のとき背後に影を作る。要するに粒子的に振る舞う。逆に、この条件を満たさないとき波動性が現れる。スクリーンに映し出される映像は、光の粒子性を示しており、レントゲン写真も X–線（電磁波）の粒子性による。同じ波長の X–線でも、単結晶に照射すれば、原子の間隔と波長は同程度になり回折像（干渉パターン）が得られる。電子顕微鏡（~100 kV）では、入射電子は結晶原子に対して粒子性と波動性を併せ持つ。あるヒトの体重を 60 kg とし、今 10 m/s の速度で疾走しているとしよう。すると、(7-2) 式より、このヒトのド・ブロイ波長は、$6.626 \times 10^{-34}/600 \cong 1 \times 10^{-36}$ m である。このヒトが車に突進すれば、回折は起こらず間違いなく轢かれてしまう。原子のスケールはおおよそ 10^{-10} m、原子核の大きさは~10^{-15} m であり、我々人間が波動的に振る舞うことは不可能だ。

波としての粒子—シュレディンガー方程式

　ド・ブロイが仮説として提出した物質波の概念を受けて、シュレディンガー（Erwin Schrödinger: 1887 – 1961）は、その物質波に対する波動方程式を導き出

した（1926 年）。このシュレディンガー方程式は、先のド・ブロイの仮説 (7-2) 式を、例えば弦（x-軸）を伝わる波を表す波動方程式に適用すれば導出できる。その導出法は補遺 7-1 に示した。3 次元のシュレディンガー方程式は次式で与えられる（$V(x, y, z)$ は位置エネルギー、$\hbar \equiv h/2\pi$）。

$\{-(\hbar^2/2m_e)(\partial^2/\partial x^2 + \partial^2/\partial y^2 + \partial^2/\partial z^2) + V(x, y, z)\}\psi(x, y, z)$
$\equiv \hat{H}\psi(x, y, z) = E\psi(x, y, z)$ (7-3)

この方程式を解けば、固有値 E とそれに対応する固有関数（波動関数）$\psi(x, y, z)$ が求まる。通常、固有値はとびとびの離散的な値をとる。例えば、これを水素原子に適用してみよう。1 ケの電子がクーロン力（引力）でトラップされ、陽子の周りを回っているのが水素原子である。従って、電子の位置エネルギーは、$V(x, y, z) = -e^2/4\pi\varepsilon_0 r$ （ε_0: 真空の誘電率）(7-4)

と表せる[注5-4]。e は陽子の電荷、$-e$ は電子（質量：m_e）の電荷、r は陽子・電子間の距離に該当する。陽子は電子質量の約 2000 倍なので、陽子は静止し、電子がその周りを回っていると考えてよい（図 7-2 参照）。ここで、$r \to \infty$ で $\psi \to 0$、$E \to 0$ の境界条件を設定すれば、固有値 E とそれに対応する波動関数が決まる。$E \to 0$ とは、電子が陽子から自由になることを意味する。十分遠方では、陽子のクーロン引力は十分弱くなるので妥当な要請といえよう。解を導く過程は、量子力学の教科書[1]に詳しく書かれているので、ここでは結果のみを記す。

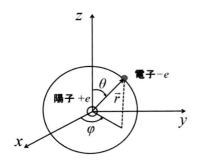

図 7-2. 水素原子の電子に対する極座標表示。

$E_n = -(e^2/4\pi\varepsilon_0)^2(m_e/2\hbar^2)(1/n^2)$ ($n = 1, 2, 3, ...$)
$\psi_{nlm}(x, y, z) = R_{nl}(r) P_{lm}(\cos\theta) \exp(im\varphi)$ (7-5)

ここで、r、θ、φ は、位置ベクトルを極座標で表示したもので、各々動径（ベクトルの長さ）、極角（z-軸とのなす角）および方位角である。$R_{nl}(r)$ はラゲー

101

ルの多項式、$P_{lm}(cos\theta)$ はルジャンドル多項式に該当する[1]。波動関数は、3 つの量子数で指定され、$l = 0, 1, 2, ...$ 、$(n–1)$、$m = 0, ±1, ±2, ..., ±l$ の整数値をとる。l を軌道角運動量・量子数というが、$l = 0$ は s-軌道、$l = 1$；p-軌道、$l = 2$； d-軌道、 …などと名付けられている。エネルギー準位は、$n = 1$ が最も低く基底状態と呼ぶ。その上のエネルギー準位は励起状態である。原子が光るのは放電などによって電子がエネルギーを貰い受け、上のエネルギー準位に励起されたあと、そこから下の準位に落ちる時に、余ったエネルギーを光（電磁波）として放出するためである（図 7-3）。この放出する光の波長は原子特有のもので、この光のスペクトル（分光器・プリズムに光を通すと、波長が短いほど大きく曲げられる）によって元素を同定することができる。

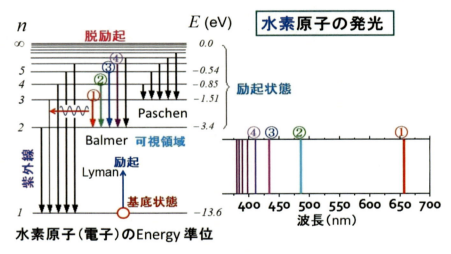

図 7-3. 水素原子のエネルギー準位とその波長スペクトル。

さて、ここで問題となったのが波動関数の解釈である。ボルンやボーア（Niels Bohr: 1885-1962）それにハイゼンベルグ（Werner Heisenberg: 1901-1976）は、波動方程式で取り扱う波は、物質波ではなく確率波だとした。$|\psi(x, y, z)|^2$ を、粒子（量子）が場所 (x, y, z) に存在する確率と解釈するのである。図 7-4 に、水素原子（電子）の 1s 軌道と 3d 軌道の電子の存在確率を棄却法でプロットした図を示した。色の濃いところが電子の存在確率の高い場所である。この解釈に対して、シュレディンガーやアインシュタインは強く反発した。シュレディンガーは、確率解釈の奇妙さをアピールするため後で述べるシュレディンガ

一の猫という思考実験を発表している（1935年）。また、アインシュタインも"神はサイコロを振らない"と、確率解釈を終生受け入れなかった（確率波解釈を提唱したボルンは無二の親友であったが）。波動関数の解釈の問題は、量子が身にまとう波動が、実体的なものなのかそれとも数学上の表現に過ぎないのかという問題でもある。波としての電子を検出器で観測した瞬間に確率波はその点に収束し粒子となる。確率波は数学的表現と解釈すべきであろう。あるいは、電子とはそんなものと割り切るかである。量子論では、観測自体が対象と相互作用しその状態を変えることになる。この点を、ハイゼンベルグは不確定性原理によって強調している。

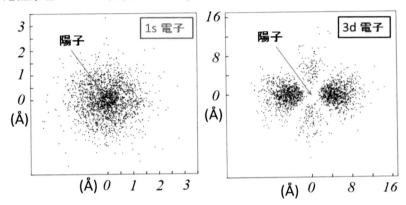

図 7-4. 水素原子の 1s 軌道と 3d 軌道の電子の存在確率を棄却法でプロット。（1 Å = 1 × 10^{-10} m）

　先に示したシュレディンガー方程式は、時間的に変化しない定常状態において、電子が取りうる状態を決める式であった。シュレディンガーは、波動関数の時間発展の式も与えている。これによって、ある定常状態より他の定常状態へ遷移する確率を計算することができる。ところで、シュレディンガー方程式は、特殊相対性理論のローレンツ変換に対して不変な式になっていない。シュレディンガー自身、相対論的波動方程式の導出を試みたが成功しなかった。これをやってのけたのがディラック（Paul Adrian Dirac: 1902-1984）である（1928年）。二人は揃って 1933 年のノーベル物理学賞を受賞した。

実在と確率的存在 - シュレディンガーの猫
　シュレディンガー方程式は、原子・分子や固体の電子に対して適用され、大

成功をおさめた。その電子の状態は、エネルギー固有値と対応する波動関数によって与えられるが、実際に必要なのはエネルギーの情報である（電子分布の情報も有用だが）。波動関数の解釈の問題は、実用上何ら影響を与えない。そのため、一般の物理学者や化学者は、この問題にはあまり興味を示さない。先に述べたように、シュレディンガーは、物質波のイメージを描いて、シュレディンガー方程式を導き出した。すなわち、$|\psi(x, y, z)|^2$ はその場所での物質の密度を表すと解釈したのである。アインシュタインもこのイメージをもっていたと思われる。ところがこの解釈には、いろいろな困難が付きまとう。例えば、粒子が初速 0 で高さ h の滑らかな斜面を滑り降り、次いで滑らかな登りに入るとき、その最上点が h より高ければ押し戻されてしまう。ところが、シュレディンガー方程式を解くと、小さい確率だが、最上点の向うで $|\psi(x, y, z)|^2 > 0$ の解が存在する（トンネル効果）。1 ケの電子の一部がちぎれ向う側に浸み出すという解釈はどうも不自然である。光に対するヤングの 2 重スリットの実験で、光を電子に置き換えても干渉縞は観測される。ただし、入射する電子の個数が少ないと、干渉縞らしきものは見えない。図 7-5 は、電子を 2 重スリットに入射させ、背後の乾板（スクリーン）上で電子を検出した干渉像を示している（外村彰氏の観測データ：この測定結果は、「世界で最も美しい 10 の実験」[2]の一つに選ばれている）。波動関数の自乗が電子の質量密度に対応するならば、入射電子数が少なくても干渉パターンは見えるはずである。これらの難点は、確率解釈によって解消される。しかし、確率波の解釈にも、観測による確率波の瞬間的収縮という不自然さが付きまとうのも事実である。

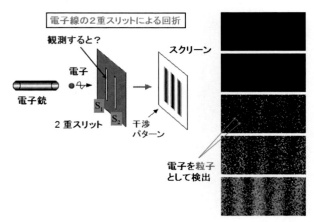

図 7-5. 低速電子線の 2 重スリットによる回折。（日立製作所・外村彰博士）。

シュレディンガーは、確率解釈の不自然さを示すものとして、以下に示す思考実験を提示した。今、外から中が見えない箱の中に一匹の猫がいる。この箱の中にラディオ・アイソトープを入れ、その核が崩壊して、放射線を出せば、検出器が感知し、ハンマーで毒ガス入りの瓶を壊して箱の内部は毒ガスで充満し猫は死ぬという設定である。波動関数の確率解釈によれば、箱の中の猫の状態は、猫が生きている状態と死んでいる状態の重ね合わせ状態になる（図 7-6 参照）。死んだ状態か生きた状態かではない。箱の蓋を開けるという観測行為を行えば、猫は死んでいるか生きているかの状態は確定する。実際は、マクロな物体である猫が波動性をもつことは有り得ない。最近、アロシュ（Serge Haroche: 1944-）は、右円偏光（生きた猫）と左円偏光（死んだ猫）の絡み合い状態を真空・空洞内（10 cm のスケール）に作り、それが 50 ミリ秒保持されることを実験的に示している。

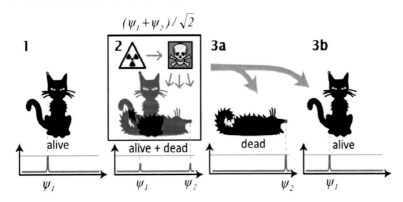

図 7-6. シュレディンガーの猫。ψ_1 は生きた状態、ψ_2 は死んだ状態。ブラック・ボックス内では 2 つの状態の重ね合わせ状態：$(\psi_1 + \psi_2)/\sqrt{2}$。Wikimedia commons、 Catexperiment.svg より転載。

　アインシュタイン・ポドルスキー・ローゼン（EPR）の背理[3]は、量子力学の基本的性格に関わる重要な問題を提起している。この論文では、特に具体的思考実験を示しているわけではない。最初相互作用していた 2 つの粒子 A と B が、ある時間経過後、十分離れて相互作用がない状態になったとしても、量子論では 2 粒子は絡み合った状態にあり、測定してみなければ、A か B かは判定できないというのは完全な理論とは言い難いと指摘している。この粒子間の相関距離の測定は主に、非線形光学結晶（$LiNbO_3$、$TiBaO_3$ など）に、高強度

のレーザーを照射して双子の光子（右円偏光と左円偏光）を作ることで行われている。2つの検出器を適当に配置し、偏光特性を同時計測することで、右円偏光と左円偏光の相関（状態の重ね合わせ）を測定することができる。その結果として、2つの光子の量子的もつれ合い（Entanglement）は、100 km の距離まで及ぶことが実験的に示されている。光以外の例として、^{2}He（陽子2ケのペア：寿命 10^{-21} 秒）が陽子2ケに分離した後、そのスピン[註7-1]の向きの相関がどの距離まで存在するか測定が行われた[4]。陽子は電子同様スピン 1/2 をもつ磁石だが、^{2}He は +1/2 と -1/2 の向き（スピン）をもつ2つの陽子が合体してできている。陽子と陽子が強く相互作用するのは核力の到達範囲 10^{-15} m 以内である。理化学研究所のグループは、この相関(波動関数の絡み合い)は、分裂後陽子間距離が 1 m になるまで観測されたと報告している。これまでの測定結果はすべて、波動関数の確率波としての解釈を支持している。こうして、量子力学の世界では、局所実在性(重ね合わせの無い独立な状態)は破綻する。理論上は、波動（状態）の絡み合い（相関）は無限遠まで保持されるが、もちろん、現実の世界では、熱運動・雑音などの擾乱（Decoherence）があり、絡み合いは有限の距離で終わる。我々マクロな人間には波動性は付随しないので、ここにいる自分の存在は否定されることはないが。

不確定性関係と TV 局の周波数帯

ド・ブロイ仮説 (7-2) 式は、電子線回折やその他の実験によって実証された。また、その仮説に基づいて導き出されたシュレディンガー方程式は、観測された水素原子のスペクトルを完璧に再現することができた。こうして、物体は、波動性と粒子性を併せもつ存在であることが認知されたのである。ところで、粒子が波動性をもつことで、重大な問題が持ち上がる。粒子を扱うニュートン力学では、ある時刻（$t = 0$）での位置 $q(0)$ と運動量 $p(0)$ を与えれば、運動方程式より軌道 $q(t)$ は確定する。波動の場合はどうであろうか。1つの正弦波は空間に無限に広がった波である。波は重ね合わせができるので、多くの正弦波を重ね合わせると空間的に局在した波を作ることができる（波束）。今、正弦波 $u(x, t) = cos(kx - \omega t)$ を、時間のワン・ショットで見た形は、$u(x) = cos(kx)$ と表すことができる（$k = 2\pi/\lambda$：波数）。今、ある幅 Δk をとり、これを N 分割して（$\delta k = \Delta k/N$）、両端を含めた（$N + 1$）の正弦波を足し合わせたのが図 7-7（左）である。式で書けば

$u(x) = \Sigma cos(n\delta k\, x)$ （Σ は $n = 0, 1, ..., N$ の和）である。波の強度 $u(x)^2$ を図 7-7（右）に示した。波は、幅 $\Delta x \simeq 2\pi/\Delta k$ をもつ局在した波になる。ここで、ド・

ブロイの関係式 (7-2) を使えば、$\Delta x \Delta k = \Delta x \Delta p/\hbar \cong 2\pi \to \Delta x \Delta p \cong h$ が得られる。これが意味するのは、位置 x を正確に決めれば、運動量 p が不確定になるということだ。これがハイゼンベルグの唱えた不確定性原理である。不確定性関係のより厳密な表現は、次に述べる位置 q と運動量 p の交換関係[註7-2] $[p, q] \equiv pq - qp = \hbar/i$ より導かれ、$\{<(\Delta q)^2><(\Delta p)^2>\}^{1/2} \geq \hbar/2$　　(7-6) で与えられる。$<\ >$ は期待値（平均値）を表している。この不確定性原理が、波動関数の確率的解釈を生み出していると考えてよい。

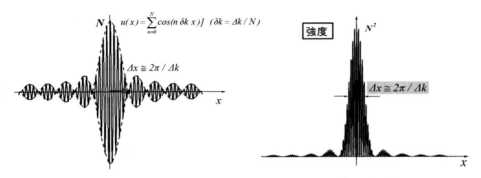

図 7-7. (N+1)ケの正弦波の重ね合わせ（左図）とその強度（右図）。

　伝搬する波が空間的に局在するのであれば、同時に時間的にも局在する。ある瞬間を見れば、波の空間的局在が観測され、ある測定点で通過する波を観測すれば時間的局在性が分かる。従って、$\Delta x \cong 2\pi/\Delta k$ であれば、$\Delta t \cong 2\pi/\Delta \omega$ が成り立つ。今日、TV やスマートフォンなどで多くの画像情報が飛び交っている。TV の場合、例えば 500 × 500 = 250,000 画素（Pixel）を 1/30 s で掃引し画像のワン・ショットを作る。1 画素に 1 つの情報が対応するので、それを担う電波の時間幅は、1/(250,000×30) $\cong$ 1×10^{-7} s 以下の短パルスでなければならない。すると、$\Delta t \cong 2\pi/\Delta \omega$ の関係より、周波数帯 $\Delta f \cong 10^7$ Hz の幅の波を重ね合わせなければ、このような短パルスは得られない。TV 局の使用する周波数帯が重なれば混信が起こるので、各 TV 局には 10 MHz 程度の周波数帯が割り当てられている。Super-High-Vision や 4K TV では、更にその 10 倍以上の周波数帯を必要とする。

量子論のからくり－波の重ね合わせ

　相対性理論に比べれば、量子論は物質の力学的、熱的、電磁気的（超伝導含

む)、光学的なもろもろの性質を決める理論として幅広く適用・利用されている。その対象はおおむね電子であり、それも原子の最外殻(最も外側の軌道)の電子(価電子)の挙動が焦点となる。量子論は、従来粒子と思われた電子や原子が波動性を有すという理論だ。例えば、2 つの状態に対応する電子の波動関数が重なり合うと、2 つのエネルギー状態(対応する波動関数あり)に分岐する。最も簡単な水素分子 H_2 の場合を見てみよう。H 原子は各々1 ケの電子をもつが、その波動関数を ψ_{1s} とし、そのエネルギー状態を E_{1s} としよう。この 2 つの波が重なり合うと、H_2 分子軌道を形成し、エネルギーは 2 つに分岐する(図 7-8 上図 参照)。これは、分子軌道関数 Ψ_M を 2 つの H 原子(電子)波動(関数)の和で表し($\Psi_M = \alpha\psi_{1s}^a + \beta\psi_{1s}^b$)、このエネルギーが極値を取る条件(最小作用の原理)より、2 つのエネルギー状態 $E_+ < E_{1s} < E_-$ が導出される。ここで、a、b により 2 つの水素原子を区別した。すると、2 ケの電子は、エネルギーの低い E_+ ($\Psi_M^+ = \psi_{1s}^a + \psi_{1s}^b$)に入り、上の準位 E_- ($\Psi_M^- = \psi_{1s}^a - \psi_{1s}^b$)の 2 つの座席は空になる。素粒子には、力を媒介するボソン(整数 Spin)と物質粒子のフェルミオン(半整数 Spin)に分類されるが、電子は Spin 1/2 のフェルミオンである。フェルミオンに対して、Pauli の排他原理(経験則)が成り立ち、1 つのエネルギー状態には、+1/2(Up-spin)と-1/2(Down-spin)の 2 ケの

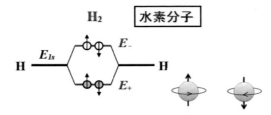

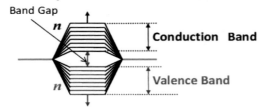

図 7-8. 2 つの水素原子(電子)の波動の重ね合わせでエネルギー準位が 2 つに分岐。下の準位に 2 ケの電子(右巻きと左巻き)が入る。$2n$ ケの電子がペアで波の重ね合わせが起こったとき、下に n ケ、上に n ケのエネルギー準位ができる。$2n$ ケの電子はすべて下の準位を埋める(価電子帯)。

電子のみ入ることができる（2つの座席）。

　H₂分子の場合は、2つの波動（関数）の重なり合いであったが、固体などの凝縮体では、多数の価電子の波動が重なり合う。今、$2n$ ケの電子がペアを作ったとすれば、図 7-8 下図 に示すように、エネルギーの低い方（E_+に相当）と高い方（E_-に相当）に分岐する。こうしてたくさんのエネルギー準位が密集してエネルギー・バンド（帯：Band）を形成する。半導体や絶縁体では、下の準位と上の準位は重ならず、バンド・ギャップが生じる。一方、金属の場合は、下と上のエネルギー状態が重なり、ギャップが生じない。半導体（バンド・ギャップ：~3 eV 以下）・絶縁体では、下のエネルギー準位はすべて満たされ、上のエネルギー準位は空になる。下のバンドを価電子帯（Valence band）、上のバンドを伝導帯（Conduction band）という。価電子帯の電子は身動きできず、電気伝導（電流）は生じない。実際は、熱エネルギーによって、若干の電子は伝導帯に励起される。伝導帯の電子は、空き座席が多数あるため自由に動くことができ、電気伝導を起こす。波動の重なり合いで、エネルギー状態が分岐する現象（量子効果）は、種々の条件で立ち現れる。縮退した準位（重なり合った準位）が、分岐してエネルギー・ギャップを生み出すのも、この一例である（原子に磁場や電場を印加すると、分岐したエネルギー準位が交差する場合など）。

参考文献

[1] 中嶋貞雄 著「量子力学・上下」（岩波書店、1983年）
[2] R.P. Crease, *The prism and the pendulum – The ten most beautiful experiments in science,* Random House, 2003.
[3] A. Einstein, B Podolsky and N Rosen, *Can quantum-mechanical description of physical reality be considered complete ?*, Phys. Rev. **47** (1935) 777-780.
[4] H. Sakai et al., *Spin correlations of strongly interacting massive fermion pairs as a test of Bell's inequality,* Phys. Rev. Lett. **97** (2006) 150405.

第8章　現代の科学3－宇宙と物質の創生

　書店には多くの宇宙に関連する書物が並んでいる。中には、10+1 次元の超弦理論の本なども含まれている。筆者の所属する大学でも、物理科学科に入学した学生に尋ねると、約 8 割が宇宙に関心があるから物理を学びたいと思ったと答えてくれた。現在教えている文系の学生諸君も、科学で関心のあるのは宇宙のようだ。宇宙には、宮沢賢治が書いた"銀河鉄道の夜"にあるようなロマンをかき立てるものがあるのであろう。あるいは、自分というものの立ち位置を知りたいという欲求によるものかもしれない。古来宇宙は、太陽や月、それに満天に輝く星々によって、人を引きつけてやまなかった。多くの星にまつわる神話伝説がそれを物語っている。

　太陽や月の周期的運行が我々に時を与え、暦の発達を促した。天文学によって、科学の扉は開かれたのである。17 世紀には望遠鏡、18 世紀には 8 分儀・6 分儀といった機器が発明され、天体観測の精度は大幅に向上した。17 世紀に、ケプラーが惑星の軌道に関する法則を発見し、それをニュートンが万有引力則で数学的に検証したことで、地動説はほぼ定着した。にもかかわらず、地動説の直接的証拠となる年周視差[注 3-1]の観測は難渋を極めた。なにしろ、地球に最も近いケンタウルス座 α 星までの距離は 4.39 光年であり、年周視差は僅かに 0.742 秒角である（角度にすると 0.742/3600 度）。これは、278 m の距離で、1 mm の変位を検出することに相当する。この難しい観測を最初にやってのけたのは、ドイツの天文学者ベッセル（Friedrich Bessel: 1784-1846）である。1834 年、白鳥座 61 番星の年周視差が 0.314 秒角であることを観測によって決定した。これは、1989 年に打ち上げられたヒッパルコス衛星[注 8-1]の観測結果 0.28547 秒角に比べると、僅かに 10 % の違いに過ぎない。20 世紀に入ると、大型望遠鏡が続々登場し、ハッブルによる宇宙膨張の観測結果が得られるに至る（口径：2.5 m）。そのハッブルの名を冠した宇宙望遠鏡（口径：2.4 m）によって、宇宙のかなた 100 億光年が射程に入るようになった。現在、ハッブル宇宙望遠鏡はその使命を終え、口径 20 – 40 m の巨大望遠鏡の建設がハワイやチリなどで進められている。

太陽と天の川銀河

　我々の住む地球が属する太陽系は、天の川銀河（Milky way galaxy）にある。1930 年頃まで、太陽は天の川銀河の中心付近にあると考えられていた。この考えが覆ったのは、銀河系内に存在する球状星団の分布が非対称という観測結果による。天の川銀河内には、古い数十万個の恒星が集まり球対称に分布した

約200ケの球状星団（拡がり10光年程度）があり、銀河の中心の周りを公転している。これら球状星団の分布は、銀河の中心に対して対称に分布しているはずである。球状星団までの距離は、その中に存在するセフェイド型変光星の見かけの光度と変光の周期より割り出すことができる（後出）。こうして、観測された非対称分布を定量的に説明するために、太陽の位置は、天の川銀河の中心より2.6万光年離れた位置にあることが結論された（図8-1参照）。天の川が夏によく見えるのもこのためである（北半球）。現在、分かっていることは、天の川銀河は、直径は約10万光年、厚さは約0.1万光年の渦巻き銀河であること、これに含まれる恒星の数は2000－4000億個などである。銀河の中心に対して、恒星は公転しており、公転速度は意外にも、皆ほぼ一定である（210-240 km/s）。これは、他の銀河においても同様であるらしい。このため、宇宙を埋める暗黒物質（Dark matter）の存在が指摘されている（質量はあるが電磁相互作用はなし）。天の川銀河の中心には何があるのだろうか？観測より、中心付近からは、高強度のX－線・ガンマ線が放出されており、巨大ブラック・ホール（Quasar）が中心に鎮座していると予測されている（もしこの重力のみが効いているのであれば、太陽系惑星と同じ様に、恒星の公転速度は中心から遠いほど遅くなる）。天の川銀河の周りには、マゼラン星雲などいくつかの矮小銀河が存在する。それらも天の川銀河のまわりを周回していることが判明している。1987年、大マゼラン星雲で超新星（Supernova）爆発が起こったのが記憶に新しい。これによって発生したニュートリノが飛来し、神岡鉱山の地下1000mにある陽子崩壊検出用のKAMIOKANDEの水槽で、そのうち11ケが検出された。ニュートリノが脚光を浴びるきっかけとなる事件を起こしたのである。

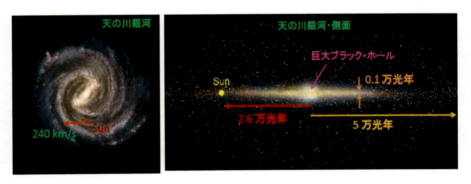

図8-1. 天の川銀河と太陽。commons.wikimedia/File:Milky_Way_Galaxy.jpg.

1920-1921年、アンドロメダ銀河が、天の川銀河に属するのか、はたまた全く別の独立した一つの銀河であるかについて大論争が持ち上がった。アンドロメダ星雲は、秋から冬にかけて、カシオペア座（W型）とペガサス座（四角形）の間に位置するアンドロメダ座の腰あたりに見える（澄んだ大気中では肉眼でも見える）。当時、シャプレー（Harlow Shapley: 1885-1972）は、宇宙は天の川銀河よりなるとしたが、カーチス（Heber Curtis: 1872-1942）は、宇宙は多くの銀河を含みアンドロメダ銀河も独立な銀河と考えた。おのおの、根拠となる観測データをあげて議論したが、シャプレーの用いた観測データの精度に問題があったようだ。決着をつけたのは、ハッブルがアンドロメダ銀河にセフェイド型変光星を見つけ、その距離を100万光年と見積もったことである（正確な値は239万光年）。皮肉なことだが、セフェイド型変光星の絶対光度とその周期の関係式（発見者はH.S. Leavitt）より銀河の距離を推定できることを見出したのは、シャプレーであった。こうして、現在、観測にかかる宇宙には、数千億ケの銀河が存在することが明らかとなっている。ところで、アンドロメダ銀河からの光吸収スペクトル（水素やナトリウムや鉄など）は、短波長側にドップラー・シフト[註6-3]することが観測され、速度にして122 km/sで、天の川銀河に接近している。このため40億年後には、天の川銀河とアンドロメダ銀河は衝突合体し、巨大な楕円銀河が形成されると予測されている。

　宇宙には、天の川銀河やアンドロメダ銀河など多くの渦状腕構造をもつ銀河が存在する。その生成機構は何であろうか？星の集団の密度揺らぎは、星の密度の疎密波を生み出す（丁度音波のように）。その駆動力は銀河内恒星間の自己重力である。この疎密波をベースに、各渦状腕は、自己重力のもと、銀河の回転周期（約数億年）に合わせて合体・分裂を繰り返す不安定な乱流の渦のようなものだ（3次元計算機シミュレーション）。渦状腕は長いタイム・スケールで形成・消滅を繰り返す一種の協同現象と見なされている（複雑系とパターン形成）。渦状腕は、星の軌道の一種の渋滞パターンのようなものである。銀河同様、太陽系もほぼ同じ公転面上を惑星が運動する擬2次元型の構造をとる。これに関しては、"太陽系の起源"で詳しく述べることにしたい。

膨張する宇宙

　アインシュタインが重力場の方程式を導き出したのは1915年のことである。残念ながら、この方程式は使い道がなく、数学マニアの何人かの研究者が宇宙の時間発展を調べるのに使ったのみであった。アインシュタインは、(6-12)式の右辺の物質分布を一様とした場合、宇宙の構造が時間的に収縮することに気

づいた。静的な宇宙像をあるべき姿としたアインシュタインは、(6-12) 式の左辺に宇宙項 $\Lambda g_{\mu\nu}$（斥力）を導入したのである（1917 年）。その同じ年に、オランダの天文学者のド・ジッター（Willem de Sitter: 1872-1934）は、質量・圧力なしで、正の宇宙項を入れた重力場の方程式を解き、指数関数的に膨張する解を得た（1917 年）。宇宙項を右辺に移項すれば、物質場を与える物理量とみることもできる。後で述べるインフレーション・モデルでは、宇宙項を真空のエネルギーに対応させている。その後、フリードマン（Alexander Friedmann: 1888-1925）は、一様等方的な時空を仮定することで、本来 10 ケの連立微分方程式を 2 つの連立微分方程式に帰着させた（1922 年）。そこでは、計量テンソル $g_{\mu\nu}(x)$ に代わって、スケール因子 $a(t)$ を決めることになる。これによって、膨張、収縮あるいは一定の判定ができる。$(da/dt)/a$ が宇宙の膨張・収縮速度に該当する（Hubble 定数）。これを決めるのは、時空の曲率と質量源の圧力と密度の関係式および宇宙項である。宇宙項を無視したとき、宇宙の質量密度が臨界密度より大きければ、宇宙は現在の膨張過程から将来収縮に転じる。臨界密度以下であれば、宇宙は膨張を続けることになる。アインシュタインは、宇宙項を加えることで、圧力無しの一様な質量密度をもつ宇宙に対して、一応静的な解を得ることができた。しかし、これが不安定な解で、結局宇宙は膨張することを示したのがル・メートル（Georges Lemaître: 1894-1966）である（1927 年）。アインシュタインは、この解が数学的に正しいことを認めたが、膨張宇宙には反対した。しかし 2 年後に、ハッブル（Edwin Hubble: 1889-1953）によって、宇宙は膨張していることが観測によって示されることになる。

　ハッブルが発見したのは、観測された銀河は、その距離に比例する速度で遠ざかっているというものだ。後退速度は $v = H_0 D$ と表され、D は銀河までの距離、H_0 がハッブル定数である。銀河の後退する速度は、銀河からの光スペクトル（H, Na, Fe などの吸収線）を太陽光と比較し、長波長側にドップラー・シフト（赤方偏移）する量より推定できる（図 8-2）。太陽に存在する元素は、銀河に存在する元素とほぼ一致しており、宇宙の星の源は同じであることが窺える。銀河からの吸収線の波長は、$\lambda' = \{(1+v/c)/(1-v/c)\}^{1/2} \lambda$　　(8-1)
で与えられる（6-7 式参照：$\omega\lambda/2\pi = c$）。λ は太陽光の吸収線の波長である。

　距離の測定は面倒だが、近距離数百光年の恒星の距離を、年周視差を観測することで決定する。それより遠い星の距離は、セフェイド型変光星の光度と距離の関係式より導き出せる。リービット（Henrietta Leavitt: 1868-1921）は、小マゼラン星雲（距離：20 万光年、直径：1.5 万光年）にある 32 ケのセフェイド型変光星の光度と変光周期に相関のあることを見出した。変光の周期が長い

ほど明るいという関係である。年周視差で測れるセフェイド型変光星の絶対光度と変光の周期の関係式を予め決めておけば、変光周期と見かけの光度を測ることで、その変光星の距離が推定できる（光度は、距離の自乗に逆比例する）。

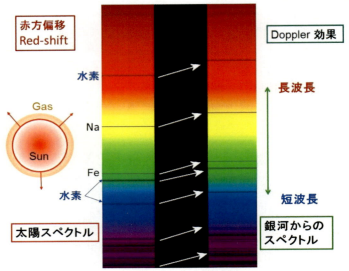

図 8-2. 太陽からの可視光線スペクトル（左図）と銀河からのスペクトル（右図）。黒線は恒星を覆うガス中で吸収された暗線。Wikimedia Commons KES47。

この方法を発展させたのがシャプレーだった。図 8-3 に変光星の変光の周期と絶対光度の関係式を示した。この手法を用いたのがハッブルである（46 ケの銀河が対象）。更に遠い星の距離は、Ia 型超新星の光度と距離の関係式を使って推定する。恒星の進化の末期状態の高温・高密度の白色矮星が他の恒星と連星をなしているとき、ケイ素（Si）の吸収線が見え、最も明るく輝くのがその特徴である。その最大光度の絶対等級が一定であるため、見かけの光度を測ることで距離が推定できる。ところで、膨張宇宙の発見者であるハッブルは、ド・ジッターやル・メートルの膨張宇宙論には懐疑的で、赤方偏移は、光が長い宇宙空間の旅路でエネルギーを減らすためではないかと思案している。ハッブルの懸念にもかかわらず、膨張する宇宙は、多くの天文学者の支持を獲得した。

　それより 70 年後、遠方の Ia 型超新星の赤方偏移と距離を測定した結果、宇宙は加速度的に膨張していることが発見された（1998-1999 年）。これを説明するため、アインシュタインの斥力を生む宇宙項（$\Lambda > 0$）が必要となり、その正

体を暗黒エネルギー（Dark energy）と称している。科学の発展の歴史をみると、新しいものを想定する方が勝利する場合が多く、保守が敗北する確率は高い。Dark matter と Dark energy の発案もうまくゆくのかどうか興味深い。Dark matter の候補としては、ニュートラリーノ（Neutralino 質量：数 GeV - 数百 GeV）やアクシオン（Axion 質量：10^{-5} eV）などがある。現在、実験的探索が行われているが、未だ検証には至っていない。

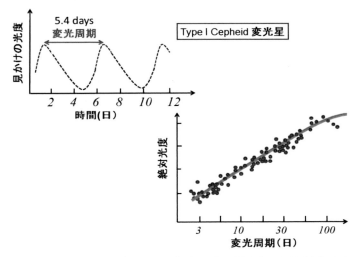

図 8-3. セフェイド型変光星の変光周期（左図）と絶対光度との関係（右図）。

ビッグ・バン・モデル

　科学というものにいささかの関心をもつ人で、ビッグ・バン・モデルを知らない人はまずいないであろう。この宇宙が大爆発（Big Bang）によって始まったとする説は、広く一般に知れ渡っている。このモデルの発案者は、ル・メートルということになるが、これを物理的モデルとして提唱したのはガモフ（George Gamow: 1904-1968）である（1948 年）。ガモフは、レニングラード大学でフリードマンの講義を聴き、宇宙に対する関心をかき立てられたらしい。原子核のアルファ崩壊を、量子力学のトンネル効果で定量的に説明したことでも知られる。膨張する宇宙を時間的に遡れば、高温・高密度状態に行き着く。その時の温度・密度は正確に見積もることは出来ないが、超高温状態では、すべては光速で、質量のある物質は存在しないであろう。その後、断熱膨張によって冷えて行くが、その過程で、電子と陽子やヘリウム原子核のプラズマが形

115

成される。この状態では電磁波は電子と相互作用し、熱平衡状態が形成される。さらに断熱膨張が進むと、電子の速度・エネルギーは減少し、陽子やヘリウム原子核に束縛されて水素やヘリウム原子となる。このあたりの温度は、約 3000 K と推定される。すると熱輻射（電磁波）の最大強度の波長は約 1000 nm（エネルギー：約 1 eV）であり、水素やヘリウム原子に吸収されることなく（約 10 eV 以上が必要）、熱輻射は自由に宇宙空間を走り回れるようになる。これは、ビッグ・バンより 38 万年後で、これを宇宙の晴れあがり期と呼んでいる。この熱平衡時の電磁波（プランク分布：図 5-2）が名残として宇宙に残っているはずと、ガモフは考えた。これが宇宙背景放射（Cosmic Microwave Background: CMB）といわれるものだ。宇宙は膨張を続けているので、ドップラー効果によって、波長はかなり長くなる。ガモフは、その波長分布が 5 K のプランク分布になると予想した。しかし当時、このような測定は困難と思われ、その観測を試みる天文学者は誰もいなかった。

　ところが、この宇宙背景放射は、意外な場所で見つかったのである。アメリカのベル研究所は、来るべき衛星通信のための ECHO プロジェクトを立ち上げ、気球衛星によるマイクロ波での通信を計画した（1960-1969 年）。第 7 章・不確定性関係で述べたように、TV の膨大な画像情報を送る場合、電波を 10^{-7} 秒以下の短パルスにしなければならず、そのため各テレビ局は約 10 MHz の周波数帯を確保する必要がある。こうして、テレビ局が増えるにつれ、使える周波数帯は高周波・短波長側にシフトせざるを得ない。ところが、短波長になるに従い、回折効果が減じ反射によって、電波は遠方まで届かなくなる。こうして、衛星を中継して短波長電波を送る方法が考え出された。その高感度の短波長・マイクロ波の受信機の開発に携わったのがペンジャス（Arno Penzias：1933-）とウィルソン（Robert Wilson: 1936-）である。1964 年より超高感度の 6 m 角型アンテナによる観測を開始し、受信機に入ってくるノイズ源を徹底的に排除し、受信機を液体ヘリウム温度まで下げたにもかかわらず、どうしても消すことのできないノイズに遭遇した。波長 7.35 cm のノイズは、朝夕夜を問わずいずれの方向からも入ってくるので、彼らは、その源は天の川銀河の外にあると考えた。ちょうどその折、ペンジャスは友人に、プリンストン大学のディッケ（Robert Dicke: 1916-1997）が、ガモフの予見した宇宙背景放射の重要性に着目し、その測定に着手した旨を聞く。彼は、早速ディッケのもとを訪ね、例のノイズの話をすると、それこそガモフの予見した宇宙背景放射だと教えられたらしい。ペンジャスとウィルソンが使用していたのがディッケの開発したマイクロ波の検出器で、4.2 K のノイズ温度（4.2 K 以下にして除去できる熱雑音←

マイクロ波）を記録していたとのことである。そのため、しばらくの間、宇宙背景放射は 4 K 放射と呼ばれていた。最新のデータは、2.72548±0.00057 K である[1]。ノーベル賞は、偶然の発見者であるペンジャスとウィルソンに転がり込んできた（1978 年）。

　宇宙がダイナミックに変化することは、アインシュタインをはじめ、多くの人にとって好ましいことではなかった。そのため、宇宙背景放射が発見されるまでは、定常宇宙論の方が優勢であった。ただし、ローマ教皇ピウス 12 世は、"ビッグ・バンは、現代自然科学による神の存在証明"との見解表明を行っている（1951 年）。定常宇宙論者の見解は、宇宙から入ってくる電磁波は、十分遠方の星を源とし、途中宇宙塵などによる散乱を受けながら地球に到達するというものである。この予測によれば、電磁波はダストなどによる散乱で偏光性を得るはずであり、地球から観測する場合、その強度は方向に依存し、波長分布はプランクの分布則には従わない。観測された宇宙背景放射（CMB）は、完全に等方的であり、偏光特性をもたないことが分かっている。分布は、温度 3 K のプランクの分布則に従う。こうして、1970 年代に入ると、ビッグ・バン・モデルがほぼ定着した。皮肉なことに、ガモフの宇宙論を Big-Bang と揶揄したのは、定常宇宙論の旗頭のホイル（Fred Hoyle: 1915-2001）であった。

　その後、NASA（**N**ational **A**eronautics and **S**pace **A**dministration）の WMAP（Wilkinson Microwave Anisotropy Probe: 2001-2010）と ESA（European Space Agency）の打ち上げた Planck 衛星（2009-2013）による、全天の CMB の温度分布の精密測定が行われた。その結果、全天での強度は、測定精度 1 μK 以下で 10^{-5} の揺らぎを観測した（Planck 分布を仮定すれば、強度は温度に換算できる）。降り注ぐ CMB は極めて一様であり等方的である。観測データは、宇宙の局所的曲率を 0.005 以下とはじき出した。宇宙は十分に平坦であり、時空の歪は無視できる程度に小さいことを意味している。2015 年の解析結果は、宇宙の年齢は、137.98±0.37 億年、宇宙が含有するのは、4.82±0.05 ％ が通常の物質、25.8±0.4 ％ が暗黒物質（Dark matter）、そして 69±1 ％ が暗黒エネルギー（Dark energy）と結論している。

　宇宙の創生はどのようにして行われたのだろうか？これに答えるには、観測データをうまく説明できる数学的なモデルが必要となる。その有力な理論がインフレーション・モデルである。そのアイディアは、単なる膨張宇宙では説明できない難点をうまく処理するため、K. Sato と A. Guth によって独立に考え出された。物理での最小スケールは Planck 長 $l_p = (hG/2\pi c^3)^{1/2} = 1.6\times 10^{-35}$ [m] と Planck 時間 $t_p = l_p/c = 5.4\times 10^{-44}$ [s] だが、宇宙はこのスケールの無（真空）から

生まれたとする。真空は、何も無い場ではなく量子的揺らぎによって、粒子・反粒子が生成・消滅するダイナミックな舞台である。反粒子とは、物質粒子に対して、質量・スピンが同じで電荷が逆符号のものをいう（反粒子は量子論を特殊相対論的に拡張したときに現れる；電子の反粒子が陽電子）。反粒子からできたものが反物質である。先ず、この Planck 時間を経過後、時間空間が生まれ、4 つの力のうち重力（時空）が先ず誕生した。更にその後、10^{-36} 秒経過して、強い力が分離し、インフレーションによる超光速の膨張が起こったと考える。こうして、宇宙創生後 10^{-36} - 10^{-34} 秒の短時間に指数関数的な大膨張を起こし、サイズ 10^{-34} cm から 1 cm 程度の宇宙に成長したとするのである。この膨張は、質量源なしのド・ジッターモデルそのもので、アインシュタインの宇宙項に該当するのが真空のエネルギーである。真空自体は同じなので、そのエネルギー密度は一定であり、膨張後全エネルギーは莫大な大きさになる（エネルギー保存則？）。この膨大な真空のエネルギーを生み出すスカラー場（Spin = 0）をインフラトン場とよんでいるがその正体は不明である。ビッグ・バンは、真空の準安定状態（一種の過冷却状態）から基底状態へ、貯めこまれたエネルギーが、一種の相転移によって一気に吐き出される過程で起こったとする。インフレーション・モデルは、一応次の難問をうまくクリアーすることができる。先ず、(1)距離的に因果律が成立しない程度に離れた領域から、なぜ同温度の熱輻射が届くのかという疑問は、宇宙初期の指数関数的な膨張によってもたらされたととして説明できる。膨張前は、相関があり同じ種が仕込まれていた解すのである。例えば、光円錐（図 6-2）に沿って、A 点 $(ct, 0, 0, -ct)$ と B 点 $(-ct, 0, 0, -ct)$ から光が到達したとする。AB 間の世界距離は、4 次元ピタゴラスの定理より、$s_{AB}^2 = 4c^2t^2$ であり、もし ct が 100 億光年であれば、s_{AB} は 200 億光年となり、宇宙の年齢 138 億年を超えてしまう。(2)宇宙背景放射には、非常に小さいながら 0.001 % の揺らぎが存在するが、膨張の過程で生じる揺らぎを反映した構造と考えればよい。またこの揺らぎによって、無数の宇宙が次々に生まれることになる。我々の宇宙はその一つに過ぎない（多宇宙：Multiverse）。(3)宇宙の平坦性（時空の曲率：0）は、宇宙初期の時空の歪が急膨張によって失われたと解釈できる。こうして、インフレーション・モデルは、宇宙論関係者の支持を得たが、その膨張速度が早過ぎると星は誕生せず、遅すぎるとブラック・ホールばかりになってしまう。宇宙生成の確率は限りなく 0 に近いというのが難点だ。

　宇宙創生に関しては、種々のモデルが出されているが、結局のところ、それを直に検証する手立ては無い。宇宙創生と進化のシナリオは、重力理論、量子

論、電磁気理論等既存の物理的手法で描いたものである。未だ我々のあずかり知らぬ原理・法則が存在するかもしれない。ビッグ・バンにせよ、インフレーションにせよそれらはあくまで仮説である。これらを恰も事実のように喧伝するのは科学的態度とは言い難い。我々には、Multiverse を検証する手立てもない。実験室で検証可能な一般の物理に比べると、宇宙論は、はなはだ趣を異にするジャンルである（ファンタジー性により、一般のファンは多い）。

物質の創生と星の誕生

現代宇宙論のシナリオでは、インフレーション後の潜熱解放によるビッグ・バン以後に物質が創生されたことになる。インフレーションの終了が、宇宙創生後 10^{-34} 秒後のことであり、超高温・高圧状態は、断熱膨張で次第に温度を下げて行く。超高エネルギー密度に対応する温度では、光速より遅い質量をもつ物質は存在しない(特殊相対性理論)。10^{-12} 秒後に電磁力と弱い力が分離し、電子、ニュートリノなどのレプトンとクォーク、およびそれらの反粒子が生成したと考えられている。ところで、物理法則の対称性を考えれば、粒子と反粒子の数は等しく、そのペアは消滅して電磁波に転換し、何も物質は残らないはずである。しかし現実は、粒子が優勢であったことを示している（CP 対称性の破れ）[註8-2]。レプトン・クォークの生成後、さらに断熱膨張で温度が下がり、10^{-6} 秒後、クォーク＋グルーオンのプラズマが形成された。温度は $2×10^{12}$ K と推定されている。そして、10^{-5} – 100 秒後にかけて、陽子、中性子や中間子が生成された。このあたりの温度は、10^9- 10^{10} K 程度で、CERN の LHC 加速器実験のエネルギー領域に該当する。続いて陽子-陽子反応で He 原子核が作られ、原子核・電子の高温プラズマ状態が生み出された。この状態では電磁波は、自由な電子によってトムソン散乱され、熱的平衡状態にあったと考えられる。断熱膨張によって温度が 3000 K 程度まで下がると、電子のエネルギーは低下し、原子核にトラップされて水素原子やヘリウム原子が形成される。この時期は、宇宙創生後 38 万年後と推定されている。水素やヘリウム原子を励起するには 10 eV 以上の電磁波でなければならないが、3000 K の熱輻射のエネルギーは 1 eV（波長で 1000 nm 程度）以下であり、電磁波は、原子に吸収されることはない。電磁波は原子によるレイリー散乱を被るが、散乱確率はトムソン散乱に比べると 1/10000 以下と非常に小さい。よって、熱輻射はほぼ自由となって宇宙に拡散してゆく。これが宇宙背景放射である。宇宙の膨張によって、現在その波長は数 mm 程度に引き伸ばされている。温度にして 2.725 K のプランク分布（図 5-2）がこれに該当する。

星の形成は約 2 億年後に始まるとされる。宇宙空間には、主成分・中性水素のガス雲（H I ガス雲）が存在し、密度約 1 [cm^{-3}]、温度約 100 K であることが、中性水素原子（H I）からの波長 21 cm の電磁波の観測[注 8-3]から明らかになった。中性水素ガス雲は大域的には平衡状態にあるが、その一部に星間分子雲が生まれる。水素分子が主成分で、密度は約 $10^2 - 10^3$ [cm^{-3}]、約 10 - 100 K の低温と推定されている。その情報源は CO 分子の回転脱励起によるミリ波・サブミリ波の電波観測である。その線幅の大きさより、分子は超音速（340 m/s 以上）の乱流状態にあるらしい。分子雲での加熱源は、銀河宇宙線[注 8-4]や他の恒星からの紫外線などによって星間微粒子から放出される光電子の運動エネルギーや、水素分子形成時の放出熱などである。冷却は分子（H$_2$ や CO など）の回転励起・脱励起による電磁波の放射などが考えられる。電磁波の放射でエネルギーが散逸することを放射冷却と呼ぶことにしよう。この分子雲中に、高密度の分子雲コア（サイズ：0.3－3 光年程度、密度は約 10^4 cm^{-3}、太陽質量の数倍－数十倍程度）が形成される。温度は 10 K 程度の低温である。恐らく密度揺らぎによるものであろう。分子雲コアの観測は、^{13}CO や C^{18}O 分子の出す電磁波の測定によってなされている。この分子雲コアが重力収縮して原始星の原型が作られるとするのが、今日の標準モデルである[2]。この分子雲コアの典型的な質量は太陽質量の数倍から数十倍の程度と推定されている。ガス圧に抗して、自己重力によって重力収縮が起こる臨界質量（球形を仮定した簡単な見積もり）がジーンズ質量だが、典型的な分子雲コアのジーンズ質量は太陽質量より少し大きい程度だ。星間空間や星間ガス雲中には、約 10^{-6} Gauss（日本での地球磁場：約 0.45 Gauss）の磁場（その起源は不明）が存在することが、恒星からの光の偏光測定から明らかにされた。流体力学の計算機シミュレーションでは、分子雲コアの形成には、自己重力場と乱流場に加えこの磁場の効果を考慮しなければならない。銀河宇宙線や恒星からの紫外線などによって、ガスの僅かな成分が電離されるが、これがローレンツ力（電荷・速度・磁場に比例）を受け、ガスの運動に寄与するためだ。密度が 10^5 cm^{-3} の分子雲コアが重力収縮によって原始星に至るには 40-50 万年を要すとの試算がある。観測結果からの予想として、密度が 10^6 cm^{-3} を超えると重力的に不安定になり、重力収縮が加速される。重力収縮が進むと、赤外線放射冷却効果が弱まり（コア内部での吸収確率増大）、内部温度は上昇し圧力も高くなる。こうして、自己重力と内圧が釣り合う平衡状態が生まれる。この推定サイズ・約 1 AU（1 AU：太陽・地球間平均距離）の高密度ガス球（中心密度は 5×10^{10} cm^{-3}）を原始星コアあるいは"第 1 のコア"と呼んでいる。その主成分は水素分子であり、温度は

1000 K、質量は太陽質量の 1/100 程度と見積もられている。観測の結果、分子雲を含む分子雲コアは、ある軸の回りに 10^{-14} 1/s の角速度（ω：1 秒当たりの回転角度）をもつことが知られている。これは、分子雲コアは角運動量[註3-3]（回転の勢い；ω に比例）をもつことを意味する。このコアが角運動量を保存しつつ収縮すると、太陽質量程度の天体（原始太陽）の周りに半径約 100 AU 程度の回転平衡円盤を形成する（原始惑星系円盤）。重力収縮が進み、回転半径が小さくなると、角運動量保存則より、遠心力（$L^2/(mr^3)$：L、m、r は各々分子の角運動量、分子の質量、回転軸からの垂直距離）が大きくなって重力収縮できなくなる。一方、回転軸に沿った方向では遠心力は小さく重力収縮を起こすので、結果として円盤が形成される。またガス同士の衝突を通して、より大きな角運動量を得たガスは回転中心には近づけず、小さな角運動量をもつガスはより中心に移動することで、公転する円盤が形成されると考えてよい。ところが、現実の恒星と惑星の全角運動量は、分子雲コアに比べて何桁も小さい（太陽の自転周期は 27 日）。観測から示唆されるように、分子雲コアの重力収縮は進むので、角運動量を捨て去る何らかの機構が存在するはずだ。この謎を解く鍵は 1980 年に観測された。回転するガスを円盤に垂直・双方向に放出する分子流（速度約 200 km/s の電離ガス）とこれに付随する光学ジェット（励起されたガスからの発光）の発見である。分子流の存在は電波で、光学ジェットは可視光で観察された。また、1990 年代に入り、ミリ波（10^{11} Hz）干渉計（干渉パターンより電波源の形状を推定できる）によって、円盤の撮像が可能となった [2]。同様の現象（超光速プラズマ・ジェット：陽子＋電子）は銀河の中心核近傍にも観測され、その中心天体は巨大ブラック・ホールと考えられている。第 1 のコア形成後、収縮時に取り残された周辺のガスが降着し質量は増大する。

質量降着が続くと、重力収縮が持続し、重力エネルギー[註8-5]の開放（収縮すると重力ポテンシャルの絶対値は増大する）によって温度は更に増大する。2000 K を超えると水素分子が解離し始める。重力収縮は持続し、水素は完全電離状態となる。この時、温度は約 30000 K、密度は 10^{22} cm^{-3} に達する。これが第 2 のコアである。この段階にあるとおぼしき星が牡牛座 T 星で、1945 年に発見された。これにちなんで、T タウリ型星と命名されている（年齢約 100 万年）。その後、降着円盤を保持したまま、準静的に重力収縮は持続し（約 10,000,000 年）、中心温度が 1.5×10^7 K に達して水素の核融合（H＋H → D）が始まる。核融合は、D＋H → ^{3}He を経て ^{3}He＋^{3}He → ^{4}He＋2H まで進む。この時の質量が太陽程度であれば、核融合エネルギーの開放による圧力増大で、準静的重力収縮は止まり平衡になる。太陽質量より数倍の質量をもてば、核融合反応

が進み温度は更に上昇する。温度 10^8 K（1億 K）で、Triple アルファ反応（^{4}He + ^{4}He → ^{8}Be、^{8}Be + ^{4}He → ^{12}C）によって、^{8}Be、^{12}C 原子核が形成される。^{12}C は、CNO 反応[注8-6]によって、^{14}N、^{16}O 原子核ができる。核融合反応はさらに進み、最終的には最も安定な ^{56}Fe 核で停止する。その後、^{56}Fe の中心核はさらに重力凝縮し高温・高圧となって、原子核内陽子による電子捕獲（中性子化）が進む。これによって、電子同士が反発する縮退圧は減少し重力収縮は進み、原子核は中性子リッチになる。こうして、重力収縮はさらに加速され重力崩壊に至る。これが超新星爆発だ。このときの極高温・極高圧によって、^{56}Fe 以上の重元素生成が可能になる。爆発後に残った中心核の残骸は、太陽質量の 0.1 – 2 倍程度で中性子星（主成分は中性子、密度は約 10^{18} kg/m^3）に、それ以上の質量の場合はブラック・ホール（密度 10^{20} kg/m^3 以上）になると推定されている。ブラック・ホールは周りの天体を飲み込み巨大化する。これが Quasar だ。我々は、様々な星を観測することで、星の形成過程を系統的に推測することは可能である。しかし、あくまで観測にかかるのは、動的過程のワン・ショットに過ぎない。また原始星のような小さな天体は観測にはかからない。そこで、観測データを再現するように、様々なモデルを考案し、計算機シミュレーションを行うことで、その妥当性を検証する作業が行われている。

太陽系の誕生

太陽系の誕生は、約 46 億年前と推定されている。太陽に ^{56}Fe より重い重元素が含まれることは、太陽光スペクトルより分かっている。そのため、太陽は超新星爆発後、飛散した塵が再度凝集して生まれた 2 次の恒星と見なされている。太陽系の形成は、先に述べた星の誕生と基本的には同じプロセスをたどったと考えられる。宇宙は恒星と星間物質からなっている。その星間物質から新たな恒星が誕生するわけだが、数百万年–数千万年のタイム・スケールで進行する星の形成過程を、時間を追ってリアル・タイムで観測することは不可能だ。天文学では、このような長いタイム・スケールの変化を、様々な時系列段階にあるサンプルを多数観測し、それらのデータを比較・総合系列化することでその時間発展を推定する[2]。

星間空間には、光子（電磁波）と高エネルギー粒子（主に陽子、次いで電子と He 原子核等）が飛び交っている（銀河宇宙線）。その起源は超新星爆発や高エネルギー状態にある中性子星などであろう。星間物質はガス（主成分は水素原子）と星間微粒子（炭素、酸素、ケイ素、鉄など：サイズ約 0.1 μm）から成る。その質量比は 100：1 程度である。星間ガスは、水素、ヘリウム、水や炭

酸ガスに加え、微量の重元素も含まれている。星間微粒子（ダスト）の起源は、進化した恒星である赤色巨星や超新星爆発で放出されるガスが冷却・凝縮されたものであろう。微粒子のサイズには揺らぎがあり、大きな微粒子は小さな微粒子を飲み込み大きく成長する。大きな微粒子となる方が、表面エネルギーの相対比を減少させ、エネルギー的により安定になるためである（表面は内部より不安定）。こうして大きな微粒子に小さな微粒子が合体し、成長を続ける（大魚は小魚を食う：Ostwald Ripening Mechanism）。中性水素ガス雲より水素分子ガスのコアが形成され、重力収縮後ガス降着円盤を伴う原始星のコア（第 1 のコア）ができるまでの道のりは、先の節で説明した。原始星コア形成後、収縮時に取り残された周辺のガスが降着し質量は増大する。太陽質量程度の質量降着には約 500,000 年を要す。質量降着が続くと、重力収縮が持続し、重力エネルギーの開放（収縮すると重力ポテンシャルの絶対値は増大する）によって温度は更に増大する。2000 K を超えると水素分子が解離し始める。重力収縮は持続し水素は完全電離状態となる。この時、温度は約 30000 K、密度は 10^{22} cm^{-3}、サイズは太陽の数倍程度（約 0.01 AU）に達する。これが第 2 のコアである。ガス降着は持続し、質量が太陽程度になるとガス降着は停止する（理由は不明）。サイズは太陽の 4 倍程度で、その時の温度は約 $4×10^6$ K と推定される。その後、降着円盤（半径約 100 AU）を保持したまま、準静的に重力収縮は持続し（約 10,000,000 年）、サイズがちょうど太陽と同程度になるところで、中心温度は $1.5×10^7$ K に達して水素の核融合が始まる。この時、円盤半径は約 500 AU、円盤に含まれるダスト粒子のサイズは数 cm 程度まで成長している。内核では高温・高圧によって、水素原子は電離し陽子‒陽子反応で重水素原子核ができ、その一部は更に ^{3}He 原子核を生む核融合反応を起こす。その後、^{3}He + ^{3}He → ^{4}He + 2H 反応まで進む。こうした核融合エネルギーの開放による圧力増大で、準静的重力収縮は止まり平衡になる。この状態の寿命は 100 億年と推定されている。

　内核で生成する超高エネルギーの陽子・重陽子・ヘリウム原子核のエネルギーは、その上の層で電磁波に変換される（放射層）。放射層を囲んで、陽子・重陽子・ヘリウム原子核と電子からなるプラズマ層が存在し、内側と外側の温度勾配によって対流層を形成している。さらにその上には光球という水素・ヘリウムを主成分とし様々な元素のガスを含む厚さ 300‒500 km 程度の薄い層がある。地球上に届くのは、この層で生成する電磁波である。内部からの電磁波はこの層で吸収され、暗線として地球上で観測される（図 8-2 参照）。光球層の平均温度は 5800 K と見積もられている。太陽の大気に当たるのがコロナ（光

冠）で、200万Kの高温のプラズマを形成し、太陽半径の10倍の距離まで広がっているようだ。その温度は、Fe^{+13}（26ケの束縛電子のうち13ケが電離したイオン）の発光スペクトルより推定されたが、加熱の機構は不明である。コロナからは、太陽風として、高エネルギーの電子や陽子・ヘリウム原子核が吹き出て来る。現在の太陽は、中心部の水素のほぼ半分を核融合で消費した状況と推定されている。

　T型タウリ星が誕生して後、約1000万年が経過する過程で、ダストは原始太陽の重力と遠心力との合力によって、円盤にほぼ垂直な方向に落ちて行く。ダストは円盤内で凝縮・合体し、直径10km程度の微惑星の形成が起こる。微惑星同士が衝突を重ねて大きく成長し、その中で20ケ程度の原始微惑星が生まれた（図8-4参照）。その後、太陽系形成後半には、原始微惑星同士が衝突を繰り返し（Giant Impact）、現在の8ケの惑星が生き残ったと考えられている。惑星は、地球型（水星、金星、地球、火星）と木星型（木星、土星、天王星、海王星）に分類される[3]。地球型惑星の場合、融点の高い金属（鉄やニッケルなど）が固体として内核を形成し、そのまわりを液体の金属が外核として囲む。

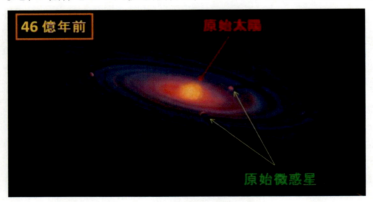

図8-4. 原始太陽と原始微惑星。「TPSJ　日本惑星協会」 http://www.planetary.or.jp/solar_system_02jpg.html より転載。

更にその上にケイ酸塩等の岩石がマントルとして取り囲んだ構造になっている。大気は、水星ではNaとK、金星と火星はCO_2が主成分である。地球のみ海が存在し、N_2（78％）とO_2（21％）を大気の主成分とする。外側の軌道を回る木星型惑星は、岩石・鉄の内核と氷を多く含んだ外核から成る。それを液体の水素やヘリウムが取り囲んでいると考えられている。密度は地球型惑星の

1/5 程度である。また、木星型惑星にはすべてリングが見つかっている。土星のリングの発見者は、ホイヘンスである（1659 年）。土星リングの主成分は氷であることが土星探査機によって確認された。木星のリングの主成分はケイ酸塩と炭素化合物である。リングはどのようにして形成されたかは定かではない。月の形成も、原始微惑星同士の衝突過程で起こったとされている。衝突時に外側のマントル部分が飛散し、多くは再度地球の引力で引き戻されたが、残りの一部が集まり月を形作ったと考えられている。月には鉄などの金属の核がほとんどないことがこの説を裏付けている。月の半径は地球の半径の 1/4、質量は地球の約 1/80 である。

　ところで、惑星は太陽の周りを自転しながら公転しており、太陽も自転している（太陽の自転周期は 27 - 31 日：緯度に依存）。自転は、衝突過程で回転が生じることで生み出される（芯をはずした衝突は回転を生む）。そのため、太陽系形成の初期過程で、微粒子群は自転し、大きく成長したコアの周りを周回していた。先に述べたように、原始太陽が形成される段階で、微粒子は様々な公転軌道から、衝突確率を下げるほぼ同一の 2 次元面内を公転する構造に変化してゆく。この後、原始微惑星が生まれ、それらが衝突を通して成長して惑星が誕生した。太陽の赤道面（自転軸に垂直な面）と地球の公転面とのなす角（軌道傾斜角）は、$0.002°$ である。最も大きな軌道傾斜角をもつのは水星で、$7.0°$、次いで金星の $3.40°$、土星の $2.5°$ と続く。2006 年まで、太陽系第 9 番目の惑星として冥王星（地球質量の 1/500、軌道傾斜角は $17.1°$、離心率[注3-2]：0.25）が認定されていたが、冥王星と同程度の外縁天体（海王星より外の軌道を回る天体）が多数発見されたこともあり、冥王星は準惑星に分類された。

　ここで、なぜ太陽内部は 10^7 K もの極高温状態であるのに対して、地球内部の温度は 6000 K 程度なのか理由を説明しておくことにしよう。太陽も地球も自己重力によって凝集した天体である。註 8-5 で述べたように、天体の質量を M、一様密度の半径 R の球体を仮定すれば、この天体を完全にばらばらに解体するに要するエネルギー（重力エネルギー）は、$3GM^2/(5R)$ で与えられる（G は万有引力定数）。地球の質量は太陽質量の $3×10^{-6}$、半径は $9×10^{-3}$ ゆえ、地球の重力エネルギーは太陽の 10^{-9} に過ぎない。重力エネルギーの一部は、収縮の過程で電磁放射などの形で放出されるので、単純には比較できないが、いずれにしても、質量の大きな天体ほど、膨大なエネルギーを内部に抱え込むことになる。ちなみに、木星と土星の内核の温度は、各々 15,000 K、10,000 K と見積もられている[3]。

参考文献

[1] D.J. Fixsen, *The Temperature of the Cosmic Microwave Background,* Astrophysical Journal, **707** (2009) 916–920.

[2] 福井康雄 編「シリーズ現代の天文学-6 星間物質と星形成」（日本評論社、2008 年）

[3] 渡部潤一 編「シリーズ現代の天文学-9 太陽系と惑星」（日本評論社、2008 年）

第9章　現代の科学4 – 生命とヒト
地球の誕生とその歴史

太陽系と地球が誕生したのは、隕石（太陽系小惑星から）中の $^{206}Pb/^{238}U$ および $^{207}Pb/^{235}U$ の存在比より、約46億年前と推定されている[1]。地球の年代記は、地層として堆積する各層の岩石や古生物の化石によって推定することができる。このとき威力を発揮するのが同位体比による分析である。その詳細は補遺 9-1 を参照いただきたい。さて、地球誕生時は、微惑星同士の衝突が頻繁に起こっていたと予想され、その巨大衝突によって月が形成された。当時の地球は、岩石がドロドロに溶けたマグマの海が広がっていたと考えられている。重い金属成分は重力で中心部に沈降し核を形成した。地球の大気は、マグマに溶け込んでいた水蒸気や二酸化炭素、窒素等の揮発性ガスが放出されたことで生み出された。その後、地球は徐々に冷え始め、先ず水蒸気が凝結して水となり、雨としてマグマの海に降り注いだ。こうして海が誕生し、冷えたマグマの海は凝結して原始地殻を形成したと考えられる。海には、地殻の物質や大気中の二酸化炭素の一部が溶け込んでいった。地球誕生から5億年程度の間、なお小天体の衝突が頻繁に起こったと推定されているが詳細は分かっていない。当時の小天体の衝突跡は、地球上にはないが、月のクレーターに痕跡をとどめている。

生命の誕生は約36億年前とされる。その年代は、地層中の微結晶岩石（Chert）中に含まれる化石（細菌類）から推定された。先ず海水中に溶け込んでいた様々な成分が化学反応を起こし、有機物を生成し、これがさらにアミノ酸を生み出したと考えられる。生命体を形作るタンパク質は、後で述べるアミノ酸の脱水縮合（ペプチド結合）によって形成される。ただし、タンパク質合成から生命に至る過程には、未だ多くの謎がある。最初の生命の誕生時、大気中には酸素は存在しなかった。従って、酸素を必要としない嫌気性生物が海底に生息していたと思われる。海底のマグマに熱せられて噴き出す海水中には硫化水素やメタンが含まれ、これの化学反応によって生み出されるエネルギーを生命活動に利用していたのだろうか。大気中に酸素が無かったことは、25億年以前の地層には硫化鉄や硫化ウランなど金属硫化物は見つかっているが、安定な金属酸化物（赤鉄鉱など）は約22億年前とそれ以後の地層で発見されていることから推定できる。

約25億年前に光合成によって酸素を生み出すシアノ・バクテリア（藍藻）が誕生し繁殖し始めた。藍藻類の死骸と泥粒が積層した層状の岩石がストロマトライトだが、その最古のものは27億年前と同定されている。バクテリアと

は、和訳すると細菌で、細胞核をもたない原核生物のことである。シアノバクテリアの繁殖によって、地球大気中の酸素濃度は徐々に上がり、嫌気性生物に代わって好気性生物が登場した。大気中に酸素が含まれるようになった25億年前から5億4200万年前の時代を原生代と称しているが、この時期に3回（23億年前、7億年前、6億5千万年前）地表が完全に氷で覆われる全球凍結が起こったと推定されている（表 9-1 参照）。ここで地球の気候を決める要因は何か考えてみよう。その一は、太陽からのエネルギーである（~1.4 kW/m^2）。その二は、受け取ったエネルギーの何 % を反射で外に放出するかという惑星アルベド（Albedo：反射能）だ。地球の場合、太陽から降り注いだエネルギー（電磁波）のうち 30 % は、雲や地表で反射され宇宙に放出される。残りの 70 % が様々な形で地表を循環し、生命を育むことになる。そのエネルギーも結局は熱として宇宙に放出され、地表は一定の熱平衡を保っている訳だ。でなければ、太陽から降り注ぐエネルギーで加熱され温度は上昇し続けるはずである。その三は、主に大気中の CO_2 濃度とされる。CO_2 濃度の減少は、光合成（$6CO_2 + 12H_2O \rightarrow C_2H_{12}O_6 + 6H_2O + 6O_2$）と、地殻への固定で起こる。後者は、$CO_2$ が海水に溶け込み、同じく岩石から海水に溶解した Ca や Mg イオンと化学結合して炭酸カルシウム（方解石）や石灰岩となる場合である。こうして、全球凍結は、大気中の CO_2 濃度の減少により、温室効果が薄れたことで低温化が進行して発生したと考えられている。地表に氷河地域が増えれば、地球アルベドは上昇し、太陽からの光のエネルギーは更に多く反射され低温化を加速する（正のフィード・バック[註9-1]）。すると、全球凍結はどのようにして解除されたのであろうか？全球凍結から温暖化への移行は、火山活動の活発化による CO_2 濃度の上昇が原因と考えられている。全球凍結が起こった証拠とされているのが、氷河によって、小石・砂などが浸食・運搬され、堆積してできた氷河堆積物が、全地球（赤道地域含む）で発見されていることである。その他に、全球凍結時には、全地球規模で生物の光合成が停止状態であったことが、炭素同位体分析で分かったことが挙げられる。また、凍結解除の証拠は、氷河堆積物の上に温暖な気候で作られる炭酸塩岩の堆積が認められることである。全球凍結後も生物は生き残り、更に活発な進化を遂げている。全球凍結とその解除に関しては、後で述べるように、宇宙線と太陽活動も寄与した可能性がある。

　大陸が移動し、分裂・集合を繰り返し変化することは、古生物の分布、例えばアルプスやヒマラヤ山脈で海に住む生物の化石が発見されることからも明白である。大陸移動を最初に指摘したのは、アルフレート・ベーゲナー（Alfred Wegener: 1880-1930）であった（1912 年）。海岸線ではなく大陸棚の端をなぞ

り、大西洋をはさんで、南北アメリカとアフリカ・ヨーロッパがジクソー・パズルのように凹凸部がうまく収まりつながることを見出したのである。これは、地球の表面が 15 枚程度の硬い岩盤からなり、対流するマントルの上に載って動くというプレート・テクトニクス（Plate tectonics）理論として受け継がれている。現在、衛星による精密な測地観測によって、精度~1 mm で位置の変位が

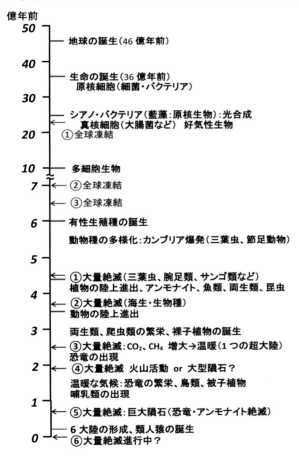

表 9-1. 地球の歴史。

測定でき、各プレートの動きが検知されている。原生代から古生代（5 億 4200 万年–2 億 5100 万年前）初めにかけて、超大陸の分裂・合体が活発化し、マントルの熱的活動が盛んとなったことなどが明らかにされた。このとき、リンな

どの栄養塩類が海水中に増加したと考えられる。これに加えて、動物プランクトンの繁殖と死骸の堆積や炭酸塩殻をもつ生物の繁栄などによる有機炭素の蓄積が酸素の増加をもたらしたのだろう。こうして、古生代初期（カンブリア紀）に、多様な生物群の登場を促したとされている。地球環境の変動と生物進化が密接に関連している例である。

地球環境を変えるその他の要因が、巨大隕石の衝突である。特に、地球誕生から約5億年の間の冥王代には、小天体の重爆撃が頻繁に起こったとされる。巨大隕石の衝突の跡はクレーターとして、衛星写真より明瞭に見ることができる（地球の場合、雨や風による風化で見えにくい）。特に 6550 万年前－K (Kreide)-T (Tertiary) 境界（中生代の白亜紀と新生代の三畳紀の境界）で、恐竜やアンモナイトが絶滅し、75 % の生物種が死滅した原因は、巨大隕石の落下とする説が有力である。その痕跡は、メキシコ・ユカタン半島の先端（直径 180 km）に見ることができる（重力異常：重力の値は直下の地中構造に依存）。この時、直径約 10 - 15 km の巨大隕石が速度 20 km/s で落下したと推定されている（チチュルブ・クレーター）。ちなみにこの隕石の運動エネルギーは、広島原爆の約 10 億発分に相当する。この説を唱えたのはアルバレス親子（父親は Alvarez 型加速器の発明者）で、その根拠は K-T 境界の地層で ^{77}Ir が大量に含まれることを見いだしたことである（1980 年）。^{77}Ir は隕石中に多く含まれるが、地球の内核に沈降し地表にはほとんど存在しない元素である。隕石落下による気候変動は、たびたび起こったのではないかと推測される。隕石落下の将来予測として、"全地球的大被害の起こり得る隕石衝突の確率は、1 万年から 10 万年に 1 回" とされているが（NASA）、地球近傍小惑星の軌道は、基本的にカオス的であり、厳密な予測は不可能である。

生命の誕生

我々の住む地球に生命が生まれ、多様な生物進化を経てヒトが登場し、今繁栄を極めている。地球が生命を育む星としてあるのは、いくつかの必須条件を満たしているためである。先ず、太陽との絶妙の距離によって、液体としての水が確保できた。また強い地球磁場によって、太陽風による大気の喪失から免れている。地球上の生物は、大気と磁場によって、太陽からの放射線や宇宙線から守られているのだ。現在地球の双極子磁場の S 極は、自転軸に対して 10° 傾いた北極圏にある。ところが地磁気の向きは約 20 万年で逆転することが分かっており、現在 100 年に 5 % の割合で減少している。200-300 年後にその影響の出ることが懸念される[2]。金星は、地球とほぼ同じ大きさだが（直径は地

球の 0.95 倍)、太陽に近過ぎて、その大気の主成分は二酸化炭素で液体の水は存在しない灼熱の星である（平均温度：460°C）。火星も水を確保できる条件（ハビタブル・ゾーン：Habitable zone）を満たしているが、直径は地球の半分、質量は 1/10 である。そのため重力が小さく、かつ十分な磁気を持たないため太陽風に曝され、十分な大気（主成分は二酸化炭素、少量の窒素、アルゴン、水蒸気を含む）を保持することができなかった。自転周期、地軸の傾斜角も地球とほぼ同じで、四季も存在するが、赤道近くの最高気温は 297 K（24°C）、平均気温は 210 K（−63°C）とかなり低温である。最近の火星探査機の観測（サーベイヤー：1997 - 2006 年、オデッセイ：2001−現在)より、火星にも磁場があること、大量の氷が地表の 1 m ほど下に存在することなどが明らかにされている。

(i) 生命の誕生（36 億年前）

地球上に生命が誕生したのは、36 億年前と推定されている（細菌の化石）。生命誕生の場は、海底の熱水噴出孔（マグマで熱せられた水が噴き出す場所）との説がある。そこでは、海水に硫化水素やメタン、2 酸化炭素などが溶け込んでいる。生命が誕生するには、水と有機物（炭素・水素を含む化合物)、それにエネルギー（光や十分な高温など）が必要である。シカゴ大学の大学院生であったスタンレー・ミラー（Stanley Miller: 1930-2007）は、水蒸気＋メタン＋アンモニア＋水素ガス（原始地球の大気成分）を混合したフラスコ内で放電を起こし、アミノ酸（NH_2 と COOH 基をもつ化合物、タンパク質の構成単位）の生成を確認した（1953 年）。現在、原始地球の大気には、メタンやアンモニアは含まれていなかったことが分かっており、ミラーの実験が生命誕生を模擬したとはみなされていない。いずれにしても、有機物と窒化物をもとに何らかの化学反応でアミノ酸が生成したことは確かなようだ（隕石中にアミノ酸が見つかっており、生命は宇宙からもたらされたとの説もある）。アミノ酸からのタンパク質合成は、適当な環境が偶然であれ実現すれば、十分起こり得ることである。更に進んで、単純な DNA 骨格（DNA と遺伝の仕組み 参照）が自然発生的にできる可能性も有り得ることだろう。しかし、タンパク質や DNA が与えられたとして、最も簡単な原核細胞であるバクテリアのような生命体がどのように誕生したかをシミュレーションすることは難しい。科学を飛躍的に発展させた人間だが、このような生命体を合成・創製することはまず不可能だろう。しかし現実として、地球誕生から約 10 億年後に、生命は誕生したのである。

(ii) 酸素呼吸生物の登場（25 億年前）

現在、地上の生物のほとんどは酸素を必要とするが、過度の酸素による化学反応(酸化)は、細胞にダメージを与える危険性が高い。特に、1 電子が欠落し

た酸素分子（O_2）やOH-基、過酸化水素（H_2O_2）などの活性酸素は、特に化学的に活性であり酸化力が高い。そのため、酸素を利用する生物は、活性酸素を除去する抗酸化性物質の酵素をもっている。先に述べたように、約25億年前、光合成を行い、酸素を生み出す生物・シアノバクテリア(藍藻)が誕生した。その繁殖によって、大気中の酸素が急増したのである。こうして、大気中の酸素が現在の 1-10% 程度に達し、酸素を積極的に利用する好気性生物が現れた。酵母菌やミトコンドリアの祖先（α-プロテオ・バクテリア）などの菌類である。好気性生物は酸素呼吸で、以下に示すブドウ糖の酸化を行う。

$C_6H_{12}O_6 + 6 O_2 + 38$ ADP（アデノシン・二リン酸）+
38 phosphate（リン酸）→ $6 CO_2 + 6 H_2O + 38$ ATP（アデノシン・三リン酸）

アデノシン（$C_{10}H_{13}N_5O_4$）に結合した3つのリン酸（H_3PO_4）は不安定で、リン酸基の加水分解や切断反応などによってエネルギーを放出するので、アデノシン・三リン酸にエネルギーが蓄積されたとみなしてよい。この好気的反応は、嫌気的反応に比して約20倍効率的である。こうして、最初の全球凍結の解除後の約25億年前頃には、好気的呼吸を行い、細胞核という細胞内器官をもつ真核生物が現れ、さらに進化を遂げることになる。そして、約10億年前に、多細胞生物が誕生した。

(iii) 有性生殖種の誕生（6億年前）

3回目の全球凍結（6億5000万年前）を経て、古生代（5億4200万年前-2億5100万年前）に入ると、動物種の数が爆発的に増え、その多様化が一気に進んだ。これを"カンブリア爆発"と呼んでいる。全球凍結後（大気中酸素濃度の増大が確認されている）、今から約6億年前に、有性生殖を行う多細胞生物が現れた。2つの生殖細胞の接合で生じる多様な遺伝子の組み合わせが、進化の速度を大幅に早めたと考えられる。その代表格が大きく柔らかい体型で、ゼラチン質のクラゲ類である。更に、硬い骨格をもち複眼を備えた動物なども登場してきた。このカンブリア紀（5億4200万年前 - 4億8800万年前）に栄えたのが三葉虫（体長：数cm － 数十cm）やアノマロカリス（体長：1-2 m；頂点捕食者・奇妙なエビの意）などの節足動物である（無脊椎動物）。この後、オルドビス紀（4億8800万年前- 4億4000万年前）に入り、三葉虫、筆石、オウムガイが繁栄している。この末期に第1回目の大量絶滅（4億4400万年前）が起こっている。このとき、三葉虫、腕足類、珊瑚類などの大半が全滅し、全生物種の85％が絶滅した。原因は不明である。大量絶滅後には、あごや鱗をもつ魚類が登場し、珊瑚類が繁栄した。また、植物の陸上進出があり、昆虫が誕生している。デボン紀（4億1600万年前-3億5900万年前）には、オウムガ

イ、アンモナイトが繁栄し、種子植物・両生類が出現した。この末期に、第2回目の大量絶滅が起こっている（3億7400万年前）。多くの海生生物種が姿を消し、全生物種の82％が絶滅した。珊瑚の繁殖による大気中2酸化炭素の減少による寒冷化が原因とされている。次いで、石炭紀（3億5900万年前－2億9900万年前）、ペルム紀（二畳紀）（2億9900万年前－2億5100万年前）には、両生類・爬虫類などが繁栄した。裸子植物（花・実をつけない）が登場したのもこの頃である。その後、第3回大量絶滅（2億5100万年前：P (Permian)-T (Triassic) 境界）が起こり、三葉虫など海生無脊椎動物の90％が絶滅したとされる。大規模火山活動による CO_2 濃度の増大によって温暖化し、海水の温度が上昇して大量のメタン・ハイドレート[註9-2]が海底で溶けて大気中に放出され温暖化が進んだのが原因らしい。メタンは CO_2 より強い温室効果ガスである。温暖化で極地の氷が溶け、海水の沈み込みが止まり（温度差の減少）、海流が停止すれば海底への酸素供給が止まる。これによる酸欠で多くの海洋生物が死滅したと考えられている。

(iv) 恐竜の時代（2億5100万年前 － 6600万年前）

これに続くのが中生代（2億5100万年前 － 6600万年前）で、恐竜の栄えた時代である。なぜ、恐竜が約1億5000万年以上の長きにわたって、繁栄を続けたのか大変興味深い。この時代の三畳紀（2億5100万年前 － 2億100万年前）末からジュラ紀（2億100万年前 － 1億4500万年前）には、酸素濃度が減少し現在の2/3程度だったと推定されている。この低酸素時代に、恐竜は、吸気の一部を気嚢に貯める機能を持つことで、環境に適応できたと考えられている。恐竜を祖先とする鳥類には、肺の前後に2つの気嚢をもち、吸気時だけでなく呼気でも肺に酸素を送り込むことができる。ジュラ紀の始め（1億9960万年前：第4回大量絶滅；全生物種の76％が絶滅）にも、生物の大量絶滅が起こっているが、恐竜はそれを乗り越えることができた。火山活動の活発化が原因という説と大型隕石の衝突（カナダ―マニクアガン・クレーター）による気候・環境変動によるとする説がある。鳥類や被子植物が現れたのもジュラ紀である。白亜紀（1億4500万年前 － 6600万年前）に入って、温暖な気候が続き、中期以降酸素濃度は上昇に転じた。長きにわたり、肉食恐竜に怯えながら細々とくらしていた哺乳類は、この時期に胎盤をもつようになった（胎生）。母親の胎内で長く成長することで、子育てのリスクが軽減し、かつ脳が発達する契機となった。こうして、哺乳類の目覚ましい進化が始まることになる。長く続いた恐竜の時代に終止符を打ったのが、巨大隕石の衝突であった（6550万年前）。ユカタン半島の先端にある直径180kmのチチュルブ・クレーターが

その痕跡であることが確実視されている。このクレーターは、油田開発のための地磁気調査[注9-3]で偶然に発見された（1978年）。その優位性が徐々に失われていったにせよ、この地球上を1億5千万年の長きにわたり、巨大恐竜が走り回っていたのは驚くべきことである（人類の歴史は600万年程度に過ぎない）。神はなぜかくも恐竜を愛したのだろうか？この巨大隕石の一撃によって、3億5千万年の間、海底で栄えたアンモナイトも、恐竜と運命を共にして絶滅している。成層圏まで巻き上げられた土埃が太陽光を長期に遮り寒冷化したことや、硫化物塵による酸性雨が降り注ぎ植物の枯死を招いたことが原因らしい。

(v) 哺乳類の時代（6500万年前 − 現代）

巨大隕石による大量絶滅の後、新生代に入り、恐竜に代わる主役となったのが哺乳類である。その初期においては、恐竜を祖先とする肉食・恐鳥類が食物連鎖のトップにあったが、やがて肉食哺乳類に取って代わられることになる。地球の地形をみると、約2億5000万年前は、大陸は一つの塊（超大陸）だったが、約2億年前より分裂を始める。約4000万年前、アフリカ大陸から離れ北上していたインド大陸がアジア大陸に衝突し、ヒマラヤ山脈やチベット高原の隆起が始まる。約3800万年前に、オーストラリア大陸と南極大陸が分離し、約2000万年前には南アメリカ大陸と南極大陸が離れた。こうして、現在の6大陸が出来上がったことになる。パナマ地峡ができて、太平洋と大西洋が分離されたのは、約350万年前である。また、日本がアジア大陸から分離したのは、2000-500万年前と推定されている。新生代に入って、約5500万年前頃に地球は急激に温暖化した。海底のメタン・ハイドレートが分解して大気中に放出され温暖化を加速させたと推測されている（メタンは二酸化炭素の25倍の温暖化効果を持つ）。その後、メタンは酸化されて二酸化炭素に変換され、それが海や地殻に固定されて、徐々に寒冷化が進行した。約3500万年前より、南極大陸に氷床が形成され地球は氷河期に入った。約260万年前の第4紀（260万年前 − 現在）に入り、氷期と間氷期を繰り返しながら現在に至っている。その周期は大よそ10万年で（地球の公転軌道の変動周期に一致）、間氷期の長さは1-2万年である。これは、地球軌道の離心率変化（約10万年周期）と地軸の傾きの変化（約4万年周期）が関係しているらしい。そして、ちょうど約1万年前より地球は間氷期に入り、それは現在まで続いている。

新生代に入って人類が登場するが、その祖先である類人猿が現れたのは2600-1600万年前とされている[3]。その後、直立2足歩行を始め、道具を使うようになった（600万年前）。これが脳の発達を促したと考えられている。類人猿から人類が分岐してゆく過程は明らかではないが、約200万年前アフリカに

小柄ながら脳の発達したホモ・エレクトゥスという原人が現れた。ホモ・エレクトゥスは約180万年前に出アフリカし、イラク・インド・インドネシア・中国・地中海沿岸に達した。その拡散種が、ジャワ原人（150万年前）や北京原人（80-70万年前）である。ヨーロッパに生息したネアンデルタール人（30-3万年前）もその拡散種が進化したものと考えられる。高度な石器を作り狩りを得意として、ヨーロッパの寒冷な気候に適応した。ホモ・サピエンス（現生人類：知恵を持つ人の意味）は、ホモ・エルガステル（100-60万年前）を祖先として、約15万年前にアフリカに出現した。ホモ・サピエンスの第1陣が出アフリカしたのは今から12万年前とされるが、寒冷な気候によって全滅したことが、DNA鑑定によって示されている。現在の我々の祖先であるホモ・サピエンスの第2陣が出アフリカしたのは、8-7万年前であった。当時地球は氷期で、海水のレベルは現在より100m以上低かったと推定されている。6-5万年前にはインドに達し、4万年前には、ヨーロッパや中国・オーストラリアに到達した。日本にホモ・サピエンスが現れたのは4-3万年前のことらしい。ベーリング海を渡り、北米に至ったのが1万5000年前、南米には1万年前に到達したようだ。ネアンデルタール人は約3万年前までヨーロッパに居住した痕跡を残しているが、それ以後姿を消している。ホモ・サピエンスとネアンデルタール人を分けたものは、言語能力であったとされる。言葉による思考とコミュニケーションによって、知能の発達が促進されたのであろう。

(vi) **最後の大量絶滅？**

これまで大量絶滅は、古生代（5億4200万年前-2億5100万年前）と中生代：2億5100万年前-6550万年前）に計5回起こった。新生代（6550万年前-現在）に入って、大量絶滅の起こった痕跡は未だ認められていない。しかし近年、第⑥回目の大量絶滅が進行中であることは間違いないようだ。大量の生物が姿を消し、多くの絶滅危惧種が報告されている。生物にとって、人間は最悪の外来生物なのである。なんとかこの汚名を返上すべき知恵を考え出さなければならない。人間も、自然界に存在する一生物に過ぎないのだから。

生命とは何か

分子生物学では一般的に、生命（生物）とは、自己複製機能を有すものと定義されている。分子生物学の泰斗であるジャック・モノーは、生命の特質は、合目的性・自律的形態発生・不変性にあるとしている[4]。合目的な構造と働きはタンパク質によるもので、種の保存と進化に対応する。遺伝における不変性は核酸（五炭糖と塩基[註9-4]にリン酸の結合した分子）が担っている。自律的形

態発生とは、プログラム化された分子機械としての機能を指す。デカルトは、人間以外の動物は神の作った自動機械とみなした（方法序説）。そして、自動機械の身体とこれを動かす心を区別し、心身2元論を提唱している。今日、心の働きは脳にあるという考えが支配的なようだ。ただし、分子生物学のレベルで脳の働き・機能を説明することは難しい。マクロ・スケールの集団の運動特性を、個々の要素の働きには還元できないからだ。枝を離れて風に舞う落ち葉の軌跡を、それを構成する原子の運動で説明することはできない。量子力学の創始者の一人であるシュレディンガーは、"エントロピー増大の法則に抗して、秩序を維持しうることが生命の特質である"と述べている[5]。生命体は、物質補給を行い化学反応によってエネルギーを得、生成物を廃棄する運動を持続させる。これによって非熱平衡を維持し、拡散・均一化（熱力学第2法則）に抗しているのだ。生命体においても、物理法則は成立していることは確かだが、その有効な運用は限定的である。生物学的・化学的にみれば、生命とは代謝・複製機能を有すものと定義してよいであろう。哲学者であり科学にも強い関心を持っていたベルグソンは、生命の特質は、時間的存在としての持続と創造的進化にあるとした。分子生物学者の福岡伸一氏は、生物の内部には不可逆的な時間の流れがあり、その流れに沿って折りたたまれ、一度折りたたんだら二度と解くことのできないものとして生命はあると著作[6]に記している。生命を科学的に定義しても、真の生命たり得ないということだろう。

　生命の起源は、36億年前に、どこかの海中で、2種類の生体高分子であるタンパク質（アミノ酸の重合体）と核酸の基本成分が高濃度に含まれる環境が存在したことを示唆する。次の段階として、複製を行う高分子の形成が必要となる。そして、非効率的にせよ1つのプロセスが起こったならば、複製・突然変異・淘汰の過程によって、合目的性を持つ複製機構が出来上がって行ったのであろう。こうして、1つの原始的細胞が作られたのではないかと推量する。しかし、DNAに埋め込まれた遺伝暗号と翻訳機構・タンパク質合成（DNAの構造と遺伝については、次節を参照）も含め、生命の誕生する過程を、我々は分子レベルでシミュレーションすることはできない。1つの細胞である受精卵から、すべての諸器官が作られ、人体を形作るのは驚異的なことである。恐ろしく手の込んだスーパー・システムが働き、生命は誕生するかに見える。これを「神の御業」としてしまえば科学・知の探究の出番はない。現代科学は、基本的には内在的必然性は認めない立場をとる（目的論の排除）。運命は、それが作られるにつれて書き記されるのであり、事前に書き記されているのではないとするのである[4]。

生命について語るのであれば、それに付随する死とは何かも考える必要があるだろう。生物学的に見れば、死は細胞の劣化・老化に起因する。ある回数以上の細胞分裂を経た細胞は分裂機能を失う。生存にとって重要な器官の細胞がその機能を失えば、それは個体の死につながる。ところで、ヒト1人の身体は、約60兆個の細胞（最近の報告では、37兆2千億個となっている）からできているが、それらは（神経・心筋細胞を除いて）平均200日で置き換わってゆく。今、私を構成する原子は、1年後はすべて別の原子で置き換わっていることになる。1年後の私は、今の私とさして変わることはないが、原子のレベルで見れば完全に別物である。そして生には必然的に死が付随している。これまで、細胞は受けたダメージが小さければ自ら修復して生き続け、大きければ壊死すると考えられてきた。大きなダメージを受けた細胞の壊死はネクローシス（Necrosis）と呼ばれる。ところがこれと異なり、プログラム化された細胞の自死が起こることが明らかにされた。このような細胞の自死をアポトーシス（Apoptosis）と命名している。ギリシャ語で、木の葉が散るという意味らしい（落葉は葉の付け根の細胞のプログラム化された死によって生じる）。ある細胞が異常を起こすと、免疫細胞が来て細胞に死のシグナルを出す。すると、細胞は自ら判断して、自死か否かの決断を下すのである。これに関わる遺伝子は、3種類存在する。細胞死のプロセスを開始する遺伝子、実際に細胞死を実行する遺伝子、その遺伝子のスイッチをオン・オフする調節遺伝子である。調節遺伝子がオフ状態で、細胞の死が実行される。先ず2つの酵素が細胞骨格を切断し、次いで細胞核内のDNAを切断して細胞の小さな袋（アポートシス小体）に封じ込める。それを免疫細胞のマクロファージが食べて消去するのである。この調節遺伝子の機能が弱まると、癌の発生確率が上がるらしい。脳神経系が形成される初期段階で、神経細胞は過剰に作り出されるが、正確な回路網を作った細胞のみ生き残り、ほぼ半数の神経細胞はアポトーシスによって死滅する。生を維持するには細胞の積極的な自死が不可欠であることが分かる。生は死によって支えられているのである。GFP（緑色蛍光タンパク質）で標識した細胞を蛍光顕微鏡で見ると、死んでゆく細胞のDNAは強く光るとのことである。そういえば、いつかTVで放映された仁淀川の蛍も交尾が終わると力尽き、川面を流されてゆくが死の直前に強い光を放つらしい[註9-5]。恒星は超新星爆発によってその一生を終えるが、それはまた生の始まりでもある。生と死は切り離すことのできない一体化したものと言えよう。こうして体細胞は死ぬが、生殖細胞は子々孫々に受け継がれ生き残る。我々の生殖細胞の遺伝子をたどれば、太古の生き物まで遡る。我々は、連綿と続く命（生と死）の系譜の一員なので

ある。

DNA の構造 - 2重螺旋

　DNA という言葉は既に一般に広く流布しているが、Deoxyribonucleic acid の略である。核酸（Nucleic acid）の名前は、それが細胞の核内にある正に帯電した（酸性）物質として発見されたことに由来する。核酸には、リボ核酸（RNA）とディオキシ・リボ核酸（DNA）の 2 種がある[註 9-6]。その構成単位は、前者はリボ・ヌクレオチドであり、後者はディオキシ・リボ・ヌクレオチドである。図 9-1 に示したように、リボ・ヌクレオチドは、5 炭糖のリボースの 2 位が OH 基で、1 位に塩基が結合し、5 位にリン酸基（H_3PO_4）がつながる。RNA は、2 位に OH があり、この位置に CH がある DNA に比べ、活性があり化学的に不安定である。この違いが、DNA は細胞核内にあって情報の蓄積と保存を担い、RNA は情報の転写・翻訳の役を果たし活動的という特徴を演出している。

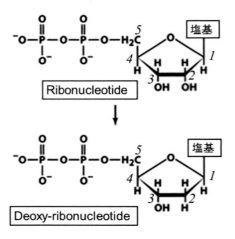

図 9-1．リボ・ヌクレオチド（上）とディオキシ・リボ・ヌクレオチド（下）。

　ここで、遺伝子の本体が DNA であり、遺伝の機構を明確に示唆するその構造が決定される経過を見てみることにしよう。事の起こりは 1928 年、フレデリック・グリフィス（Frederick Griffith: 1879-1941）の実験にさかのぼる。肺炎双球菌には弱毒性の R 型菌と強毒性の S 型菌がある。殺菌処理した S 型菌を注入してもマウスは死なないが、生きた R 型菌と殺菌処理した S 型細胞を一緒にマウスに注入すると、強毒性の菌体が発現し、マウスが死ぬことが見いだされ

た。グリフィスは、死んだ S 型細胞に含まれる転換要素によって、R 型が S 型に形質転換したと結論した。グリフィスの発見に触発され、その形質転換要素を単離・純化・同定したのがオズワルド・アヴェリー (Oswald Avery: 1877-1955) である。1944 年に発表された「肺炎双球菌の菌型形質転換の誘導物質の化学的性質に関する研究」という論文において、ディオキシ・リボ型の核酸が S 型菌の形質転換物質の基本単位であることを結論した。アヴェリーは当時 67 歳で、ロック・フェラー研究所より、2 年前に名誉教授の称号を得て表向きは引退していた。老境の研究者が、偉大な発見をした稀有な例と言えよう。しかしその当時、遺伝を司るのは、ヌクレオチドが重合によって単調に連なった核酸ではなく、より複雑な構造を持つタンパク質だとする研究者が支配的であった。

アヴェリーの結論を確定づけたのが、ハーシー (Alfred Hershey:1908-1997) とチェイス (Martha Chase:1927-2003) の実験である (1952 年)。この実験では、T2 ファージというウイルス (外殻であるタンパク質と DNA から成る) を大腸菌に感染させる。先ず、大腸菌を ^{32}P (放射性同位元素:ベータ崩壊、半減期 14.3 日) を含む溶液中で培養する。すると、^{32}P は DNA のリン酸基に標識される。この大腸菌をウイルスに感染させると、ウイルスの DNA には ^{32}P が含まれる。このウイルスを、^{32}P で標識されていない通常の大腸菌に感染させた後、遠心分離器にかけると軽いウイルスの外殻と重い大腸菌は分離される。実験では、^{32}P は大腸菌中で見いだされ、外殻には含まれないことが分かった。次に同様の手順で、ベータ崩壊する ^{35}S (半減期:87.5 日) でウイルスを標識する。このとき、^{35}S はタンパク質[註9-7]の外殻に含まれる。このウイルスを、通常の大腸菌で繁殖させ、遠心分離機にかけると、^{35}S は軽い外殻で見いだされ、重い大腸菌本体には含まれないことが明らかとなった。こうして、ウイルスは細胞膜をこじ開け、自分の DNA を注入し、これが大腸菌内で複製され増殖することが判明したのである。

話が少し前に戻るが、アヴェリーの論文に強い刺激を受け、DNA の構造解明に挑んだのがエルヴィン・シャルガフ (Erwin Chargaff:1905-2002) である。シャルガフの自伝[7]によれば、量子力学の創始者の一人シュレディンガーの著作「生命とは何か」(1944 年)[5]に深い感銘を受けたと記している。シャルガフが見出したのは、DNA 中の 4 つの塩基であるアデニンとチミンの数が等しく、シトシンとグアニンの数が等しいという"シャルガフの規則"である (1950 年)。この規則は余りにも簡単で、容易に見出されたものと思えるかもしれないがそうではない。核酸を試料として抽出するのに要した長い悪戦苦闘の歳月と、その分析に費消した積算不能の時間があったことをシャルガフは自伝で回

想している。測定には、ペーパー・クロマトグラフィーと紫外分光光度計という当時最新の純粋に化学的測定装置が使われた。しかし、DNAの立体構造を捉えるには、化学的手法のみでは困難である。

そこで、舞台はX-線による構造解析の中心地であったケンブリッジ大学のキャベンディッシュ研究所に移る。所長のローレンス・ブラッグ（Laurence Bragg: 1890-1971）は、X-線結晶回折の解析手法（Bragg回折条件）を確立した業績で、25歳でノーベル物理学賞を受賞している。ブラッグは、第2次大戦後は、X-線によるタンパク質など生体高分子の構造解析に関心を広げた。こうして、マックス・ペルツ（Max Perutz: 1914-2002）が、結晶ヘモグロビンの結晶回折による解析を行い、その研究室に、もとは物理学者で、シュレディンガーの著書[5]に啓発されて生物学に転じたというフランシス・クリック（Francis Crick: 1916-2004）が加わっている。当時の状況を見ると、ライナス・ポーリング（Linus Pauling: 1901-1994）によって、タンパク質のペプチド結合[注 9-8]において、螺旋型配置のα-Helixと襞付平面型のβ-sheetの2つの安定構造が存在することが示され、大きな反響を呼んでいた（1951年）。これに刺激を受けて、クリックは同僚のビル・コクランと、螺旋構造に対するX-線回折の解析法について論文を発表している（1952年）。そこに、動物学で学位を取得したばかりのジェームズ・ワトソン（James Watson: 1928-）がアメリカからやって来た（1951年）。彼が遺伝子に強い関心を抱いていたのは、大学院の指導教官のS. Luriaの影響のようだ。たまたま、ナポリでの「生物・高分子物質の構造」に関する小さな学会（1951年）で、モーリス・ウィルキンス（Maurice Wilkins: 1916-2004）のDNAのX-線回折像（結晶化に成功した初期のDNA回折像）を見たことで、DNAへの思いがさらに膨らんだと回想記[8]に記している。キャベンディッシュ研究所にやってきたのは、X-線回折の解析法を学ぶためであったらしい。大学時代、化学と物理が大嫌いだったと述べている彼が、どのようにX-線回折（フーリエ変換）を習得したのか興味深い。ウィルキンスは大学で核物理を専攻し、第2次大戦中はアメリカで、同位体分離の研究を行いマンハッタン計画に参加している（詳細は第11章 原爆と原子力発電 参照）。彼が、生物物理の分野に移ったのは、大学院の指導教官であったジョン・ランドール（マグネトロン：Radarの開発者として著名）が、キングス・カレッジ・ロンドンに移り、生物物理のユニットを立ち上げ、それに加わったためである。1950年、ウィルキンスは、スイス・Bern大学のR. SignerからDNA試料の提供を受け、水分含有乾燥試料（髪の毛状の繊維：Fiberの束）に対して結晶構造を示すX-線回折像をとるのに成功した。ワトソンがナポリの学会で見たのはこの回折像である。

DNA 研究に期待をかけたランドールは、当時パリの国立化学研究所で X-線結晶解析の研究を行っていたロザリンド・フランクリン（Rosalind Franklin: 1920-1958）を雇用することにした。彼女を DNA 解析を遂行するために招聘し、ウィルキンスと一緒に仕事をしていた大学院生 R.G. Gosling の指導も併せて依頼する旨の手紙を送ったのが、ウィルキンスとの確執を生むことになった[9]。手紙の中身を知らなかったウィルキンスは、フランクリンをあくまで DNA 研究チームの一員と思っていたようだ。ランドールは、核物理学出身のウィルキンスでは、X-線結晶回折の正確な解析に一抹の不安を覚えたのであろう。
　こうして、1951 年 1 月、フランクリンはキングス・カレッジに移り研究を開始した。フランクリンは、DNA の含水（2 つのポリ・ヌクレオチド鎖は水素結合によって絡み合う）量を変えることで、2 つの構造（A-type と B-type DNA）をとることを見出し、先にウィルキンスが作製し回折像を得た試料は、2 つのタイプの混合物ないし結晶性の悪い A-type DNA であることを確認した。作製した DNA 試料は、直径：~50 μm の繊維状のもの（Fiber）の束であり、X-線は基本的には繊維軸に垂直に照射する（参考までに、髪の毛の直径は 100±50 μm である）が、鮮明な像を得るためミクロンサイズに収束できる X-線管が使用された。フランクリンは、X-線回折像と試料の密度測定より、両タイプの DNA は、C2 対称性（2 回・回転対称性）をもち、直径 2 nm の円筒型の構造であることを、1951 年 11 月のキングス・カレッジにおけるコロキウムで発表した。コロキウムに出席していたワトソンは、C2 対称性はもとより話の内容はほとんど理解できなかったようである（クリックは欠席）[9]。フランクリンの当時のノートには、DNA 鎖は直鎖ではなく、螺旋構造（Helix）と明記していた[9]。B-型 DNA の鮮明な回折像を、フランクリンとゴスリングが撮影に成功したのは 1952 年 5 月であった。ワトソンが、その写真をウィルキンスに見せてもらったのは、1953 年 2 月のことである。それには、はっきり Helix 構造に対応するクロスする回折像が認められた（図 9-2 参照）。しかしこれから、Single Helix（単一螺旋）か Double Helix（2 重螺旋）かは断定できない。この B-type DNA に関するフランクリンの解析結果は、英国医学研究機構（MRC）の年次報告書に記載された。このレポートは、MRC の委員であったキャベンディッシュ研のマックス・ペルツに 1953 年 2 月第 2 週に届いている。
　クリックは、このレポートを読み、C2 対称性と螺旋のピッチ 3.4 nm、螺旋の直径 2 nm を知ったはずである。さらにそこには、ヌクレオチド鎖が DNA 骨格をなし、塩基はその内側にあると明記されていた。DNA Fiber 軸に垂直に X-線を当て、リン原子が C2 対称性[注 9-9]の配置をとるのは、互いに逆方向に走る

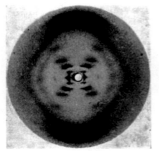

図 9-2. DNA の B-型結晶からの回折像[9]。https://en.wikipedia.org/wiki/File:Photo_51_x-ray_diffraction_image.jpg より転載。

2 重らせん構造（Double Helix）であることを、クリックは直ちに理解したと思われる（図 9-3）。さらにシャルガフの規則をもとに、2 つの Helix をつなぐ塩基配列を組み上げることができた。このとき、クリックは DNA 構造の核心を捉えたことを確信したに違いない。フランクリンは、DNA は螺旋構造をとること、また試料の密度測定より、2 本の螺旋鎖が絡まっていることを既に知っていた。フランクリンが見落とした唯一のことは、この C2 対称性（螺旋軸に垂直）のもつ意味であった。もし、フランクリンがシャルガフの規則の重要性を理解し、分子模型を組み立てる作業を厭わなかったならば、いち早くゴールに到達していたことは確実である。X-線回折法に対する強い信頼が、他の方法に

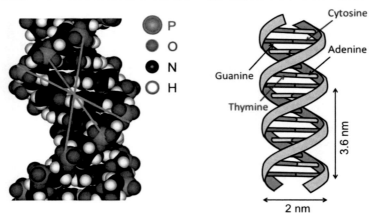

図 9-3. DNA の構造と C2 対称性（螺旋軸に垂直な軸に対する）。左図：Wikimedia commons, Banjah-bmm27, 右図：Wikimedia commons, Leyo.

頼ることを邪魔したのであろうか？DNA 構造解明の真の主役は、フランクリンとクリックであることは間違いない。1962 年のノーベル賞（医学生理学賞）に輝いたのは、クリック、ウィルキンス、ワトソンであった（キャベンディッシュ研所長・ブラッグの推薦であったようだ）。マックス・ペルツも同年ノーベル化学賞を受賞した。フランクリンは、1953 年春キングス・カレッジを離れ、バークベック・カレッジ（Birkbeck College）に移り、タバコモザイク・ウイルスの構造を明らかにするなど優れた業績を残したが、1958 年 4 月乳癌で不帰の客となった（37 歳）。X-線被曝が原因であったのかも知れない。

偶然と必然

　ワトソンとクリックは、DNA の Double helix モデルを示したわずか 1 ページの論文の最後に、"It has not escaped our notice that the specific pairing we have postulated immediately suggests a possible copying mechanism for the genetic material." と記した[10]。この DNA の 2 重螺旋構造こそ、まさに遺伝の機構を解く鍵を与えている。確かに Double Helix を仮定すれば、X-線回折像を再現することができ、水素結合で、相対する鎖を塩基でつなげばシャルガフの規則も満たす。フランクリンは、Double Helix モデルが提案された後、A-型 DNA に対して回折像を実空間に焼き直して、ワトソン・クリック・モデルとよく照合することを示している（A-型も B-型も Double helix）[11]。しかし、X-線回折のデータのみでは、上記論文に記したように仮説にとどまる。何らかの直接的な証拠が求められた。このモデルが真理として受け入れられたのは、メセルソン・スタールの実験（1958 年）で、DNA の複製機構が明らかにされてからである。その実験では、先ず大腸菌を ^{15}N で標識した塩化アンモニウムの培地で育て、その DNA の窒素をほとんど ^{15}N で置き換える。次に、この大腸菌を ^{14}N で標識した塩化アンモニウムの培地で育てる。第 1 回目の分裂が起こった時間に、大腸菌の DNA を密度勾配遠心分離器にかけ、^{15}N のみを含む DNA と ^{15}N-^{14}N を等分に含む DNA および ^{14}N のみ含む DNA に分離した。その結果、^{15}N-^{14}N の DNA のみであることが示された（図9-4 参照）。次に、第 2 回目の分裂が起こった時間後の試料に対して遠心分離を行うと、^{14}N-^{14}N の DNA：^{14}N-^{15}N の DNA：^{15}N-^{15}N DNA の比は、1：1：0 であることが分かった。これはまさに、Double Helix モデルで、一方の鎖がレプリカとなり、新しい DNA を複製することを示している（図9-4 右図）。

　現在、DNA による複製機構の詳細が明らかにされているが、多くの酵素が

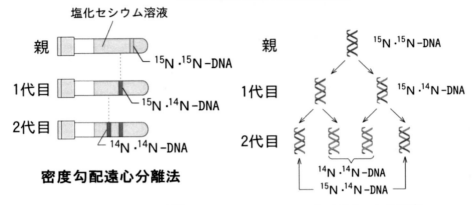

図 9-4. Meselson-Stahl の実験。Wikimedia Commons/Wiki/File より転載。

関与し、複雑なプロセスをたどる。DNA は細胞核内にあって、遺伝情報を保存しているが、基本的には 2 つのプロセスを演出する。一つは、同一 DNA の複製であり他は細胞内タンパク質の複製である。これらの複製が完了して後、細胞分裂が起こる。DNA の遺伝情報は、ヌクレオチド（DNA 外骨格）と結合した 4 つの塩基（A: Adenine, T: Thymine, G: Guanine, C: Cytosine）の配列を暗号コードとして保持されている。DNA を細胞核内に折りたたんで収納するのがヒストンというタンパク質（弱アルカリ性：正に帯電）だが、その電荷がアセチル化で弱められ、負に帯電した DNA との結合が弱まり、DNA 部分がむき出しになる。これに、活性酵素・ヘリカーゼが作用し、DNA の 2 重螺旋は解けて、2 つの親鎖となる。この分離した各親鎖（Strand）に、RNA ポリメラーゼという酵素が取りつき、親鎖と相補的塩基配列（A-T, C-G）をとる娘鎖を作り、これを親鎖に結合させて、2 つの DNA を作り上げる。こうして、全く同一の DNA が 2 つ複製されたことになる。タンパク質の合成も、DNA 鎖を解くことから始まる。この場合は、DNA 鎖の一部が解かれ、RNA ポリミラーゼと言う酵素の働きで、DNA 鎖の 1 つの塩基配列と相補的なメッセンジャーmRNA（1 本鎖）を合成する。このとき、mRNA における暗号コードの対応は、A-U、C-G となる。リボ・ヌクレオチド（図 9-1 参照）の塩基は、Adenine、Uracil（$C_4H_4N_2O_2$）、Cytosine、Guanine の 4 つで、Thymine の代わりに Uracil が結合している。DNA の情報を転写された mRNA は核膜の孔を通って細胞質に出て、リボソームに

結合する。mRNAの塩基配列は3つ一組のコドンとして認識され、これに相補的な3つの塩基配列をもつTransfer RNA（tRNA）が暗号コードに対応するアミノ酸を運んでくる（図9-5参照）。$4 \times 4 \times 4 = 64$の暗号コードの対応表はすでに解読されており、例えば、コドンがAAGであればリシン（Lysine: $C_6H_{14}N_2O_2$）、CUAであればロイシン（Leucine: $C_6H_{13}NO_2$）というアミノ酸を指定する。こうして、リボソームにおいて、tRNAが運んでくるアミノ酸をペプチド結合によって連結し、タンパク質が合成される。このように、mRNAの塩基配列にもとづいてアミノ酸が合成される過程を翻訳とよんでいる。

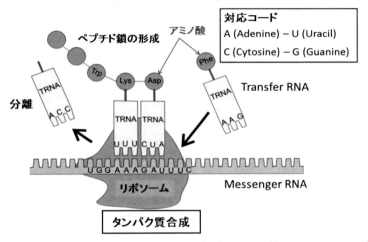

図 9-5. メッセンジャーRNA の塩基配列に基づくタンパク質合成。https://commons.wikimedia.org/wiki/File:Peptide_syn.png より転載。

以上のDNAの複製と、必要なタンパク質合成を行った後に細胞分裂が起こる。細胞分裂には、単純に2つの細胞が生まれる2倍体細胞分裂（体細胞）と生殖細胞を作る減数分裂がある。細胞核に収められたヒストン・DNAの複合体をクロマチン（染色質）と呼ぶが、細胞分裂時に棒状の構造体である染色体に構造変換する（1つのDNAとヒストンが1つの染色体を構成する）。ヒトの場合、細胞核には対合した異なる23ケの染色体（計$23 \times 2 = 46$本）が収められている（父親・母親から各23ケの染色体を受け継ぐ）。こうして、番号付けされて対をなす染色体を相同染色体と呼んでいる。最後の23番目の染色体（性染色体）は、男性はY-染色体で、女性はX-染色体である。1つのタンパク質合成に対応するDNA上の部位を、遺伝単位ないしシストロンと呼ぶが、各染色

体（DNA）によって、遺伝単位数と塩基対の数は異なっている。細胞分裂の第1段階は、1対の相同染色体が会合し、DNAの複製によって、2対の相同染色体を作り出す。図9-6で、同色の2本の染色体のペアを姉妹染色分体とよんでいる。体細胞分裂では、相同染色体がペアを作り2つに分離・分裂して、2倍体を作る。これは、完全な複製の過程である。一方、減数分裂では、2つの姉妹染色分体が対合し、相同染色体の間で一部の配列を取り替える交叉（Chiasmaあるいは Crossover：組み換え）が起こる。この後、2つの姉妹染色分体は分離する。これはさらに分裂して、1本の染色体からなる4つの配偶子が生まれる。生殖細胞は、体細胞と異なり、23本の染色体を持つのみである。体細胞分裂では、姉妹染色分体間で交叉が起こることがあるが、遺伝部位の組み換えが起こっただけで、遺伝情報は保持されている。

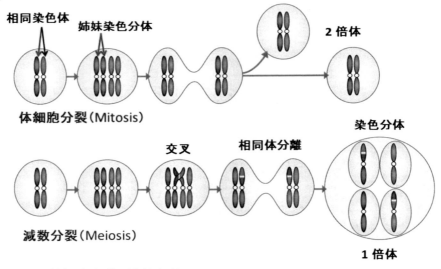

図 9-6. 体細胞分裂と減数分裂。

　タンパク質の合成と制御の機構を明らかにし、mRNAの存在を予見したジャック・モノー（Jacques Monod: 1910-1976）は、著書「偶然と必然」の冒頭に、デモクリトスの言葉"宇宙の中に存在するものはすべて、偶然と必然の果実である"を引用した。必然とは、体細胞分裂に見られるように、DNAにコードされた遺伝情報に基づく複製である。ところが、減数分裂の過程で、相同染色体（DNA）間で起こる組み換え・交叉という偶然が入り込んで来る。また、減数

分裂時に、対合した 2 × 23 の相同染色体間の置き換えが起こるので、2^{23} = 8,388,608 の組み合わせが可能である。これら 2 つの偶然性に加え、放射線などの外部刺激によって突然変異も起こる。このような多様な選択肢・ヴァリエーションが、有性生殖生物の進化・発展を可能にした。偶然性は、合目的性というフィルターを通して常に淘汰の圧力を受け、それをかいくぐりうることが進化につながる。生物は偶然性に曝され生きているが、その無限ともいえる偶然無くして進化（エントロピーの減少）は起こりえないのである。

　単細胞生物は、基本的には細胞分裂によって永遠にクローン（Clone : 完全なコピー）を作り続ける。不慮の事故死が無い限り、そのコピーは永遠に生き続けることができる（実際は、ある時間経過後の死がプログラム化されている）。死が生まれたのは、有性生殖を行う多細胞生物が登場した 6 億年前に遡る。減数分裂における遺伝子間の組み換えによって多様な選択肢が生まれるが、不適なものを消去する機能が働くようになった。その一環として、細胞のプログラム化された能動的死（アポトーシス）が発現したのであろう。遺伝子は、環境に適応した後継者を生み出し続けるべく、アポトーシスというシステムを作ったことになる。生きている人の遺伝子は、経年劣化し損傷部位も増加する。そのような遺伝子を後世に伝えることは好ましいことではない。ヒトの寿命もこのような観点でセットされているのだ。

DNA で読み解く人類の歴史

　DNA に刻印された塩基対（A-T, C-G）の配列としての暗号コードをゲノム（Genome）と呼ぶ。真核生物の細胞は、細胞膜で囲まれ、内部に細胞核（DNA を格納）、リボソーム（タンパク質合成）、ミトコンドリア（糖を酸化しアデノシン三リン酸を生産）などの細胞小器官を内蔵する。細胞膜で仕切られた内部は水溶液で満たされ細胞質と呼ぶ。細胞小器官の 1 つであるミトコンドリアは、独自の DNA を持ち、太古の時代は独立した生命体（原核生物）であったと考えられる。本章"生命とは何か"で述べたように、アデノシン三リン酸（ATP）をアデノシン二リン酸（ADP）とリン酸に加水分解することでエネルギーが得られるので、ミトコンドリアは酸素呼吸による一種の燃料生産工場ということになる。細胞の活動に必要なエネルギーは ATP の形で供給される。需要と供給のバランスより、心筋細胞など筋繊維細胞には多くのミトコンドリアが含まれている。この他、ミトコンドリアは、カルシウム貯蔵やアポトーシス（細胞の自死）の調整にも関与する重要な器官である。

　ミトコンドリアは、卵子の細胞中に数多く存在し（約 25 万個）、女性の生殖

細胞に引き継がれてゆく。精子細胞にもわずかに存在するが、受精時に死滅するらしい。こうして、母親から娘へ、ミトコンドリア DNA はそのままの形で受け継がれてゆく（1 つの受精卵より人の身体のすべての器官・組織が作られる）。その過程で、確率は小さいが突然変異による変化を被るが、それは DNA の一部を変えるのみであり、十分長い世代に渡って追跡することが可能である。こうして、5 つの地理的に異なる個体群から抽出した 147 名の女性のミトコンドリア DNA の解析より、現在のホモ・サピエンスの共通の祖先は、約 200,000 年前アフリカに生まれたイヴに行き着くという報告がなされた（1987 年）[12]。先ず、その土地に長く暮らしていると思える人を対象とし、地域ごとに DNA の型を調べ、その変化を辿ってグループ化・分枝化して系統樹を作ることができる（DNA に劇的な変化は起こらない）。時間的遡及は、DNA が突然変異を被る確率より推計する（誤差は 20-30 %）。

　母系を辿るだけでは、情報は十分ではないので、その後、父親から息子に遺伝的に継承される Y-染色体の追跡も併せて行われている（第 23 番目の相同染色体は、男性は XY、女性は XX である）[13]。この解析結果からも、男系の始祖もアフリカのスーダンとエチオピアに行き着くと結論された。DNA に基づくこれまでの調査結果より明らかになったことは、現在地球上に生息する人間の共通の祖先は、北アフリカに生まれたホモ・サピエンスに行き着くことである。そして、今から 7±2 万年前に出アフリカを行ったという説が有力である。当時は氷河期で、海面のレベルは現在より 100-120 m 低かったようだ。そこで、紅海の最南端を渡ってイエメンに至り、さらにペルシャ湾を渡ってイランからインドへ向かったと推定されている。出アフリカは 1 回かせいぜい数回で、ヒトの数も 100 から 1000 人以下の小規模なものだったようだ。その後、徐々に人口を増やし、拡散していった。インドよりインドネシア、そしてオーストラリアに渡ったのが約 4 万年前である。インドより東南アジアを経て中国に到達したのも約 4 万年前とされる。さらに北上してベーリング海を超えて、1 万 5000 年前には北アメリカに達し、その約 5000 年後に南アメリカまで進出した。一方、インドから北上したグループが、ヨーロッパに到達したのも約 4 万年前とされている。日本へのルートは 3 つあり、中国大陸沿岸部より南の島を辿るコースと朝鮮半島を経由するルートで、3-4 万年前頃のことらしい。第 3 は、北のサハリンからのルートで、約 2 万年前以降のことである。各人の DNA を調べると、アフリカからどのようなルートで日本に到達したのか大よその経路を推測することができる。同じ日本人でも、遺伝的に見れば南米人やインド人との距離の方が近い場合も多々あるらしい[14]。

DNA で読み解かれた人類の歴史は、我々地球上に住むすべてのひとの共通の祖先はアフリカで生まれ、出アフリカ後世界に広がって行ったということを教えてくれる。この DNA 分析の手法が登場する以前は、人類の歴史は専ら化石や埋蔵品によって推定されていた。その化石研究によれば、人類は原人と呼ばれる段階で出アフリカを行い、各地に広がった後、ホモ・サピエンスに進化したと考えられていた。しかしこの考えは、"ある生物種が広がって地理的に隔離された場合、それぞれ別の種に進化する"という進化の一般法則と相容れない。人類史研究の世界で、この一般法則が無視されていたというのも不思議な話である。そこには、人類は他の生物とは異なる特別な存在との認識があるからであろう。しかし、これまで見たように地球上の生命史をたどれば、我々はホモ・サピエンスの一人として生まれ、その祖先はアフリカに行き着く。更にその祖先は原人から類人猿、チンパンジーへと遡行し、哺乳類、単弓類、両生類、魚類、…、初期真核生物から原核生物に至り 36 億年前の生命の誕生に収斂する。命のリレーとしての永い生命史がそこにある。

ヒトとは何か？

　我々人間の DNA は 22,000 強の遺伝子（遺伝単位）からなるが、他の動物と比べて、特に多いというわけではない。例えば、ウニの遺伝子は人とほとんど同数であり、70％ が人と共通であるらしい。また稲の遺伝子数は人より大分多いとのことである。ヒトとチンパンジーの DNA の違いは 2％ 程度であるが、他の哺乳動物の猫や犬との違いも 1-2％ に過ぎない。DNA を見る限り、進化したヒトと他の生物との違いはほとんどないと言ってよい。そのわずかな違いが、人間の脳に関わる部位になるのであろう。

　地球上には、実に多様な生き物が生息しているが、合目的性というフィルターを通して淘汰の圧力がかかっている。こうして、生命誕生から約 30 億年後には（約 5 億年前）、DNA の構造の大筋はほぼ出来上がってしまったといわれている。生物の特性は、基本的には分子的複製保存という機構に基づく[4]。このような状況下、長きにわたって進化を持続させる種もあるが、進化することなく安定性を保ち続ける生物種もある。三畳紀に現れた鰐の形態は、今日に至るまでの 2 億 5 千万年の間少しも変化していない。1 億 5 千万年前の牡蠣は、今食卓の上にあるものと形・風味とも同じと思ってよいようだ。環境の安定性は、種の安定・保存を持続させる。一方、過酷な環境では、偶然の変化種で淘汰に堪え得たものが生き延び、結果として進化が起こったことになる。ここで注意しておきたいのは、ダーウィンの進化論は、結果の説明は行うが、その変

化の機構については何も語らないということだ。そのキーワードは突然変異のみである。

　人類の祖先が、先ずゴリラと別れ（約1000万年前）、次いでチンパンジーと別れたのは、約600万年前とされている。食べ物に恵まれ身を隠す場所も多い森を捨て、アフリカの草原（サバンナ）に出たのが、チンパンジーと別れた人類の第1歩だという[14]。そこで先ず、エネルギー効率が高く、広い範囲で食物を探すに適した2足歩行を始めた。2足歩行によって、より重い頭を支えることが可能になり、脳の発達を促がしたと思われる。2足歩行は更に、発声に適した喉の構造を可能にしたともいわれる。危険な草原に出たことによって、群れという助け合いの社会を作り、食料の分配も生まれた。また、子育ての困難に直面したことを契機に、家族という単位ができたのではないか。群れという社会の中に、家族という二重構造を作り上げたのはヒトだけであるらしい[14]。過酷な環境が、ヒトの生きる能力を高めていったのである。

　ところで、ヒトを特徴づけるのは一体何であろうか？霊長類研究者の山極壽一氏によれば、それは"共感するこころ"だという。目は口ほどにものを言いではないが、ヒトはお互いの眼を見て会話する。ゴリラやその他の動物では、相手の眼を見ることは敵対関係を意味するらしい。もっとも、"ガンつけた"と言って因縁つける御仁もいるが、この種の人はゴリラに近いのかも知れない。ヒトが持つ"こころ"とは何か？"こころ"は脳の中の情報処理とみなしてよいだろう。意識的に行動するのは、ほんのわずかの場合で、ほとんどは無意識下のものであることが、動物行動学・神経行動学などの研究によって明らかにされている。哲学がよく使用する絶対的自由なるものは存在しないし、完全な自由意思も然りである。脳の発達と言語の使用は、どちらが先であろうか？言葉が無ければ、ヒトのこころは生まれない。言葉がヒトの進化を飛躍的に高めたことは確かである。言語学者のチョムスキーによれば、多様な言語にも一つの共通する形があり、それは種としての特質を示す先天的なものだという。ある遺伝子に突然変異が起こり、言語を話す個体が誕生し、淘汰の圧力に打ち勝って進化を遂げたとするのである。実際、ヒトの第7番目の遺伝子が言葉の機能と関連しているという報告もある。これに対して、りんご、象、ライオンなどの固有名詞が先ず生まれ、赤い、大きい、怖いなどと言った形容詞が使われ始め、文法が次第に出来上がったという説もある。逆に文法が先にあり、その後に単語・言葉が切り離されたとする学説もあるようだ。言葉の起源を明らかにするのは難事であるが、言葉の出現によって思考が可能となり、ヒトの多様な"こころ"も生まれたことは疑い得ない。

現代分子生物学がめざすのは、分子機械としての生命の機構解明である。しかし、その機能はいわゆる機械仕掛けとは全く異なる驚くべき仕組みである。多くの酵素の手際よい働き、柔軟かつ正確な生産工程と消去機能等を、化学反応の一環として捉えることに部分的には成功している。今後さらに化学的レベルでの解明は進むことであろう。化学反応を基礎づけるのは電気的相互作用である。しかしながら、次節で述べるように、生命体のような複雑な構造・形をとるものに対して、物理的解析は多くの場合無力となる。生命の奇跡的とも思える営みが物理法則と矛盾せず、それが機能していることは確かだが。分子機械としての生命は、我々の尊厳をいたく傷つけるように思えるかもしれない。しかし、我々の個人的経験は、他者によって共有されることのない固有のものである。そして、これは決して対象化されることはない。これこそが、我々という唯一無二の存在の証人であり、その実在性を支えている根拠と言えよう。

複雑系と脳の働き

　古典力学は、カオスも含め因果律に基づく決定論である。量子力学においては、確率的な解を与えるが、基本的には決定論的といってよいだろう。従って、系の未来・過去は、ある時刻における特定の状態（初期条件）に左右される（因果律）。ところが、膨大な数の原子・分子の集団（系）を対象とする統計力学においては、個々の原子・分子の振る舞いを追跡する必要はなく（不可能）、その平均的振る舞いを熱的平衡状態のもと、確率論に基づいて議論する。熱的擾乱に曝された力学系は、確率的にのみ記述することができるのである。生物という膨大な数の原子・分子から成る系も同様である（ヒトは、おおよそ37兆個の細胞からできている）。ただし、熱の科学が主対象とするのは、熱平衡状態であり（平衡状態間の相転移含む）、熱力学第2法則が予見するのは、システムは放っておけば拡散・均一化した死の世界に移行するということだ。しかし生命体は、その活動（化学反応）によって非平衡状態を持続させている。

　非常に大きな数の動的な関係性をもつ集合体（複雑系）を取り扱う場合、要素論的分析手法は無力となる。身近な例としては、交通渋滞がある。渋滞は、要素としての車の特性に依存せず、交通法規、道路事情、天候、時間帯、運転者の性向などの要因が関わって発生する。そこで、複雑系に対して、比較的少ない数の非線形な相互作用を仮定すれば、いかに単純な振る舞いのパターンが出現するかを追跡する科学が登場した。生物などの複雑な系は、エネルギー・物質が絶えず流入・流出する非平衡な開放系である。このような系は、多数の相互作用によって結合されたネットワークからなり、系を通り抜けるエネルギ

一、物質、情報の流れがある臨界値を越えたとき、非線形相互作用（フィード・バック[註9-1]やスイッチの ON-OFF など）により新しいタイプの構造、組織が自然発生的に出現（創発）する。これらを自己秩序化ないし自己組織化と呼んでいる。ある集団の行動を、パターンとして捉え、簡単な相互作用を仮定することで、パターン形成をコンピューターによってシミュレーションする手法を採る。例えば、魚の群れに対して、次の単純な規則を与えれば、どのような行動パターンが現れるかをシミュレーションする。(1)他の魚との距離をある最小値に保とうとする、(2)近隣の魚と速度を合わせようとする、(3)近隣の魚たちの質量中心を知覚しそこへ向かおうとする。この3つの単純な規則によって、魚群は自発的に集まって群を作り、障害物に対して流れるように迂回し、あるいは分岐してもすぐに合流する。たまに抜け落ちた魚（個体）があっても直ちに後を追い、群れから離れることはない。その行動パターンは、初期条件に依存しない。個々の魚の運動には規則性はないが、全体としてみると秩序が生まれる。生命体などの行動パターンは、このようにして読み解けるとするのである。このような単純な規則を手順として定式化するのがアルゴリズム（Algorithm）であり、これをソフト・ウェアとしてコンピューターを働かせるのがプログラミングだ。今日、計算機の高速化によって、このような手法が可能となった。

　先に述べたように、遺伝の実態が DNA の複製機構にあり、また4つの塩基の配列が暗号コードとなって、20種類あるアミノ酸の配列を指定し、それに対応したタンパク質が合成される。このような機能は、要素論的・決定論的に説明することができる。それでは、ヒトの脳の働きは、どのように理解・説明できるのであろうか？そこで、先ず神経の仕組みはどうなっているのか、その現状を紹介しよう。神経細胞（Neuron）も細胞の一種であり、細胞核に DNA が内包され、細胞質・細胞膜から成る。ただしその形は、他の細胞と大きく異なっている（図9-7参照）。また、その長い軸索には多数のグリア細胞が絡みついている。ヒトの脳は、約1兆ケの神経細胞と50兆ケのグリア細胞でできている。まさに天文学的数字である。神経細胞は、通常の細胞と異なり増殖しない。また、何本もの細い神経線維を出し、神経細胞同士をつなぐネットワークを形成している。1つの神経細胞は数千ケの他の神経細胞とつながっている。神経細胞は、電気信号によって情報をやりとりする。その電気信号を担うのは、Na^+、K^+、Cl^- イオンである。K^+ イオンは細胞の内側で濃度が高く外側で低い。一方、Na^+と Cl^- イオンは、外側の濃度が高い。細胞内は負の有機分子濃度が高く、細胞は内側がマイナス（神経細胞では内と外で約60 mV の電位差）になっている。これを静止膜電位と呼ぶ。神経細胞の細胞膜には、これらのイオン

を通す孔（Channel）が多数ある。何らかの刺激（興奮/抑制）によって、数 ms オーダーの活動電位が発生し伝達される。例えば、興奮刺激が届いた場合、Na⁺ イオンを通す孔が開く（孔の開く時間は 数 ms 程度）。ある場所の孔が開くと、連鎖的に隣から隣（Channel の開口）に情報が伝わり、孔が開いて行って、神経線維の先端の突起の端まで伝わる。この局所的電位降下（脱分極：スパイク）が情報である。神経細胞中に入った Na⁺ イオンは、その後また細胞の外に出て、最初の電位は保たれる。神経細胞の線維の先端（軸索端末）と隣の神経

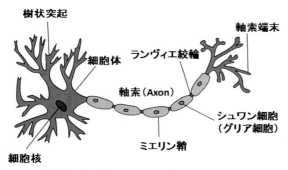

図 9-7. 神経細胞（ニューロン）。
https://upload.wikimedia.org/wikipedia/commons/b/bc/Neuron_Hand-tuned.svg より転載。

細胞の樹状突起間には、狭い隙間（約 20 nm）があり、これをシナプス（Synapse）という（図 9-8 参照）。シナプスの数は、1 つの神経細胞あたり約 10,000 箇所以上あるらしい。先端にスパイクが到達すると、先端の袋より神経伝達物質（グルタミン酸、γ-アミノ酪酸、ドーパミンなど 100 種類ある）を放出する。神経伝達物質の受け手が受容体（Receptor）で、センサー付きのチャネルを形成している。グルタミン酸の放出に対して、Na⁺イオンが神経細胞内側に入り、スパイクを誘起する（脱分極：興奮性）。これは、膜電圧降下がある閾値を超えると起こり、ニューロンの発火と呼ばれる。発火は、画像上リアル・タイムで観察できる。一方、γ-アミノ酪酸が放出されると、Cl⁻イオンが入り膜電位差を大きくする（過分極）ので、スパイクを抑制するという仕組みになっている。この他にも、いくつかのイオン・チャネルや受容体があって情報伝達に関与している。シナプスにおける情報伝達効率は、入力信号の強度や神経伝達物

質の放出量、受容体の数やシナプスの大きさ等に依存し、よく使われるシナプスの伝達効率は上がり、余り使われないシナプスの伝達効率は下がる（可塑性）[15]。この伝達効率は、閾値を超える信号が入力されても、最大30％程度らしい[16]。神経伝達物質の放出と受容の時間は1/1000秒程度だが、刺激に対する応答時間は数分の1秒程度である。その応答を確実にするため、1000ケ以上のニューロンが結合されている。1つのニューロンに頼る危険性を回避する賢いやり方だ。ところで、ニューロンの軸索に絡まった膨大な数のグリア細胞の役割は何だろうか？その役目は、ニューロンへの栄養補給に加え、シナプス強度の制御も担うことが最近明らかにされている。

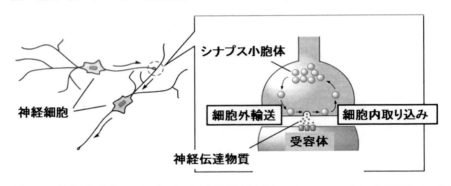

図9-8. 神経細胞とシナプスにおける情報伝達。Courtesy of Prof. T. Takahashi、OIST。

　以上述べたことは、脳の要素論的記述である。もちろん、これをもって、脳が理解されたことにはならない。今日の神経・精神科学においては、脳は膨大な数のニューロンのネットワークを組み、分散・並列的に処理を行う複雑系と見なされている。それらは、特定の仕事をする局所的かつ専門的な回路を構成しており、その回路をモジュールと呼ぶ。そして、脳は、どこかに統括本部を有すわけではなく、野放しの自主管理システムとして機能している[17]。脳で行われる処理の大部分は、無意識かつ自動的に行われており、この無意識の行動は意識的行動に先行する。実際、自動車の運転や楽器の演奏などからも明らかなように、慣れや反復練習によって、行動は意識抜きで迅速に行われる。それでは、ヒトの意識はどのように出現するのであろうか？統合情報理論によれば、ある（身体）システムが膨大な情報を自律的に統合できるなら、そのシステムには意識があるとする[18]。意識が発現するのは、右脳の大脳皮質－視床

の部位にあるようだ。スイス連邦工科大学では、物理学者、生物学者、生理学者、情報工学研究者が集まり、スーパー・コンピューターを使って、ニューロンの機能的モジュールを再現するプロジェクトを推進している。人間の脳に相当する100万個のモジュールと1000億個のニューロンを作ることが最終目標らしい。2011年現在、100ケのニューロン・モジュールが再現され、100万ケのニューロンがストックされたとのことだ。我々の行動パターンあるいは認知パターンは、刺激と応答を数量化し、プログラミングによって与え得る。こうして、脳におけるニューロンのダイナミクスをコンピューター上で再現できるはずである。この場合、コンピューターは意識を持つと言えるであろうか？我々の意識は個の唯一性に支えられている。一方、このような人口脳のコピーはいくらでも作製できる点で、ヒトの意識とは異なると言えよう。

今日、人工知能（AI：Artifitial Inteligence）をベースに、自動車その他の自動運転や各種ロボットの開発によって第4次産業革命が起こると喧伝されている。最近、グーグルが開発した囲碁ソフト「アルファ碁」が、世界のトップ棋士を破ったことが話題となった。これには、脳のニューラル・ネットワークを模した深層学習という手法が使われている。多くの役割分担部署（モジュール）を作り、そこから上がって来る情報に優先度を付け最善の手を選択するやり方である。しかしその判断の根拠となるのは、既存の棋譜データ（情報）だ。膨大なデータ（棋譜）をもとに、長い手先を読むのではなく局面ごとに最善と判断される手を打つのは、ヒトと同じだが、現状のデータ処理能力は人間より一日の長があることは確かだろう。そこで、もし棋士が全く意表を突く手を打てば、勝つ確率は高くなるはずだ。人工知能の開発と応用は、ヒトに余暇を与えるとの指摘もあるが、多くの場合ヒトの仕事を奪うことになるだろう。単純・過酷な労働からヒトを開放する利点もあるが、社会からドロップ・アウトするヒトをサポートする手立てが必要である。

参考文献

[1] M. Tatsumoto, R.J. Knight and C.J. Allègre, *Time differences in the formation of meteorites as determined from the ratio of lead-207 to lead-206,* Science, **180** (1972) 1279-1283.
[2] 岡村定矩 編「シリーズ現代の天文学-1 人類の住む宇宙」（日本評論社、2008年）
[3] 田近英一 著「地球・生命の大進化」（新星出版、2012年）
[4] ジャック・モノー 著「偶然と必然」（みすず書房、1972年）

[5] エルヴィン・シュレディンガー 著「生命とは何か」（岩波文庫、2008 年）
[6] 福岡伸一 著「生物と無生物の間」（講談社現代新書、2007 年）
[7] エルヴィン・シャルガフ 著「ヘラクレイトスの火」（岩波同時代ライブラリー、1990）
[8] ジェームズ・ワトソン 著「二重らせん」（講談社文庫、1986 年）
[9] A. Klug, *The discovery of the DNA double helix,* J. Mol. Biology, **335** (2004) 3-26.
[10] J.D. Watson and F.H.C. Crick, *A structure for deoxyribose nucleic acid,* Nature **171** (1953) 737-738.
[11] R.E. Franklin and R.G. Gosling, *Evidence for 2-chain helix in crystalline structure of sodium desoxyribonuleate,* Nature **172** (1953) 156-157.
[12] R.L. Cann, M. Stoneking and A.C. Wilson, *Mitochondrial DNA and human evolution,* Nature **325** (1987) 31-36.
[13] P.A. Underhill et al. *Y chromosome sequence variation and the history of human populations*, Nature Genetics, **26** (2000) 358-361.
[14] 高間大介 著「人間はどこから来たのか、どこへ行くのか」（角川文庫、2010 年）
[15] 池谷祐二 著「進化しすぎた脳」（ブルーバックス、2007 年）
[16] 理化学研究所・脳科学総合研究センター編「つながる脳科学」（講談社・ブルーバックス、2016 年）
[17] M.S. ガザニガ 著「＜わたし＞はどこにあるのか」（紀伊国屋書店、2014 年）
[18] M. マッスィミーニ、J. トノーニ 著「意識はいつ生まれるのか」（亜紀書房、2015 年）

第10章　科学の方法
科学の方法とは

　科学においては、先ず対象あるいは現象を数量化する必要がある。その数量化は、ある規約・約束のもとに、統一的になされなければならない。例えば、速度は、物体の位置の変化の時間的割合と定義し、加速度は物体の速度の時間的変化の割合とするのである。この時、変位ないし変化を測るために、共通の物差しと時計が必要となる。物体の質量は、バネなどによって、ある一定の力 F を加えた時、その物体の得た加速度を a とすれば、ニュートンの運動の第2法則より、F/a として定義することができる。電荷や電流、温度や圧力なども、実験的に測定可能な形で数量化される。身近な例では、体重・身長・視力なども同様である。

　こうした数量化をもとに、ある条件を設定すれば、これに対応してある現象が出現するという予見が可能となる（因果律）。天気予報などで、明日の降水確率は何パーセントという確率予測もあるが、この場合は、蓄積された経験的データに照らし合わせて出された値である。量子力学においては確率的な記述が現れる。例えば、電子がある場所に存在する確率は何パーセントとか、電子がある状態からある状態に遷移する確率は何パーセントという解である。ある条件を設定すれば、結果を確率的にせよ、予見できることが科学の特質といってよい。ある条件は、基本的には数量として与えるので（温度、圧力、流量、速度その他）、現象の再現性・検証可能性が担保されることになる。ところが、全く同じ条件を準備するのは、まず不可能である。そこには、測定精度の問題と、擾乱因子が存在するからだ。そこで、測定精度の向上と擾乱因子の抑制が、自然法則を見出す決め手となる。

　科学は真理の探究であると言われる。しかし、科学は科学的なやり方で自然を対象化し、自然を再構成・モデル化しているのであって、一種の仮象世界を作り上げていることになる。しかし、モデリングで使用する純粋な概念及び物理量は、近似的にせよ設定可能でなければならない。これによって、予見・再現性のチェックが保証されるのである。これが科学の強みであり、哲学・文学・宗教と異なる点であろう。特に理論物理においては、ガリレオが言ったように、数学の言葉によって自然を表現するという強い意志、一種の信仰がある。もちろん、自然のすべてを数学によって記述することは出来ない。自然界には数量化できないものも存在するからである（例えば、あなたの喜び・悲しみを客観的に数量化することはできない）。

　それでは、自然現象における法則をどのように見出すことができるかについ

て考えてみよう。コペルニクスやケプラーにおいては、神の創造した世界の調和という思い込み（信仰）があった。法則は込み入って複雑なものではなく、万人に分かり易い簡潔なものに違いないという信念である。これは、現代物理学においても受け継がれている。科学的方法において、最も重要となるのは、モデルの構築である。その一例を挙げておこう。先に述べたように、2つの物体間に働く万有引力は、距離（r）の自乗の逆数に比例する（逆自乗則）。2つの点電荷の間に働くクーロン力も逆自乗則に従う（経験則）。これらの力 F は、なぜ r^{-2} に比例し、例えば $r^{-2.1}$ に比例しないのであろうか？先ず、点光源から出る光を考えてみる。図 10-1 に示すように、点光源から光線が一様・等方的・放射状に出ると考えてよいだろう。今、点光源を頂点とする円錐を作る。点光源の中心軸から距離 r の円形面 A_1 と、距離 $2r$ の円形面 A_2 を貫く光線の数は同じである。一方、A_1 の面積は A_2 の面積の 1/4 に該当する。よって、A_1 における光度は、A_2 における光度の 4 倍となる。光度は逆自乗則に従う。クーロン力の場合は、点光源に換えて点電荷を置く。光線は電気力線に換わる。こうして、クーロン力（電場）も逆自乗則に従うのである。同様に、質量が周りに重力線《場》を生むと考えれば、重力も逆自乗則に従うことになる。このようなべき乗則を一般にスケーリング則という。面積はその形を特徴づける長さの自乗に比例し、体積は三乗に比例するというのもスケーリング則の例である。

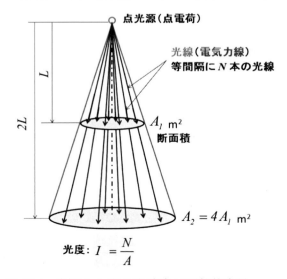

図 10-1. 光源から出た光強度の距離依存性。

先に述べた電気力線・磁力線を最初に考え出したのは、Faraday であった。電気力線・磁力線の接線方向には引っ張り力（Tensile）が働き（そこに点電荷を置けば接線方向に力を受ける）、そのため電気力線・磁力線に垂直な方向には、圧縮力（Compression）が生まれる（図 10-2 参照）。これは、真空を一種の弾性体と見なすことに相当する。要するに、電荷や磁荷（単磁荷は存在しない）は、周りの空間を歪ませる形で力を伝えていると思ってもよいのである。磁力線の存在は、磁石の周りに鉄粉を撒いておけば可視化できる。電気力線も同様に、色を付けた金属紛を 2 つの帯電した金属小円板の周りに撒けば目で見ることができる。重力の場合はどうであろうか？重力場を可視化することは難しいが、質量をもった物体が周りの空間を歪ませることで、重力が伝わると考えたのは、アインシュタインであった（一般相対性理論）。従って、電磁気力と重力の伝播速度は同じ光速になる。以上述べたのは、モデリングの一例である。そこでは、点光源（電荷）や、光線（電気力線）の等方性・一様性および直進性などを仮定した。ただし、真空でない媒質空間に対しては、光の波動性（反射・屈折・回折など）を考慮しなければならない。

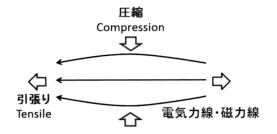

図 10-2. 電気力線・磁力線に沿った引っ張り応力とそれに垂直に働く圧縮応力。

　以上述べたのは、数量化とモデリングという具体的な手法についてであった。科学的手法をより原理的な観点からみれば、それは対象を要素に分割し、その特性を把握した後、それを再構成・総合化するという方法をとる。先ず、3 体問題について、要素論的・分析的手法について説明することにしよう。ロケットを地球から月のある地点に軟着陸させる場合も 3 体問題に該当する（ロケットの質量が地球や月の質量に比べ無視できるので、非常に良い近似で軌道を計算できる：制限 3 体問題）。地球と月の引力と大気中での空気抵抗などを考慮し、ニュートンの運動方程式を解くことで軌道を数値的に近似計算できる。所定の位置に軟着陸させるためには、地上より電波信号を送り、ロケットの位置

と速度を制御しながらロケットを誘導する操作を行うことで目的を達成できる。力学の問題で、2体間の相互作用としての力が2体間距離の関数として与えられていれば（万有引力やクーロン力など）、任意の時間における2体の位置・速度を決定することができる。ところが、3体以上の物体がお互いに力を及ぼし合っている場合は、もはや解析的に解くことは出来ない。（3体以上の多体問題は、一般に数値的・近似的に解くことができる）。ニュートンがプリンキピアにおいて、2体問題を解き、ケプラーの3つの法則を導出して以後200年以上にわたって、数学者は、3体問題の（解析）解を導出すべく涙ぐましい努力を続けてきた。結局この問題に決着をつけたのはポワンカレ（Jules-Henri Poincaré: 1854-1912）で、3体以上の多体問題は解析的に解けないことを示したのである。ところで、一般の力学の教科書では、例えば3体に対する運動方程式は次のように記述する（濃字はベクトルを表す）。

$M_1(d^2\bm{r}_1/dt^2) = \bm{F}_{21} + \bm{F}_{31}$、$M_2(d^2\bm{r}_2/dt^2) = \bm{F}_{12} + \bm{F}_{32}$、
$M_3(d^2\bm{r}_3/dt^2) = \bm{F}_{13} + \bm{F}_{23}$ (10-1)

第1式右辺の $\bm{F}_{21}$、$\bm{F}_{31}$ は、物体2および物体3が物体1に及ぼす力である。しかしこのとき、物体2と3の相互作用が、物体1に対する運動方程式では、考慮されていない。すると、(10-1) 式の3つの式を左辺・右辺で足し合わせ、1つの式にすればよいと思うかもしれない。すると、1つの等式で、3つの未知数 r_1、r_2、r_3 を一意的に決めることは出来なくなる。そこで次善の策として、上の第1式右辺に、物体2と物体3の相対距離と速度を含む付加項（相関項）を付ける必要があろう。第2式、第3式も同様である。このような相関項を入れた連立・運動方程式が、Faddeev 方程式である。これもあくまで近似式であって、計算機によって数値的に解くしかない。残念ながら、全体を1つの式に収めて正しい解を導出することは不可能なのである。もちろん、時間間隔を十分小さくし、上式を連立微分方程式として数値的（計算機）に解けば一応精度の良い近似解は得られる。

　対象が3体を超えた数ケ－数十個程度の系（少数多体系）を取り扱うのが最も難儀となる（構成要素数が十分大きくなると統計的処理の精度が上がる）。多電子原子（例えば炭素原子には6ケの電子が炭素原子核に束縛されている）の電子の状態を決める場合、先ず1つの電子に着目し、原子核とこの電子以外の電子が作る平均的なクーロン場を想定する。この平均場（球対称とみなす）は、個々の電子の状態が既知でないと決まらない。そこで、第0近似として、平均場を試行関数の形で与え（数値的でもよい）、1電子に対する量子力学の基礎方程式（Schrödinger 方程式：(7-3) 式・参照）を計算機によって数値的に

解く。これによって得られた解（波動関数：電子の状態）を使って、再度平均場を計算する。もちろんこれは、最初に仮定した平均場とは一致しない。そこで平均場・波動関数に修正を加え、十分な一致が得られるまで、計算を繰り返すのである（自己無撞着法）。この手法が 1 電子近似と呼ばれるものだ。この近似によって、電子の取り得る状態（電子軌道とも呼ぶ）が決まり、同一状態を占める電子は 2 ケ以下という Pauli 排他律（経験則）を満たすように、電子をエネルギーの低い状態より埋めて行く。ここで、同一状態をとる電子間の相互作用を考慮し、新たな電子状態を構成する。このとき、群論（Lie 代数）という数学の手法を使用することになる。こうして、1 つの原子を構成する電子の状態を近似的・数値的に決めることができる。このようにして決めた電子状態が、どの程度正確かは実験値と比較することで、チェック可能である。以上述べた 1 電子近似の手法は、結構粗っぽいものに見えるであろう。残念ながら我々は、この 1 電子近似を超える手法を編み出すことができない。

　多電子原子から分子、さらに対象が生物になると、ことは遥かに複雑化する。分割された要素としての原子・分子を寄せ集めただけで生物ができるわけではない。そこには、ある種のダイナミクス（運動）があって、それを可能にするのが生命といえる。そのダイナミクスを化学反応として理解しようというのが分子生物学である。その反応過程には、種々の酵素等が現れ、反応を制御・コントロールしている。なぜそのような複雑な反応機構がスムーズに進行するのかを、物理的・数量的に説明するのは極めて難しい。多体系、特に生命体のような複雑な系に発現する現象を要素論的手法で解明するのは不可能であろう。

　ところで、科学において実在と見なされる条件は何であろうか？100 年前は、原子の実在を信じる者はほとんどいなかった。しかし、今日原子・電子の存在を疑う者はいない。近年、電子顕微鏡の高解像度化やトンネル顕微鏡などによって、原子像をおぼろげながらも可視化できるようになった。しかし、我々が見ているものは、種々の処理を施した画像であって実体を直に見ているのではない（トンネル顕微鏡では、最外殻の電子密度の濃淡を見ている）。最近話題となったヒッグス粒子やニュートリノなども、新聞・TV の報道によって、その存在を認め疑うことはない。ヒッグス粒子の検証論文を読むと、3 つの予想される反応チャンネルで、バック・グランド（偽信号）をハード・ソフト両面から落としたデータ曲線上に僅かに盛り上がる小さなピークがその存在の証である。ヒッグス粒子が 2 つのガンマ線に転換した測定結果を図 10-3 に示した[1]。物理的実在は、我々の手の届かない遠くに霞み、数学が関与することでさらに抽象化の度合いを増している。

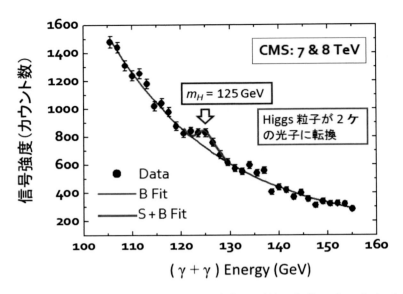

図 10-3. ヒッグス粒子が 2 ケの光子（ガンマ線）に転換したことを示すデータ。横軸は 2 ケのガンマ線のエネルギーの和、縦軸はその発生回数を示す[1]。1 eV = 1.6×10^{-19} J、1 GeV = 1×10^9 eV = 10^{-3} TeV。

自然界に存在する基本的力

　これまでに見出された自然界に存在する力は、次の 4 種類である。(1) 重力、(2) 電磁力、(3) 弱い相互作用、(4) 強い相互作用。重力は、質量をもつ物体間に働く引力だが、一般相対性理論によれば時空の歪に帰着する。電磁力は、基本的には電荷をもつ粒子間に働くクーロン力である。(3) と (4) は素粒子の世界（~10^{-15} m 以下）に発現する力で、電磁力に比べて、弱い力・強い力と区別している。素粒子は、それ以上分割できない基本粒子で、電子、ニュートリノ、ミュー粒子、タウ粒子などの Lepton と 6 種類のクォーク（Quark）に分類される。原子核を構成する陽子・中性子などの核子は、異なる 3 つのクォークによってできている。強い相互作用は、クォーク間に働く力であり、クォーク間の距離が大きくなると力（引力）は強くなり、近づくと弱くなる（弾性力に類似）。弱い相互作用は、Lepton 同士および Lepton と Quark 間に働く力である。これら 4 つの力の強さの相対比はおおよそ、重力（長距離）：電磁力（長距離）：弱い力（~10^{-18} m）：強い力（~10^{-15} m）= 10^{-37} : 1 : 10^{-4} : 10^2 と見積もられている。

かっこ内に力の到達距離を示した。身の周りの物質世界を支配しているのは電磁気的な力であり、原子や分子の接着剤的役割を担っているのは電子である。宇宙のレベルでは、重力が主役を演じる。弱い相互作用は、原子核のベータ崩壊などの機構を説明するのに必要だ。一方、強い相互作用は、大型加速器の衝突実験で垣間見ることができる。

　我々人間も含め周りのすべての物体・物質を構成するのは電磁気的な力である。原子は、正電荷の原子核と負電荷の電子間のクーロン引力によって安定状態を保っている。固体のような膨大な数の原子の凝集体において、その接着剤の役目を担うのは、各原子の最外殻の電子（価電子）である。そこでは、運動エネルギーと電磁気的位置エネルギーの総和が最小となる条件（変分原理：最少作用の原理）が満たされている。固体を変形する時に生じる弾性力も、原子レベルのミクロな視点からみれば、電磁気的な作用によって現れる。固体の場合、原子核と内殻電子からなる陽イオン芯が格子点を占め、空隙を外殻電子が波としてガス状に埋めている（一種のプラズマ状態[註 5-16]）。平衡状態にある電子分布が衝撃力によって変化し、元の安定な分布に戻ろうとして振動が起こる。これが弾性体の振動である。もちろん生物体も水素・炭素・窒素・酸素などの原子で構成されており、原子同士の結合で分子が作られるのも電磁気的な力である。一方、身の周りで重力が現れるのは、相手が地球の場合に限られる。我々の体重、物の落下や浮力などはすべて地球の引力（重力）によるものだ。また、対流や溶液中のコロイドの分散などにも地球重力は深く関わっている。ところで、なぜ地球の大気中の窒素や酸素などの分子は、地球重力に引かれ、地表に固着しないのであろうか？それを妨げるのは熱運動である。常温での、窒素や酸素分子の熱運動の速度は、約 500 m/s で音速の 1.5 倍程度になる（音速：340 m/s）。もし地表・大気の温度が極低温に冷えれば、大気中を飛び回る気体分子はほぼすべて地表に固着するだろう。

不変量と対称性 - "ネーターの定理"

　不変量（保存量）を見出すことは、科学において極めて重要である。ところで、自然界には、鏡映対称（左右対称）や回転対称など様々な対称性が存在する。対称性を数学的に取り扱うのが群論である。群論の代数的表現のひとつに Lie 代数があり、物理の基礎理論において、なくてはならない道具立てを提供している。一見、対称性と保存量は別の概念のように思えるが、両者の間に密接な関係があるとするのがネーター（Emmy Noether: 1882-1935）の定理である（1918 年）。それは、"物理系にある連続的な対称性があればそれに付随する

保存則が存在する"というものだ。連続的な対称性を図例で説明すると、図10-4のようになる。これは、回転対称性を例にとったものだが、正三角形では、120°の回転で図形は重なる。更に正三角形を2つ重ねれば、60°の回転で図形は重なる。その極限として円がある。この場合、何度回転しても図形は重なるので連続的な対称性をもっている。これが等方的ということだ。このネーターの定理は、解析力学を使えば容易に証明できる。力学の基本的な保存則、運動量保存則、角運動量保存則、力学的エネルギー保存則は、各々空間の一様性、空間の等方性、時間の一様性という対称性より導き出すことができるのだ（証明は解析力学の教科書に記述されている）。物理の好きな人種は、このような表現にいたく感動を覚えるものである。

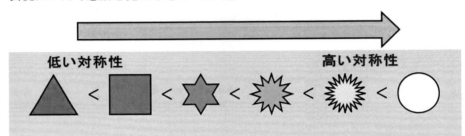

図 10-4. 2次元図形の対称性。正三角形は3回対称（360°/3 = 120°回転で重なる）。右の図形ほど対称性は高い。円は完全対称である。

対称性の自発的破れとアンダーソン・ヒッグス機構

自然は対称性を好むのであろうか？第8章で述べたように、CP対称性の破れ[注8-2]のおかげで、この物質世界は存在する。科学において最も重要なのは不変量の存在であり（保存則）、これが科学を体系化する指針となる。これが一応ベースになるが、自然界に起こる相転移現象[注5-3]を対称性の破れととらえ、これを数学的に一般化したのが南部陽一郎（2008年ノーベル物理学賞）であった。電子磁石（スピン）が一方向に整列した強磁性体（磁石）は温度を上げれば熱運動でバラバラな方向を向くようになる（常磁性）。逆にある温度（Curie点）以下では、常磁性から強磁性に変化する。このような現象を"相転移（Phase Transition）"と呼んでいる。この常磁性から強磁性への相転移も対称性の自発的破れである。常磁性で保存量（一定）であった全磁化 $m = 0$ は、強磁性への転移で $m \neq 0$ となる。電子スピン（電子磁石）が一方向に整列した状態は、熱

運動によって各電子のスピンの方向はばらばらになった状態（等方的）より対称性は低い。低温になると熱運動の効果は弱まり、スピンは一方向に整列した方が安定になる（エネルギーが下がる）。このような状況下で、電子数ケが同一方向を向くと、雪崩を打ってすべての電子が同じ方向を向く協同現象が起こる（人間界にも、これと似たような現象が起こることは大変興味深い）。これが強磁性体への相転移である。常伝導体から超伝導体への相転移は、伝導電子の波としての位相がぴったり合った状態へ変化することに対応する。このとき、電子数 n と電子波の位相 φ は、$\Delta n \cdot \Delta \varphi \cong 1$ の不確定関係を満たす。超伝導状態とは、すべての位置で電子波の位相が一定に定まった状態に対応するので、電子数は不定ということになる。つまり電子数の保存則は破れた状態が超伝導状態ということだ。ネーターの定理からすれば、対称性が破れた状態に対応する。"対称性の自発的破れ"のアイディアは、このネーターの定理を想起することで生まれたものと思われる。

　先に述べた素粒子の力の場は、ゲージ場理論によって記述できることが分かって来た。ゲージ場理論とは、電磁場を数学的に一般化・精密化した理論で、基本的には4次元時空をベースとする。物質粒子は、ゲージ場を通して相互作用するという記述を行う。そこでは、物質場（例えば電磁場と作用する電子など）の微分を、共変微分の形に一般化し、ゲージ粒子との相互作用項を付加する[2]。これによって、ゲージ対称性（保存則）が保たれるのである。ゲージ場を第2量子化[註10-1]することで、現れる量子がゲージ粒子である。物質粒子をフェルミオン（Fermion; Spin 1/2）、ゲージ粒子をボソン（Boson; Spin 1）と呼ぶ。電磁場のゲージ粒子は光子（Photon）、重力場：重力子（Graviton 未発見）、弱い相互作用：ウィーク・ボソン（$W^{\pm}$、Z^0、質量 M_W = 80 GeV、M_Z = 91 GeV）、強い相互作用：グルーオン（Gluon、質量 0、中性）である。ゲージ場は、基本的には位相変換（連続的並進、回転など）に対して、系を記述する Lagrangian（第4章・解析力学を参照）が変化しないという要請をおく。これをゲージ対称性ないしゲージ不変性という。超伝導や弱い相互作用の発現には、ゲージ対称性の自発的破れという数学的操作を行う。超伝導の場合、連続的な回転対称性（等方性）の自発的破れが、転移温度以下で起こる（2次相転移）。電子が量子化された格子振動と結合することで、互いに電気的に反発するはずの2ケの電子がクーパー対（電子 Spin は反平行）を形成し、ボース・アインシュタイン凝縮（多数の粒子が同一状態を占拠できる）を起こす。その結果、波としてのクーパー対の位相が完全に揃った状態が実現する。クーパー対の位相が完全に揃うということは、不確定性原理よりその数が不定になることを意味している。す

なわち、電子の数が保存されない事態が生じたことになる。これは、ネーターの定理より、対称性が破れた状態に対応している。そこで、ゲージ対称性が破れるような位相変換を施すのだが、この過程で、質量が 0 の Nambu-Goldstone Boson (NG-boson) の導入が不可欠となる。この状況を言葉で言うと、対称性が破れてある種の方向性が出ると、その揺らぎとしての弱い波が随伴するということだ。この波が NG-boson (波長：無限大 → 質量：0) に対応する。ところが、超伝導や弱い相互作用 (ベーター崩壊) では、NG-boson は現れない。

　対称性を自発的に破り、表向きには NG-boson が現れないような数学的な処方を考え出したのがアンダーソン (Philip Anderson: 1923-) であった。超伝導では、格子振動を介して電子対が形成されるが基本的には電磁相互作用である。NG-boson がゲージ場（電磁場）に吸収され、代わりに量子化された電磁場（光子）が質量をもつような数学的なからくりが考案された。このアイディアを拡張し、強い相互作用に適用しようとしたのがヒッグス (Peter Higgs: 1929-) である (他に F. Englert など)。Higgs 場 (ϕ_1, ϕ_2) を導入することでゲージ対称性を破り、NG-boson が新しく導入されたゲージ場に吸収されて姿を隠し、代わりにそのゲージ粒子が質量を獲得する数学的手立てを考え出した。ϕ_1 が Higgs 粒子で、ϕ_2 が NG-boson に対応する。この手法を Anderson-Higgs 機構と呼ぶ。しかし、これを強い相互作用に適用しても、ことはうまく運ばなかった。これを弱い相互作用に適用し、電磁場と弱い相互作用を統一的に記述するのに成功したのがワインバーグ (Steven Weinberg: 1933-) である。クォーク、電子、ニュートリノの物質場とゲージ場の電磁場、新たなゲージ場としてベクトル・ボソンが導入された。ゲージ対称性が破れた状態 (Higgs 場の導入) では、NG-boson のスカラー場[注 10-2] (ϕ_2; 質量なし) は、弱い相互作用のゲージ場であるベクトル・ボソンに吸収され、Lagrangian には姿を現さない。これによって、ゲージ粒子 ($W^{\pm}$、Z^0) は質量を獲得する。クォークと電子は、ゲージ場との相互作用を通して質量を得る。このとき、もう一つの質量をもつスカラー場 ϕ_1 の粒子が Higgs 粒子であり、観測の対象となりうる。Higgs 粒子は、2012 年、CERN (ヨーロッパ合同原子核研究所) の LHC (Large Hadron Collider) において実験的に検証された (図 10-3 参照)。観測は、H → $\gamma\gamma$ (2 光子)、H → $Z \cdot Z^*$ と H → $W \cdot W^*$ の 3 つの反応チャンネルに関してなされた。要するに、Anderson-Higgs 機構とは、NG-boson がゲージ場に吸収され、ゲージ場・粒子が質量をもつ数学的からくりである。超伝導の場合、NG-boson は、縦波の質量をもった光子に変身する。対称性を破るのは、2 次の相転移 ($T < T_C$：転移温度) である。それでは、超伝導において、Higgs 粒子に対応するのは何であろうか？

最近のレーザーを使った実験によれば、クーパー対の密度の振動（縦波）が、それにあたるとの指摘がなされている。

自然界の階層構造

　自然界の 4 つの基本的力の（1）重力が主役となるのは、天体のような大きな質量をもった物体間においてである。天体の運動を議論する場合、重力以外の作用は無視して差し支えない。そのスケールは 138 億光年に及ぶ。目を我々の身のまわりの物質・物体に移せば、それらは形・色・硬さなど様々な性質をもち、それらは我々の五感で体感できる。20 世紀に入ると、物質はすべて、大きさ 10^{-10} m レベルの原子から構成されることが明らかとなった。原子同士を結合させるのは電磁気的な力（到達距離は 10^{-8} m のオーダー）である。原子は更に、大きさ 10^{-15} m 程度の正電荷をもつ重い原子核と、その周りをまわる負電荷の軽い電子から構成される。その原子核は正電荷の陽子と電荷中性の中性子という核子よりなる。陽子・中性子は、異なる 3 ケの Quark より成り、その広がりは 10^{-15} m 程度ということになる。自然界の 4 つの基本的な力のうち、(3) 弱い相互作用と(4) 強い相互作用は、素粒子間に働く力である。前者は Lepton（電子、ニュートリノなど）と Quark 間ないし Lepton 間の相互作用であり到達距離は 10^{-18} m、後者は Quark 間の相互作用で、到達距離は 10^{-15} m のオーダーである。このように、物理的観点からは、自然は階層構造をなしているように見える。科学、特に物理の世界では、最下層の要素から上層の構造・ダイナミクスを説明できるという信念があり、これを還元主義と呼ぶ。物理学者は押しなべてこの還元主義を信奉している。

　この還元主義に対する異議は、主に生命科学の研究者から出されている。また一部の物性物理学関係者[3]による、部分の法則から集団の法則は導き出せないという主張もある。確かに身近な例で、下の階層構造より上の階層構造を説明できないものは多数ある。例えば、斜面を転がり落ちるボール球の運動を、原子のレベルに立ち返って説明することなどできない相談だ。ボールを構成する 10^{30} ケ程度の原子の振る舞いを記述するのは不可能でありかつ無意味である。多くの場合、ミクロの物語からマクロな物語は得られないのだ。個別の要素の振る舞いからは予測できないような現象の発現を"創発（Emergence）"と称し、複雑系においてよく使用される。第 9 章・複雑系と脳の働きで述べた様に、脳のあらゆる部位の働きを、電気化学をベースに分子レベルで解明しようという研究が精力的になされている。これによって、さらに多くの未知の情報が得られることは間違いない。しかし、この要素論的・還元主義によって、脳

の働きが解明されるわけではない。脳の複雑なニューラル・ネット・ワークの機能は、原子・分子のレベルに還元できないからである。その機能は、従来の物理的観点とは異なる立場から理解するのが適切であろう。ただ、超大型コンピューターを使った複雑系へのアプローチによって、どの程度の理解に達するかは不明である。ヒトの意識を生成するパターン形成過程は無数（天文学的な数字）に存在するであろうし、一方ヒトの意識は唯一性に支えられているからだ。

自然は数学の言葉で記述できる？

　自然は数学の言葉で書かれていると言ったのは、今から400年前のガリレオである。まさにその言葉のとおり、現代科学特に物理学は、数学を武器として目覚ましい発展を遂げてきた。今日、その最先端では、宇宙創生より 10^{-44} 秒後の世界を議論している。そのような出来たての宇宙は、スケールとして 10^{-35} m 程度（Planck Scale）と途方もなく小さいのに対して、エネルギーは膨大である。実際、不確定性原理は小さなものほど大きなエネルギーを貯めこむことを示している。そのような状態では、先に述べた4つの力は同じレベルで機能すると考えられる。こうして、一見奇妙に思えるかも知れないが、宇宙論の研究者のほとんどは、素粒子論の研究者で占められているのだ。今までのところ、電磁場と弱い相互作用に関してはゲージ場理論による統一的記述が成功している。これに強い相互作用も併せて記述する大統一理論（Grand Unified Theory）の構築を目指しているが道半ばである。重力場の量子論的記述も長い間研究されてきたが、まだ完成には至っていない。最近、その有力な手立てとして、素粒子を点ではなく、弦（紐）とみなし、素粒子にその超対称性としてのパートナーを設定する超弦理論が有力視されている。これによって、4つの力の場も統一できるのではないかと期待されているようだ。ただし、超弦理論では、世界は実際の4次元（時空）に6次元を加えた10次元が必要とされる。常識を説得するために、この6つの余剰次元のコンパクト化という概念が打ち出されている。例えば、ドーナツを考え、ドーナツの直径が1 m、ドーナツの食べる部分の断面（円）の直径が1 mmであったとしよう。これを離れてみれば、ドーナツ（3次元）は円形（2次元）に見えるという理屈である。

　このように、現代物理学、特に宇宙論・素粒子論の分野では、極めて難解な数学が登場する。そこでは、世界・自然は数学によって記述できるという強い一種の信仰にも似た確信が支配している。素粒子の分野では、実験の方が理論に追いつけない状況が生まれており、将来さらに理論は実験から乖離してゆく

のではないだろうか。宇宙観測においては、ハッブル望遠鏡など、大気圏外での観測や、可視光以外に電波、赤外線、X-線、ガンマ線による膨大な観測データが得られるようになった。可視光の望遠鏡も、解像度が上がりさらに進化している。にもかかわらず、科学の基本条件である再現・検証可能性を担保することが難しくなってきている。CERN の LHC での実験には、2 グループ（ATLAS、CMS）が参加した。実験はそこでのみ可能であって、他所では不可能である。それには、経済的制約があり、人間の時間的・空間的制約もある。CERN における Higgs 粒子の発見は、既設の装置（LEP）を改変した LHC において行われたにもかかわらず、要した建設費用は 5,000 億円以上に上る。空間的・時間的制約は、宇宙の途方もなく大きなスケール（天の川銀河系の直径は約 10 万光年：端から端まで行くのに光速で走っても 10 万年かかる）によるものである。ブラック・ホールの最有力候補の白鳥座 X1 には、光速のロケットで行っても 6000 年を要す。

　ところで、なぜ科学は数学を必要とするのだろうか（初等数学で十分な分野もあるが）。科学が要請するのは、再現・検証可能性である。その意味で、科学は実証主義に基づいている。この要請を明確に満たすには、対象となる現象を数量化することが必要だ。例えば、素粒子の属性は電荷と質量、それにスピンという内部自由度である。どのような属性を基本とするかは、モデルに委ねられる。観測結果を再現できるのであれば、いかなる数学を使っても構わない。ゲージ理論においては、素粒子の質量はゲージ場との相互作用によって与えられる。ただし、物理と数学の相性は常によいとは限らない。例えば、点は数学的には定義できるが、物理的には実在しない。ところが、連続的な場および時空はこの点によって埋め尽くされている。素粒子も、時空に点（体積 → 0）として局在する。そのため、1/0 という発散量が現れ、それを打ち消す処方を見出すのに難儀することになる。物理屋は、数学には結構楽観的で、連続的な量から離散的な量への乗り換え（その逆も）や、無限小回転を有限回行えば有限の回転になるなど、さして神経質になることはないようだ。後で、数学者が道筋をつけてくれることもある。少し気にはなるが、うまく現象を説明できればそれでOKということだ。当然のことながら、対象を特徴づけるものの数が増えれば、数学的に取り扱うことはより困難になる。力学的な 2 体問題は、解析的に解けるが、3 体以上は、計算機によって近似的に解くしかないことを想起して欲しい。属性を特徴づける数を減らすということは、そこから漏れたものには目をつむるということでもある。電子を特徴づけるのは、電荷、質量とスピンだけだが、人間を特徴づけるのは非常に難しい。性別の自由度 2、体重、

身長、年齢などは数量化できるが、それだけで人間を特徴づけることは出来ない。芸術、哲学、宗教が存在する理由もそこにある。科学は、対象化できるもの（単純化できるもの）だけを対象としていると言ってよいであろう。

　人間も含め周りのものはすべて原子からできていることはまず間違いないだろう。今日、原子とおぼしき像は、球面収差補正[注5-14]した電子顕微鏡や、トンネル顕微鏡などで可視化できる。ところで、デカルトは、精神と物質に線引きし2元論の立場をとった。心あるいは魂という物質を超越した何者かがあるのであろうか？このような問題には、信じるという行為が関わってくる。物理学者が世界は数学で記述できると信じるのも一つの信仰である（ヒトが生きる上であるものを信じることは大切な行為である）。これまで、多くの現象で数学的記述がうまくいったとしても、今後もすべてがそうなるとは限らない。基本的には、心あるいは意識の形態も、原子・分子の多様な状態とダイナミクスが対応しているかも知れない。ただそれを、数学を使った物理的枠組みによって記述することは不可能だ。その理由の一つは、物理学の要素論的・分析的方法論の不完全性である。生命系では、協同現象の寄与、例えば3体問題での相関項のような因子が大きく効いている可能性がある。また、因果律とは無縁のフィード・バック機構も絡でいるし、結構 Fuzzy な一面もあるからだ。

自然法則を記述する言葉－微分方程式：ドミノ・ゲーム

　先に述べたように、導関数を含む等式を微分方程式（Differential Equation）と称している。自然法則を、特に物理学において、なぜ微分方程式で表すのか？その理由は、微分方程式は因果律に基づく記述方式になっているためである。いわゆるドミノ・ゲーム的に、相互作用は伝搬し、力学でいえば、軌道が定まってゆく。中間を抜いて飛び越えることはない。作用が瞬時に伝わる遠隔作用ではなく、近接作用に基づく記述である。作用が伝搬する最高速度は光速ということになる。このため、作用が及ぶ範囲は限定される。我々に見える宇宙は、すべてではなくその一部に過ぎない。

　それでは、自由落下を例に、物体の軌道がドミノ・ゲーム的に決まってゆく過程をみてみよう。初期条件を与えれば、ニュートンの運動方程式によって、軌道は決定される。今、質量 m の物体が、初期位置 $z(0) = 0$、初期速度 $v(0) = 0$ で鉛直下向き（z-軸方向）に、重力 $F = mg$ を受けて自然落下する場合を考える。十分小さな時間間隔を Δt とすると、$1 \times \Delta t$ 秒後の位置と速度は、$z(1) = z(0) + v(0)\Delta t = z(0)$、$v(1) = v(0) + \Delta v(0) = \Delta v(0) = g\Delta t$ と表される。ここで、ニュートンの運動方程式 $\Delta v/\Delta t = F/m = g$ を使用した。時刻 $t = 2 \times \Delta t$ での位置と速

度は、Δt 秒前の位置と速度によって決まる。$z(2) = z(1) + v(1)\Delta t = z(0) + g(\Delta t)^2$、$v(2) = v(1) + \Delta v(1) = g\Delta t + g\Delta t = 2g\Delta t$、さらに時刻 $t = 3\times\Delta t$ での位置と速度は、$z(3) = z(2) + v(2)\Delta t = g(\Delta t)^2 + 2g(\Delta t)^2$、$v(3) = v(2) + \Delta v(2) = 2g\Delta t + g\Delta t = 3g\Delta t$ と表される。かくして、時刻 $t = n\times\Delta t$ での位置と速度は、その Δt 秒前の位置と速度によって次のように決まる。
$z(n) = z(n-1) + v(n-1)\Delta t = g(\Delta t)^2\{1 + 2 + 3 + ... + (n-1)\} = n(n-1)g(\Delta t)^2/2 \simeq g t^2/2$、
$v(n) = v(n-1) + \Delta v(n-1) = g n\Delta t = g t$

t 秒後の位置は、正確には $z(t) = g t^2/2$ である。n 値が小さいところでは、位置の近似は良くないように見えるが、Δt を十分小さくすれば問題は生じない。この例では、F が一定になっているが、一般的には $x(t)$、$y(t)$、$z(t)$ の関数である。この場合は、すでに確定している Δt 秒前の (x, y, z) の値を入れてやればよい。以上は、時間発展の例だが、空間座標の微分方程式では、境界値から出発し、隣が決まりさらにその隣が決まるという手順もドミノ・ゲームそのものである。微分方程式が成立するには、もちろん時間・空間の連続性が前提となっている。

テレパシーは起こる？

　現代物理学は、場の存在を前提としている。ニュートンは、万有引力は瞬時に伝わると考えたが、一般相対性理論によれば、伝搬速度は光速になる。真空の歪の伝搬という意味では、電磁波と同じだ。それでは、中間抜きで作用が伝わる現象は無いと言ってよいのであろうか？物理的時間と我々の感覚的な時間は異なるものである。この点を了解しないと、話がかみ合わなくなる。時間の問題に最も関心を示したのはベルグソン（Henri Bergson: 1859 -1941）であろう。ベルグソンは、アインシュタインの相対性理論の論文を読み、「持続と同時性」（1922 年）の著作を表した[4]。ベルグソンにとって、物理的な時間は、分割できないものを空間的認識であえて分節化したものと思われた。彼にとって時間とは、分割できない意識の持続である。存在とはまさに持続であり時間的なものであって、空間的なものではない。ベルグソンは、その著作の中で、相対性理論の時間は実在する時間ではないと断じている[註 10-3]。一方、アインシュタインは、ベルグソンも同席したフランス哲学会（1922 年）において、"哲学者の時間というものは存在しない。ただ、物理学者の時間とは異なる心理学的な時間が存するだけである"と述べている。ここで、"哲学者の時間"とは、先に講演したベルグソンの"心理的であるとともに物理的な時間"を指している。ひとには、その人の固有の時間が存在し、無機的・機械的に時を刻む時計

の時間とは、質的に異なるものであることは、多くの人が感ずるところであろう。

　ベルグソンは、テレパシー（Telepathy：人の心のありようが直接他の人に伝わる現象）は実際に起こりうるものと信じていた。存在を時間としてとらえる立場からいえば、至極当然なことなのであろう。小林秀雄の「人生について」に興味深い記述がある[5]。あるフランス夫人の話、"この前の戦争の時、夫が遠い戦場で戦死しました。その時、パリにいた私は、丁度その時刻に夫が塹壕で斃れた所を夢に見たのです。それを取り巻いている数人の兵士の顔まで見たのです。後でよく調べてみると、丁度その時刻に、夫は私が見たとおりの恰好で、周りを数人の同僚の兵士に取り囲まれて死んでいたのです。"を聞いたベルグソンは、"夢に見たとは、確かに念力という未だはっきりとは知られない力によって、直接見たに違いない。そう仮定してみる方が、よほど自然だし、理に適っている"と言ったとのことである。みなさんは、これをどう思われるであろうか？科学の対象は、再現可能・検証可能な現象である。一方、我々の経験は、決して再現されることはないし、対象化されることもない。演劇で演じられ、小説で語られるのは、所詮虚構のお話に過ぎない。ところで、哲学者のハイデッガーも「存在と時間」（1927年）を著し、存在の時間性を主張しているが、物理的時間に関する記述はない。実存としての時間と、物理的時間とは余りにもかけ離れたものであったからであろう。

　先に述べたように、要素に分割する科学的アプローチは、特に生物系の研究者には余り馴染めないようだ。この点に関しては、"自然界の階層構造"において詳しく述べた。機械は部分を組立て動かすことはできるが、生命体はそうはいかない。全体を分割することなくそのままにすべてを把握することは、科学の夢だが不可能な業である。にもかかわらず、対象を要素に分割し、その特徴を捉えて再構成することで、全体をより正確に理解しようとする想像を絶する努力が今日まで積み重ねられてきた。それが決して無駄な努力ではなかったことは、今日の科学技術の成果を見れば明らかであろう。

非線形性とカオス

　科学は万能と思っている一般の人は多いかも知れないが、これは幻想である。自然科学、特に物理学は、一般に非周期的なもの、柔らかいもの（塑性体、流体、生物など）がとりわけ苦手である。要するに、制御可能な実験室で行い得る現象に対しては強いが、日常に見られる複雑な因子が絡んだ現象に関しては、お手上げの場合が多い。最近話題となった、大型加速器を使ったヒッグス粒子

の検証や、スーパー・カミオカンデにおけるニュートリノ振動（3種類のニュートリノが変化する）の発見などが、物理の最も得意とするところだ。一方、身近なところで、煙突の煙の動き、舞い落ちる木の葉の軌道、渓流を流れる笹舟の動き、地震の予知、大気の流れなどに対して物理は無力である。例えば、舞い落ちる木の葉の場合、その時の風の具合、空気の抵抗、葉の形状と回転が生む空気の乱れなど、複雑な要素が絡む。落ち葉の軌道を再現することは不可能だ。

　ハイテクの現代においても、天気の予報は難しい。日露戦争に出兵した兵士の間で、弾に当たらないよう"そっこうじょ（測候所）"を3度唱えることが流行ったらしい。今日、気象衛星からの膨大なデータを、流体に対する基本方程式であるナビエ・ストークスの式[註10-4]に入力し、雲の動きを追うことができる。と言っても、ことは簡単ではない。流れが早くなると乱流が発生し、生成する渦の挙動を正確に予測できないからだ。そして、局所的な小さな擾乱が大きな変化を生む。E.N. Lorenzは、ナビエ・ストークスの式を簡単化し、場所に依存した温度勾配のある流体の対流運動を解析する方程式を導き、計算機による数値計算を行った。するとこの時、入力データがほんの僅か（1次の微小量[註4-2]）変化すると、有限時間後の流体の動きは全く異なる挙動を示すことに気づいた[6]。対流の強さに比例する量を$x(t)$、対流で上下する2つの流れの温度差に比例する量を$y(t)$、上下方向の温度分布の差が空間的な線形関数からのズレを示す量を$z(t)$として描いた時間発展の軌道を図10-5に示す。左右の図は、初期値をわずかに変えたときの軌道変化を表している。図中CとC'は不動点で、軌道は1つの不動点に引き寄せられその周りを不規則に回るが、不意に飛び出しもう一つの不動点に引き寄せられ同様の挙動を示す。図は不安定解を示すが、安定解の場合は、軌道は不動点に巻きつき、その点に落ち込んで行く。それゆえ、描かれた軌道をアトラクター（Attractor）と呼ぶ。解が安定か不安定かは、微分方程式の係数値に依存する。このような非線形な決定論的（古典力学的）力学系から発生する、初期値に極めて鋭敏な非周期的・不規則運動がカオスである。もし、2つの初期値が実験の精度より十分小さくても、結果は全く異なるカオスが出現するのであれば、ラプラスのいう決定論には、制限が課されることになる。落ち葉の軌跡は、葉の微妙な形状や風の強さ・方向とその微小変化によって敏感に変わり、数値的に再現すること（よい近似で）は不可能である。

　ここで、非線形について説明しておこう。先ず、線形性とは、例えば、バネを伸ばしたとき、復元力は伸ばした長さに比例するような関係を言う。現実に

は、ある長さ以上に伸ばせば弾性限界を越え復元力（線形性）を失う。より広い意味での非線形性とは、例えば、点電荷 $(q_1, q_2, ..., q_n)$ が位置 $(r_1, r_2, ..., r_n)$ に分布していたとすると、各点電荷の作る電場をすべて加え合わせれば、n ケの点電荷の作る電場が求まる。このとき、電場は線形であるという。この場合、点電荷の位置は固定されているが、点電荷の作る電場によって、点電荷は力を受ける。今、ある瞬間に上記の場所に電荷を配置したとし、電場が求まったとしても、点電荷はその電場によって動き出す。つまり、点電荷の分布は、電場の関数となる。こうなると、電場は、点電荷の作る電場の単純な足し合わせ（線形結合）とはならない。このような関係性を非線形と呼ぶのである。一般に、自然界の現象を数学でより厳密に記述するとき、多くの場合非線形となる。科学の対象とするカオスは、現象を記述する微分方程式が非線形[註 10-5]である場合に起こり得る（必要条件）。非線形性の寄与を大きくすれば、カオスを生み出す確率は大きくなるようだ。こうしてカオスは、力学系だけでなく、流体、化学反応、生態系の個体数のダイナミクス等、非線形微分方程式で模擬できる多くの自然現象に現れる。

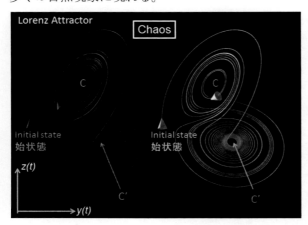

図 10-5. 初期値敏感なカオスの一例。僅かな初期値の違いによる軌道の変化を示す。座標 $y(t)$ は上下方向に動く 2 つの気流の温度差を表し、$z(t)$ は鉛直方向温度の直線性からのズレを表している。Wikimedia commons, Two Lorenz Orbits.

物理と数学の違い

　物理は科学であるが、数学は科学ではない。科学は、現実を説明できなければ、いかにうまくできた数学モデルであっても棄却される。一方、数学は内部

矛盾がなければ、正しいと認知される。ただし、数学は単なる論理学ではない。幾何学では、公理から出発して定理を導き、その定理を使って、さらに具体的な問題を解いてゆく。その過程には、ある種の創造・一般化が含まれている[7]。その一例が数学的帰納法だ[註 10-6]。そのような一般化がなければ、単に A＝A を示すのに、回り道して道草をくっているに過ぎないことになる。ところで、数学的帰納法には、操作を無限に繰り返しても、命題は真であるとする人間の理性が前提されている。科学における帰納法は、有限回の観測結果から、普遍的関係性を推論することだが、その正しさを guarantee するのは理性ではなく、実測である。

　次に、数学的には真だが、物理的には間違いである例をいくつか紹介しよう。数学的には、A＝B、B＝C が成り立てば、A＝C は真である。ところが、もし A＝100 g、B＝101 g、C＝102 g であった場合、測定器の精度で、1 g は区別できないが、2 g は区別できるとき、A＝C とはならない。2つ目の例は、琵琶湖に $V_0 = 1$ リットルの水を注ぐと、琵琶湖の水位はいくら上がるかという問題である。琵琶湖の面積は、$S = 670 \text{ km}^2$ ゆえ、$h = V_0/S = 1000 \times 10^{-6}/(670 \times 10^6) = 1.5 \times 10^{-12}$ m と答えた場合、数学の問題であれば正解である。これが理科（物理）の問題だったときは、× になる。水の上昇 $h = 1.5 \times 10^{-12}$ m は、原子の大きさ 10^{-10} m よりはるかに小さく、物理的に意味をなさない。水位に変化はないが正解である。それでは、どの程度の水位の上昇があれば、上式の結果は正解となるのか？それは、水位計の精度に関わる問題になる。ほとんど無風状態でも若干の波は立つので、水位も平均値として求めるしかない。ダムなどに使う水位計には、±1 mm の精度が要求されている。

　その他に、方程式の解ではあっても、原因が結果を生むという因果律を破る解は、物理的には棄却される。正負の解が出た時は、現実に即した解を選択しなければならない。ある現象を、数学を用いて記述する場合、物理学者にもある種の美意識は存在する。方程式は簡潔で、対称性のある記述が望ましく、複雑で長たらしいのは敬遠される。対象を記述するパラメータが増えると、その組み合わせの数が増え（自由度が増す）、現象をうまく記述する可能性は増すが、その一意性に対する信頼性は減る。ところで、科学は、子供の感受性を育むことができるであろうか？数学者の岡潔氏は、数学は情緒で解くものだと著書に記している[8]。数学者で教育者でもあった遠山啓氏の、"氷が溶けたら何になる？"の質問に、"春になる"と答えた小学生がいたという記事を読んだ記憶がある。春を待ちわびる北国の子供の豊かな感受性が感じられる答えだ。科学する心にも、想像力に加え感受性も働いてほしいと思う。科学が文化に通

じる道でもある。

　数学者であり物理学者でもあった H. Poincaré は次のように述べている[7]。"数学者は対象を研究しない、研究するのは対象間の関係である。数学者は質量（感覚世界）には無頓着であり、ただ形相のみが関心をひく"。例えば、変換・写像の場合、関係性のみが重要な意味を持つ。物理学者の場合はどうだろうか？多くの物理学者は質量のみに関心があるように見える。しかし、優れた物理学者は双方に強い関心をもっているはずだ。さて、我々の住む世界は3次元（幅 x・奥行 y と高さ z で場所を指定できる）空間であるが、数学では無限次元の互いに直交する軸をもつ空間を定義できる。これは我々の視覚空間とは異なる世界である。直観では、空間は一様かつ等方的であるように思える。視覚を満足させるユークリッドの第5公準（一般相対性理論を参照）を取り去り、より一般化された幾何学として体系化されたのが Riemann 幾何学だが、Riemann 自身これが現実の物理世界を記述する幾何学になり得るとは思いもしなかっただろう。相対性理論は、感覚世界を超えて、より普遍的・一般的な法則を志向することによって生まれた。理論が経験に先行する一例である。

科学と技術

　本来、科学と技術はその出自を異にする。わが国では、明治維新を契機に、科学と技術は近代化を進めるうえでの不可欠なものとして欧米から輸入された。その時点で、科学も技術も同等のものと認識されていたのである。1886年に東京帝国大学が発足し、1897年には京都帝国大学が設立されたが、いずれも法学部、医学部、文学部、理学部、工学部で構成された[9]。欧米の大学では、文学や自然科学は教養科目（Liberal Arts）として、哲学部に属していたことは先に述べたとおりである。ドイツで大学に理学部ができたのは1875年以降のことらしい。ヨーロッパにおいて、Technique としての技術は徒弟制度によって受け継がれてゆくもので、産業革命を引き起こした技術革新とは、本来無縁のものであった。それが産業革命を契機に、技術革新の重要性が認識され、技術者を養成する教育機関が作られるようになった。こうして、ドイツ・オーストリアでは19世紀初頭、アメリカでは19世紀末より、高等工業専門学校（Technische Hochschule）が作られるようになる。ドイツ・オーストリアなどでは、第2次大戦後、工科大学（Technische Universität）と名称を改めた。こうしてミュンヘン工科大学、ベルリン工科大学、ウィーン工科大学、チャルマース工科大学など多数の工科大学が誕生した。アメリカでは、マサチューセッツ工科大学（Massachusetts Institute of Technology: MIT）が最も古く（1865年）、その

後カリフォルニア工科大学（CALTEC: 1921 年）などが設立されている。イギリス・フランスでは工科大学は見当たらないが（エコール・ポリテクニークを除く）、第 2 次大戦後、大学に工学部が設けられている。知の探究としての自然科学（理学）と技術としての工学とは起源を全く異にしているのだ。

　日本と異なり、欧米では、工学は理学より低く見られてきたが、事情は医学部における外科と内科の関係によく似ている。近年は、科学（理学）と技術（工学）が互いにオーバーラップするようになり、両者は同等なものとみなされるようになってきた。むしろ、科学が技術に取り込まれてゆく感がある。科学と技術の決定的な違いは、技術的成果は必ず実用化と結びつかねばならないという点だ。いかに興味深い原理・手法の発見・発明といえども、コスト的に見合わねばボツとなり見捨てられるのが技術の世界である。科学では、知見を広めることで力を得るが、技術（工学）では、知見を隠匿することで力を得る（実利優先）。ここにも資本主義の原理が強く働いているのが分かる。

参考文献

[1] CMS Collaboration, *Observation of a new boson at a mass of 125 GeV with the CMS experiment at the LHC,* Phys. Lett. **B 716** (2012) 30-61.
[2] 内山龍雄 著「一般ゲージ場論序説」（岩波書店、1987 年）
[3] R.B. ラフリン 著「物理学の未来」（日経 BP 社、2006 年）
[4] H. ベルグソン 著「持続と同時性」（青土社、1965 年）
[5] 小林秀雄 著「人生について」（中公文庫、1978 年）
[6] E.N. Lorenz, *Deterministic Nonperiodic Flow,* J. Atmospheric Sciences, **20** (1963) 130-141.
[7] H. ポワンカレ 著「科学と仮説」（岩波文庫、1959 年）
[8] 岡潔 著「春宵十話」（毎日新聞社、1963 年）
[9] 村上陽一郎 著「科学者とは何か」（新潮社、1994 年）

第 11 章　科学・技術のもたらしたもの

　科学は、ラテン語の"Scientia（知識）"を語源とするが、その基本は知を愛する Philo-sophia にある。本来は個人的であった科学が、社会的に役立つものとして、国家・社会との結びつきを強めてきたのが産業革命以降であった（18世紀末より）。このような状況下、19世紀中葉に科学者が登場したのである。ヨーロッパにおいて近代科学が生まれた当初は、科学と技術はベースを異にしていたが、その後次第に両者の結合が強まり、最近ではその区別は判然としない。確かに基礎科学という領域は残されているが、先細りの感は否めない。近年、科学の大規模化が進み、軍や政府、産業界への過度の依存に陥りやすい事態も生じている。ノーベル物理学賞（実験）をゲットするには、大型予算の獲得は不可欠だ。ニュートリノ振動を発見した Super-Kamiokande の予算は 100 億円に上り、参加者 100 名を超える規模である（2015年度ノーベル物理学賞）。ノーベル賞の受賞が確実視されている重力波を検出した LIGO は、500 億円の予算によって建設された。参加者は 1000 人を超える。

　科学者が部品の調達に、給料や奨学金の一部を充てるなどしていた状況は、第2次世界大戦を機に一変した。科学のインフレーションが起こったのである。その起爆剤となったのが、国家プロジェクトとして推し進めた原爆開発のマンハッタン計画であった。これには、アメリカ・イギリスの著名な物理学者のほとんどが参加し、これにドイツなどから亡命した科学者も加わった。まさに世界規模の一大プロジェクトである。大戦後は、核兵器の開発競争はさらにエスカレートしていった。核武装以外にも、公害・薬害の被害実態が明らかになり、社会的関心を集めるようになったのも 20 世紀後半のことである。今日我々は、地球温暖化や遺伝子操作による生命倫理の問題にも直面している。

　科学・技術は多くの利便性を生み出し、先進国ではヒトの寿命も大幅に伸びている。スマートフォンの機能の向上には驚くばかりだ。すべてがインターネットでつながり、いかなる情報もたちどころに得られる。その一方で、インターネットを介した犯罪も多発し、個人的および社会的な中傷・妨害活動も問題となっている。本章では、科学と社会はどのように関わり、どのような道を歩んできたのかを検証し考えてみたい。

空気と水からパンを作る

　グリム童話に「ヘンゼルとグレーテル」というお菓子の家の出て来る有名な話がある。14 世紀初頭の頃にできた民話が題材らしいが、飢饉で口減らしのため、子供を森の中に捨て去るという怖い話だ。ドイツは氷河で削られた地形

で土壌が痩せ、小麦栽培に適さず主にライ麦主体の農業が行われていた。16世紀に南アメリカからじゃが芋がもたらされ、深刻な飢饉からは解放された。それでも主食は長らくライ麦パン（小麦のパンに比べて色がついているので黒パンとも言う）で、小麦の白パンは高価な食べ物であった。小麦の栽培には、窒素を含む肥料の供給が不可欠である。19世紀以降は、チリ硝石（$NaNO_3$）が輸入され、窒素肥料として使用された。また、チリ硝石はTNT（Trinitrotoluene: $C_6H_2CH_3(NO_2)_3$）爆薬の原料ともなった。このため当時、資源の早急な枯渇が懸念されていたのである。このような折、フリッツ・ハーバー（Fritz Haber: 1868-1934）によって、水と空気を原料としたアンモニア合成法が発明された（1908年）。その後、カール・ボッシュ（Carl Bosch: 1874-1940）との共同研究によるハーバー・ボッシュ法の開発により、高効率のアンモニア合成法が実用化された（1908-1913年）[1]。この反応は、$N_2 + 3H_2 \rightarrow 2NH_3$ と表される。この反応を、500°C、200気圧の条件下、鉄触媒を使用することで、高い反応速度を実現できた。ところで、世界の人口は1900年の時点では、16億5千万人であったが、2014年には71億9千万人に達している。試算によれば、すべての人間が菜食で、耕されている土地すべてを耕作したとき、40億人の人口を養えるらしい[1]。すると残りの30億の人が飢えるという勘定になる。ところが、このアンモニア合成による窒素肥料の出現で、小麦などの生産量は約7倍に増加した。飢えを回避できたのは、まさに「水と空気（N_2）からパンが作られた」お蔭である。こうして、フリッツ・ハーバーは1918年に、カール・ボッシュは1931年にノーベル化学賞を受賞した。

　合成されたアンモニアは、窒素肥料になったが、同時にTNT火薬の製造にも使用された。このような折に、第1次世界大戦が起こる（1914-1918年）。イギリスは海上封鎖を行い、チリ硝石のドイツ流入を阻止したが、ドイツはTNT火薬の製造に何の支障もきたさなかった。第1次世界大戦の折、愛国心旺盛であったフリッツ・ハーバーは毒ガスの製造に情熱を傾けた。オットー・ハーン（原子核分裂の発見者）に、毒ガス製造は"ハーグ条約"に違反しているのではないかと言われたハーバーは、"毒ガスを使って戦争を早く終わらせれば、多くの人命を救うことにつながる"と答えたという。これは、"原爆を使えば戦争終結を早め、多くの人命を救える"としたアメリカの言い分と同じである。クリミア戦争時、イギリス政府に化学兵器の製造を要請されたマイケル・ファラディーは決然とそれを拒絶したのとは対照的である。残念ながら今日まで、科学者が戦争に加担することを拒否した例は極めて少ない。強い愛国心からか、開発内容への強い関心からか、積極的に兵器開発を行うこともあれば、周囲の状

況より断り切れない場合もあったであろう。そこでは、科学者のフィロソフィーが問われることになる。ドイツのため献身的に働いた筋金入りの愛国者であったハーバーだが、1933 年ヒトラーが政権をとったことでその運命が暗転する。ユダヤ人であったハーバーは、1933 年 10 月、22 年間務めたカイザー・ウィルヘルム研究所・所長を辞し、亡命の途に就いた。オックスフォードからスイスに逃れたが、心臓の弱っていた彼は、1934 年 1 月バーゼルで死去した。ハーバーは臨終に際して、墓碑銘に"彼は戦時中も平和時も、許される限り祖国に尽くした"と書くことを遺言したという。カイザー・ウィルヘルム研究所は、第 2 次大戦後、フリッツ・ハーバー研究所と改名し、ドイツ内外の優れた研究者を集め、化学研究の一大中心地として名を馳せている。

　さて冒頭、窒素肥料の有効性について述べたが、穀物・野菜に必要なのは、窒素以外にリン酸、カリウム、カルシウム、マグネシウムなどがある。特に、窒素、リン酸、カリウムを肥料の 3 要素とよんでいる。窒素は、タンパク質、核酸、アミノ酸に含まれる重要な元素で、植物の葉・茎の発育を促進する。リン酸は花や実の生育に必要不可欠である。リン酸は酸素呼吸に必須で、アデノシン三リン酸の形でエネルギーを抱え込む（第 9 章"生命の誕生"参照）。カリウムは浸透圧、pH（酸性度）、酵素作用の調整を担っているらしい。ところが最近、過剰な窒素肥料の施肥による地下水の汚染が問題となっている。リン酸イオンやカリウム・イオンは土壌粒子成分にトラップ・保持され問題は起こらない。一方、窒素肥料はアンモニウム・イオンとして植物に取り込まれるが、余剰な分は土壌中の硝化菌によって酸化され硝酸イオンに変化する。これが雨水に溶けて地下水へ混入し、地下水の汚染を引き起こしている。要するに、人工的な処置には必ず、ポジティブ（良）とネガティブ（悪）の両面があるという点である。これを常に念頭に置き、害を最小にする対策をとらねばならない。

　世界の人口は、2060 年ごろに 100 億人を突破すると予測されている。国連食糧農業機関の試算では、米国的生活で 23 億人、欧州的生活 41 億人、日本的生活 61 億人、生存ぎりぎりの生活で 150 億人が養えるという。現状の生活レベルを維持して、100 億人を養うには、現在の 1.5 倍の耕作地の開拓が必要らしい。そのためには、先ず水資源の確保が必要不可欠だ。ところが気候変動によって、湿潤地方で雨が増え、逆に乾燥地方でさらに乾燥が進むという傾向が現れている。この地球上で第 6 番目の大量絶滅が進行中であることは、先に述べたとおりである。気候変動も、大量の化石燃料を消費することで、自然循環のバランスを崩しているのが一因となっている可能性がある。人口問題は避けて通れない深刻な問題だ。人口増加率を徐々に下げて行く努力を、各国が協調

して進めるべきであろう。

原爆と原子力発電

　科学は20世紀中葉、原爆の製造によって様変わりしてしまった。それまでの科学者各人の個人的な研究活動が、国家の支援を得た巨大プロジェクトとなったのである。原爆開発に投入された科学者の数と資金は空前の規模であった。使われた費用は 22 億ドル、今日に換算すると 250 億ドルに上る。その結果は、原爆の威力をまざまざと見せつけることで、科学の力と威信に巨大なインフレーションを引き起こしたのである。第3次科学革命ともみなされよう。原爆開発前のアメリカ合衆国政府は、基礎科学への補助金の分配では、スポーツ界や画家や詩人の団体に対するのと同程度の関心しか示さなかった[2]。当時、多くの科学者が部品を手に入れるため、倉庫のガラクタをかき集めたり、ポケット・マネーを吐き出さざるを得なかったという。それが、第2次世界大戦後は一変してしまった。科学技術予算は、国の命運を握るものとして膨大な額に上り、今日に至っている。

(i) ことの起こり－核分裂の発見

　事の起こりは、1938年末の核分裂の発見に遡る。その主役の一人がリーゼ・マイトナー（Lise Meitner: 1878-1968）という女性物理学者である。ところで当時、ヨーロッパでは、多くの国で大学は女性に対して門戸を閉ざしていた。マイトナーが生まれたオーストリアでは、1897 年に初めて女性の大学入学が許可された。ちなみに、イギリスでは1841年（ロンドン大学）、ドイツ・プロイセンでは 1908 年、日本における女子大生は 1913 年の東北大学入学が最初である。マイトナーはウィーン大学に入学し（1901年）、ボルツマンの講義に魅了されたという。1907年学位を取得し、職を求めてベルリンに赴く。当地で、オットー・ハーン（Otto Hahn: 1879-1968）との出会いがあり、実験物理学研究所で共同研究を行うようになった。二人は年齢も同じで、マイトナーは物理学者、ハーンは化学者という相補的な関係であり、性格的にもよく馬があったようである。1912年ベルリンのカイザー・ウィルヘルム研究所に移り、共同研究は 1920 年まで続いた。1917 年、二人は原子番号 91 のプロトアクチニウムを発見している。功績が認められ、マイトナーは 1922 年ベルリン大学の教授となった。ところが 1933 年、ナチスが政権をとり、ユダヤ人であったマイトナーの前途に暗雲が立ち込める。国籍はオーストリアであったため、ナチスによる国家併合まで（1938年）ベルリンにとどまることができた。この間、エンリコ・フェルミ（Enrico Fermi: 1901-1954）の"ウラン（原子番号：92、同位体は

質量数 238 と 235) への中性子照射でさらに重い原子核が作れる"という論文（1934 年）に興味を持ち、ハーンと再度共同研究を始めた。しかし研究の途中、1938 年 3 月オーストリアがついにドイツに併合され、マイトナーはスウェーデンへの亡命を余儀なくされた (1938 年 7 月)。マイトナーは 1938 年末、ハーンから"ウランに中性子を照射しても重い原子核は得られず、逆に軽い Ba 原子（原子番号：56）が生成されたので、何が起こったか意見を聞きたい"という手紙を受け取った。亡命後も二人の間では親密な手紙のやり取りが続いていたのである。これを見たマイトナーは、ウランの核分裂を確信し、ちょうどクリスマス休暇でスウェーデンの自宅に帰省していた甥の O. フリッシュ (Otto Frisch: 1904-1979) と連名の核分裂の論文を発表した (1939 年 2 月) [3]。ハーンとシュトラスマンの論文は、Die Naturwissenschaften に 1939 年 1 月に掲載されている[4]。マイトナーは 1946 年 12 月ノーベル賞受賞式にストックホルムに来たハーンと再会した。戦後ドイツの復興を訴えるハーンと消極的にせよナチスに協力した科学者の責任を問うマイトナーとは意見が合わなかったようだ。それでも終生、お互いの誕生日には、メッセージを交換していたらしい。ハーンはマイトナーを何度もノーベル賞候補に推挙していたらしいが結局マイトナーの受賞はなかった。1959 年ベルリンに Hahn-Meitner Institute が設立され 2009 年まで運営されたが、放射光施設と統合され、Helmholtz-Zentrum Berlin と名称変更され現在に至っている。

　こうして 1939 年 1 月、ウランの核分裂は、世界中多くの研究者が知るところとなった。いち早くその報に接した N.ボーア (Niels Bohr: 1885-1962) は、遅い中性子照射で核分裂するのは、存在比僅かに 0.7 ％ の ^{235}U (^{238}U の存在比：99.3%) であることを指摘した[5]。その当時、アメリカのコロンビア大学にいたフェルミは直ちに中性子によるウラン (^{235}U) の核分裂と中性子の放出を確認している (1939 年 1 月末)。ハーンは核分裂破片の Ba を化学的に分離したが、特性 X-線を観測するという物理的方法で、生成元素は容易に検出できる。それに少し遅れて、同じコロンビア大学に滞在中だったユダヤ系ハンガリー人のレオ・シラード (Leo Szilard: 1898-1964) も、核分裂を実験的に確認し、核分裂連鎖反応[註11-1]（図 11-1 参照）の可能性を認めている。シラードは、1933 年イギリス滞在中に、核分裂連鎖反応による莫大な核エネルギー放出に関する特許を取得していた。第 2 次世界大戦の勃発を予見し、原爆製造への道が開かれることに危機感を抱いた彼は、フェルミと同様の測定を行っていたフランスのジョリオ・キュリー (Joliot-Curie: 1900-1958) に、結果を論文として公表しないように説得した。フェルミは最初公表を差し控えたが、キュリーの論文は

1939年4月に雑誌 Nature に掲載された。しかし、現実に原爆を作ることは技術的・資金的に困難との見方が支配的であった。

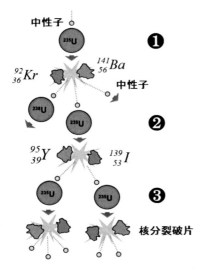

図 11-1. ^{235}U の核分裂連鎖反応。Wikimedia Commons: Fastfission より転載。

(ii) 原爆開発

1939年9月ナチス・ドイツはポーランドに侵攻し、ついに第2次世界大戦が勃発した。そのとき、ドイツからイギリスに亡命したフリッシュと R.パイエルス（Rudolf Peierls: 1907-1995）は、核分裂連鎖反応と原爆製造の可能性を試算した。その計算結果は、約 1 kg の ^{235}U があれば原爆となりうるというものだった（1940年2月）。このフリッシュ・パイエルス覚書は、1940年3月イギリス政府に上程され、4月にはそれを審議・検討する委員会が発足した。その後、委員会は MAUD 委員会と改名され、1941年7月ウラン原爆は製造可能という最終報告をまとめた。MAUD の名前は、ボーアからフリッシュ宛の電報の末尾に記されていた Maud Ray Kent から採ったらしい（フリッシュは暗号文字と思ったらしいが、ボーアの子供のイギリス人家庭教師の名前だった）。

MAUD 委員会の最終報告は10月アメリカに公式に伝えられ、原爆開発の研究へ向けて舵が切られた。そして、12月7日の真珠湾攻撃によって、アメリカはついに第2次世界大戦に参戦する。そして、1942年10月、ときのローズベルト大統領は、核兵器開発プロジェクトを承認し陸軍に移管した。これがマ

ンハッタン計画である（統括者はロバート・オッペンハイマー：理論物理学者）。これには、アメリカ人研究者だけでなく、イギリス、カナダの研究者に、ボーア、フェルミなどアメリカに亡命した研究者のほとんどが参加している。その例外として、オッペンハイマーに化学部門のトップとして参加を打診されたポーリングは、平和主義者を標ぼうし拒絶している。計画には、^{235}U だけでなく、^{239}Pu 爆弾も含まれた。^{238}U に中性子照射すると、^{238}U + n → ^{239}Np → ^{239}Pu + β 反応によって原子番号 94 のプルトニウムが生成することは、アメリカ・カリフォルニア大・バークレーの放射線研究所で発見されていたのである（1940 年 4 月）[6]。この間、特にナチスによる原爆開発に危機感を抱いたシラードは、アインシュタインに協力を仰ぎ、その署名入りの手紙をローズベルト大統領に渡すことに成功した（1939 年 10 月）。その書簡は、莫大な殺傷力をもつ原爆の製造が可能であること、ナチスが先に開発することへの危惧、この研究の必要性と資金的支援を訴える内容であった。これが奏功して、1940 年 4 月シラードとフェルミは研究資金を得て、コロンビア大学において、核分裂で放射される 2 次中性子を減速材（黒鉛など）で制御する原子炉の開発・建設に乗り出した（シラードとフェルミは原子炉の特許を既に取得していた）。マンハッタン計画がスタートし、原子炉でのプルトニウム製造がシカゴ大学で計画されると、フェルミとシラードはこちらに移り、原子炉建設を開始する。この世界初の原子炉は、1942 年 12 月臨界[註 11-2] に達している。その後、シラードは原爆製造後の核管理に関心が移り、様々な提言を行うようになる。

　1945 年 3 月、ドイツの敗戦が濃厚になり、ドイツに原爆開発計画などなかったことが判明した。依然戦争を継続する日本への原爆投下が現実味を帯びてきたことを受け、シラードは、アインシュタインの紹介状を得て国務長官バーンズと面会し、"もし原爆を日本に投下し、その存在が明らかになれば、ソ連も数年で核武装し、際限のない核開発競争が起こる"旨を伝えている（1945 年 5 月末）。このとき、すでにベルリンは陥落してドイツは無条件降伏しており（1945 年 5 月 2 日）、アメリカ政府と軍は、原爆の日本への投下を決定済みであった。アインシュタインは、シラードに頼まれ、2 度アメリカ大統領に書簡を送ったが（目を通し署名しただけと思われる）、マンハッタン計画には一切関係していない。

　先に述べたように、シカゴ大学・金属研究所では、原子炉によるプルトニウムの生成とその化学的性質などの基礎研究を行っていたが（実際の爆弾用プルトニウムの生産はデュポン社が行った）、一部の科学者の間で原爆投下を懸念する声が上がり始めた。シカゴ大でのマンハッタン計画の研究を束ねていたの

がA.コンプトン（Arthur Compton:1892-1962）で、陸軍に設けられた極秘の暫定委員会（原爆の管理と使用及び戦後の核政策を議論）の科学顧問団の一人であった。科学顧問団のメンバーには、オッペンハイマー、フェルミ、コンプトンにローレンス（Ernest Lawrence: 1901-1958）の4人が名前を連ねている（オッペンハイマー以外は既にノーベル物理学賞を受賞）。コンプトンは、研究所内で委員会を組織し、意見をまとめ報告書を作成すれば、科学顧問団で議論した後、暫定委員会に報告すると約束した。こうして、J．フランク（James Franck；ノーベル物理学賞、1925年）を委員長に7人委員会が結成され、報告書を作成している。報告書では、核兵器のアメリカによる独占は長くは続かず、日本への原爆の投下は核爆弾の開発競争を引き起こすと警告している。また、予告なしの原爆投下に反対し、事前に無人地域でのデモンストレーションを行うことが提案された。フランクは、6月11日付けのこの報告書を、暫定委員会・委員長のオフィスに直接届けたとされている。なお、7人委員会のメンバーは、フランクとシラード以外に、報告書の実質的起草者の E.ラビノウィッチ（Eugene Rabinowitch；化学・生物物理学者）、G．シーボーグ（Glenn Seaborg；超ウラン元素の発見でノーベル化学賞受賞、1951年）、D．ヒューズ（Donald Hughes；核物理学者）、J．ニクソン（James Nickson；放射線医学）、J．スターンズ（Joyce Stearns；金属物理学）である。しかし、日本への無警告原爆投下は、科学顧問団も承認し、1945年5月31日の暫定委員会で既に決定済みであった。その主な理由は、空の高い所で爆発させてもその威力は分からない、予め場所を指定すればそこにアメリカ人捕虜を連れて来るかも知れない、万一失敗した場合は逆に相手の戦意を高める恐れがある、22億ドル（今日に換算すると250億ドル）もの資金を投入した意味がなくなる、などであったという（当時の国務長官バーンズの回想）。

　最初の原爆実験は、ニューメキシコ・アラモゴード爆撃訓練場で1945年7月16日未明に行われた。起爆系の責任者 K．ベインブリッジ（Kenneth Bainbridge）の回想によれば、原爆実験は、東西29km 南北39kmの場所に設定され、その中心地点の高さ30mの鉄塔上に爆弾はセットされたという。爆心地から10000ヤード（91km）の南・北・西の3ケ所に観測点を設け、巨大な火球ときのこ雲を、オッペンハイマーと一緒に見たと証言している。爆風が頭上を通り抜けた後、オッペンハイマーや同僚と成功を喜びあい、最後に、彼は"Now we are all sons of bitches：俺たちはどいつもこいつもくそったれだ！"と言ったと回想録に述べている。核分裂させたのは^{239}Puで、放出エネルギーは、TNT（Trinitrotoluene）換算20 kiloton（$20 \times 4.184 \times 10^{12}$ J）であった（広島

原爆の約 1.2 倍）。マンハッタン計画が始まって僅か 2 年 9 ケ月という異例の速さで難事業が遂行されたことは驚嘆に値する。そして、実験に成功して僅か 20 日後には広島に、その 3 日後長崎に原爆が投下されたのである。広島に投下されたのは ^{235}U （リトル・ボーイ：15 kiloton）爆弾で、長崎に投下されたのは ^{239}Pu（ファットマン： 22 kiloton）である。広島では全人口の 2/5 に当たる 14 万人が、長崎市では人口の 1/3 に当たる 7 万 4 千人が死亡した。戦闘員ではない一般庶民を標的とした無差別殺戮である。

　原爆開発に関わった科学者たちの反応はどのようなものだったのか？フランク委員会のメンバー以外に、原爆投下に反対であった科学者は少なからずいたことは確かである。しかし多くは、戦争を早期に終わらせ犠牲者を増やさないための止むを得ぬ必要な措置であったということで、自分を納得させたのであろう。そして、アラモゴードでの実験成功後、軍拡競争の推進者になった科学者もいれば、核兵器廃絶を訴える科学者も現れた。最初は科学者に促されて始まった核開発が、国家・軍の支配する体制に組み込まれていったのは当然の成り行きである。そして、フランク・レポートが危惧したように、ソ連では 1949 年原爆の開発に成功し、1952 年には米・ソの熾烈な水爆開発競争が始まっている。これを危惧し、哲学者バートランド・ラッセル（英国）とアインシュタインは、核兵器の廃絶と原子力の平和利用を訴える宣言を行った（1955 年）。これを受けて、核兵器と戦争の廃絶を訴える科学者によるパグウォッシュ会議が開催されるようになった。しかし、科学者の自己満足に終わりがちなこの種の会議は、形骸化してゆくのが必然の成り行きでもある。マンハッタン計画を主導したオッペンハイマーは、1947 年 MIT での講演会で、"the physicists have known sin; and this is a knowledge which they cannot lose." と述べている。"科学は善でも悪でもない、使い方によって善にも悪にもなる"という意見はあるが、原爆を作っておいて、それを使う方が悪いというのは身勝手な主張であろう。科学知それ自体が罪であることがありうるのである。私がなぜ 40 年の長きにわたって科学それも物理をやってきたかといえば、謎解きのおもしろさであった。この点は、原爆開発を行った科学者も同じと思われる。しかし、知ることが罪にもつながり得ることを、科学者は肝に銘じておくべきであろう。我々に免罪符は与えらえていないのである

(iii) 原子力平和利用と原子力発電

　ヒロシマ・ナガサキへの原爆投下から 8 年後、アメリカ大統領・アイゼンハワーは国連での演説で、平和のための原子力[注11-3] として原子力発電の普及を打ち出した。これを契機として、1957 年国際原子力機関（IAEA）が設立されて

いる (本部：ウィーン)。またこれによって、日本への原子力技術の導入も可能となった (1954 年)。日本政府は原子力開発を強力に推進するため、1955 年総理府に原子力局を設け、翌年これを科学技術庁として発足させた。原子力の導入と国産の原子炉の開発が任務である。原子力発電の魅力は、(1) 石炭・石油以外のエネルギーに多様化できる、(2) 使用済み燃料 (^{238}U & ^{239}Pu) を純国産として使用できる、(3) 核燃料再処理によって抽出した ^{239}Pu は原爆として使用できるので、準核保有国となる、などであったと思われる。先に述べたように、ウランの同位体の存在比は、^{238}U が 99.3%、原子炉の燃料となる ^{235}U は僅かに 0.7% に過ぎない。これを軽水炉 (H_2O が中性子の減速剤となるが中性子吸収確率が大) で使用すれば、$^{238}U + n \rightarrow {}^{239}Np \rightarrow {}^{239}Pu + \beta$ 反応より ^{239}Pu が生産される。原子炉で使用する核燃料の ^{235}U の濃縮度は 2−5% 程度である (低濃縮度のため核分裂反応が暴走して爆発することはない)。政府は同時に、1956 年特殊法人・日本原子力研究所を発足させた。その後、高速増殖炉[註11-4]および転換炉[註11-5]の開発のため、特殊法人・動力炉・核燃料開発事業団を設けている (1967 年)。内閣府には、原子力委員会を組織し、2001 年まで科学技術庁長官が委員長を務めてきた。また、1973 年のオイルショック (原油価格の高騰) を受けて、通産省 (現・経済産業省) の外局として資源エネルギー庁を設立している (原子力発電の推進と安全のための規制業務)。このように、日本の原子力利用は政府主導で強力に推し進められてきたのである。

　この平和のための原子力のスローガンは、国中に幅広く浸透した。原爆被害者団体協議会も原子力の平和利用としての原発を支持している (2011 年の東京電力福島原発事故後方針を転換)。一世を風靡した手塚治虫の「鉄腕アトム」もそのエネルギー源は原子力であった。こうして、官民一体となって原子力発電の導入・開発が推し進められてきたのが日本の現状である。このような中、地震・津波災害の起こる確率の高い日本での原発建設に危惧を抱く科学者も少数ながら現れたが、原発の安全性に十分生かされることはなかった。

　原子炉の安全性を考えるうえで、先ず最も普及している軽水炉 (シェア：80% 以上) の構造を見てみよう。軽水炉では、冷却材と減速材に軽水 H_2O を使用するのでこの名前がついている。^{235}U に中性子を照射し、核分裂を起こさせる反応では、中性子の速度・エネルギーを小さくするほど反応確率 (断面積) は増大する (^{238}U の中性子吸収確率は十分小さい)。核分裂で生じる 2 次中性子のエネルギーは高いので、これを減速させないと反応効率が低下する (高速中性子に対して、^{238}U による吸収確率が ^{235}U の核分裂確率より大きくなるので、原爆では ^{235}U の 90% 以上の濃縮が必要になる)。H 原子は中性子の減速に効果

的であるが、中性子を吸収し重水素（D：原子核は陽子1ケ＋中性子1ケ）に転換する確率も高い。この点、重水（D_2O）炉は中性子の吸収確率がHの1/300と効率的であり、濃縮なしの安価な天然ウランが使えるという利点がある。軽水炉ほど普及しないのは重水が割高なためである。

原子炉には、沸騰水型（Boiling water reactor: BWR）と加圧水型（Pressured water reactor: PWR）の2種類があるが、軽水炉の3/4は加圧水型である（図11-2参照）。高温・高圧の水蒸気でタービンを回す点では火力発電と全く同じだ。沸騰水型では、核分裂反応で解放されたエネルギーで軽水を加熱・沸騰させ高温・高圧の蒸気を送ってタービンを回し発電する（図11-3参照）。タービンを回した後、蒸気は2次冷却水で冷やされて水に戻り、これを反応炉に送って循環させる仕組みになっている。タービンを回す蒸気は放射化しているので、タービン建屋も含めて放射線遮蔽する必要がある。反応室である圧力容器の耐圧は90気圧程度で、何らかのトラブルで圧力が上昇した場合は、自動的に逃し弁を使って減圧し、運転を自動停止するようになっている。冷却材再循環のポンプの出力を上げれば、原子炉の出力を上げることができる。炉の停止は、ホウ素（炭化ホウ素）やカドミウム（合金）などの中性子をよく吸収する材料である制御棒を挿入することで行う。一方、加圧水型では、炉で加熱された軽水（1次冷却材）を~300℃ ~80気圧で循環させ、蒸気発生器で2次冷却材の軽水を高温高圧の蒸気に換えてタービン室に送り発電する。2次冷却材は放射化していないので、タービン建屋の放射線遮蔽は不要になる。熱効率を上げるためには、熱機関（蒸気）の温度を上げればよいのだが、燃料被覆管のジルカロイ（ジルコニウム合金）[註11-6]が450℃以上の高温でクリープ変形を起こすため、300℃に抑えられている。熱効率を上げるため、火力発電では600℃の蒸気を発生させる。このため、熱-電気の変換効率は、火力発電が42％だが、原子力発電では33％にとどまる。トラブルで、圧力容器が高圧になった場合は安全弁を開け、高温になったときは、非常用炉心冷却装置が起動する仕組みになっている。圧力容器を閉じ込める格納容器の設定耐圧は5-6気圧程度である。この密閉された格納容器と非常用炉心冷却装置および使用済み燃料貯蔵プールは、原子炉建屋に収納されている。制御棒を挿入し、中性子を吸収除去すれば、核分裂は停止できるが、核分裂生成物などから放射線が出るので（崩壊熱）、燃料は依然高温であり、水中で冷却しなければならない。

(iv) 原発事故と原子炉の安全性

このように、原子炉には種々の安全対策が取られているが、それでも事故は発生する。1979年には、アメリカ・スリーマイル島の原発で事故が発生した。

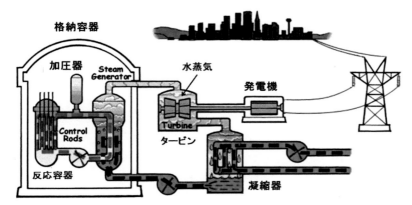

図 11-2. 加圧水型原子炉の模式図（http://www.nrc.gov/site-help/disclaimer.html）
https://commons.wikimedia.org/wiki/File:PressurizedWaterReactor.gif.

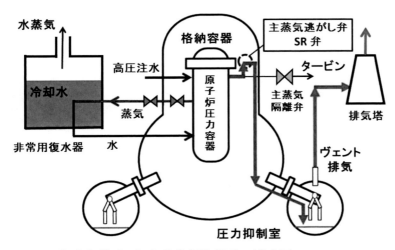

図 11-3. 沸騰水型原子炉と非常用冷却系の模式図。

些細なトラブルで、2次冷却水の供給が止まり、圧力容器の温度・圧力が上昇し安全弁が開いたままとなって、圧力容器内の大量の冷却材（水）が喪失した。このため自動的に制御棒が挿入され、原子炉は停止し、非常用冷却装置が働き炉は冷却され圧力は低下した。この時、水位計が気泡の発生で正しく動作せず、運転員が冷却水過剰と判断し、非常用冷却装置を手動で停止させた。これによ

って、開いたままの安全弁から大量の冷却材が失われ、燃料棒の 2/3 が蒸気中にむき出しになり、燃料棒のメルト・ダウン（炉心溶融）を引き起こした。2 時間半後、運転員が冷却材喪失を知り、給水回復措置をとったことで一応事故は終息している。このとき、燃料 20 トンが圧力容器の底に溜ったままで今日に至っている。この事故では、放射能汚染は格納容器内のみで、外部への漏洩は起こらなかった。

　最も深刻な事故は、1986 年ウクライナのチェルノブイリ原発で発生した。事故は、操業停止中の原子炉の非常用電源系統の実験中に起こったとされるが、詳細は明らかにされていない。原子炉は、黒鉛減速・軽水冷却の沸騰水型原子炉である。この実験中に、原子炉の制御が不能となり、炉心の溶融と爆発が起こった。爆発は減速材の黒鉛が高温で引火（酸化）して起こったもので、格納容器を破壊し、広島原爆の 400 倍の放射能が大気に放出されたとされている。当時のソヴィエト政府の発表では、運転員・消防士 33 名が死亡したとしているが、事故処理後に、癌・白血病で死亡した人数は不明である。事故から 1 週間後、現場から 30 km 以内の居住者の避難が始まり、全住民約 7 万人の避難が完了したのは、さらに 1 週間後のことであった。事故から 3 年後、30 km 圏の外に広大な汚染地域のあることが判明する。爆発当時の風力・風向などの影響によるものと思われる。結局、20 mSv/年以上の汚染地域は 3,100 km^2 に及んだ（半径 31 km の円に相当）。半径 48 km 以内が、7 mSv/年以上の汚染地域となっている。汚染地からの移住を余儀なくされたのは、ウクライナ 33.3 万人、ベラルーシ 13.5 万人、ロシア 5.2 万人、総計 42 万人に上っている（5 mSv/年以上の汚染地域）。これら 2 つの事故はいずれも、自然災害ではなく人災によるものである。

　日本においても、東京電力福島第 1 原発の大事故の前に、いくつかの原発事故が発生している。1974 年原子力船「むつ」の事故、1999 年茨城県東海村 JCO（住友金属鉱山の子会社）臨界事故、2007 年東電・柏崎刈羽原発事故などがそれである。原子力船「むつ」は、1968 年に着工、1974 年の初の原子力航行試験中、遮蔽リングの設計ミスで微量の放射能漏れを起こした。この事故のため、住民の反対によって母港青森県陸奥市の大湊港に帰港できず、漸く 4 年後に長崎県佐世保港で改修を受けた。1988 年陸奥市の関根浜港に帰港可能となり、その後 4 度の航海を無事済ませた後、1993 年原子炉が撤去され廃船となっている。JCO の事故は、ウラン燃料加工の工程で、ウラン溶液の貯蔵槽を簡略化し、作業員がこの中にウラン溶液をステンレス・バケツで運んで投入している時に発生した。ウラン濃度が上がり、貯蔵槽を囲った冷却水が、発生した中性

子の散逸を阻んだ結果、臨界に達し核分裂連鎖反応が起こったのである。これによって、3人の作業員が被曝し、2名が死亡している。他に、年間の許容線量を超える被曝者が112名に達した。東電・柏崎刈羽原発の事故は、2007年新潟県中越沖を震源とする震度6強の地震によるものである。運転中の原子炉（沸騰水型）はすべて緊急停止したが、3号機建屋横の変圧器から出火したことや、中央制御室の多くの警報が鳴り続け、かなりのパニック状態になった。緊急停止から21時間後、全原子炉の冷却が完了している。このとき、操作手順のミスで、タービン軸の封止部から微量の漏えいがあった。また、建屋に微小のヒビが入り、使用済み燃料プールからの汚染水が微量ながら漏洩している。

(v) 東京電力福島第1原発事故

それでは、東日本大震災で発生した東京電力福島第1原発の事故とはどのようなものであったのか検証してみよう[7-10]。もちろん、このような事故の厳密な検証は不可能であるが、一応4つの異なる立場からの事故調査報告書を参考とし（独立検証委員会、国会事故調、原子力学会、NHK取材班）、事故の実態を把握することを試みる。ここでは、特に重要と思える点に焦点を当てることとした。それは、(1)電源喪失と冷却機能の停止はどうして起こったのか、(2)その対応はどうだったのか、(3)水素爆発はなぜ起こったのか、(4)事故による放射能漏れの実態の4点である。

東電・福島第1原子力発電所は、6基の沸騰水型原子炉からなっている。原子炉・圧力容器とそれを収納する格納容器は、1-6号機ともGE社のマークI及びその改良型の構造をとっており（図11-3参照）、着工から稼働まで4-7年を要した。福島第1原発では、1・2号機、3・4号機、5・6号機がペアとなり、原子炉建屋の間にある中央制御室を共有する構造となっている。事故当時、1-3号機は運転中、4-6号機は定期点検中で停止状態であった。

事故はおおむね以下のように進行した。2011年3月11日14時46分に震災発生、1-3号機は地震を検知し、原子炉に制御棒が挿入され自動的に停止した。この時、外部電源はすべて使用不能状態に陥った。原子炉がすべて未臨界に達したことは、震災発生から15分以内に確認されている。原子炉停止後直ちに主蒸気隔離弁が閉じ、タービン室への蒸気搬送は止められ、同時に外部電源喪失によって復水ポンプ（タービンを回した水蒸気は復水器で冷やされ水となって圧力容器に返される）は停止した。中性子放出は止まり ^{235}U の核分裂は止まっても、放射化した燃料からの崩壊熱（放射化した核分裂生成核の出す放射線熱）による発熱は続くので、炉は空焚き状態になる。崩壊熱は、ほぼ指数関数的に減少するが、原子炉停止の5分後で原子炉熱出力の2％、100分後1％、1

日後 0.5 %、10 日後で 0.3 % 程度の発熱がある[11]。原子炉熱出力の 0.1 % まで落とすには 100 日程度を要す勘定になる。このため使用済み燃料も、格納容器上部に設置された使用済み燃料プールで長期間冷やす処置がとられている（新燃料も一緒に保管）。原子炉停止後も、崩壊熱で空焚き状態にならぬよう、原子炉への注水が必要となる。ここで、注意すべきは、原子炉の圧力より高い水圧でなければ注水はできないという点だ。原子炉・圧力容器の圧力を下げるには、格納容器内にある主蒸気逃がし安全弁を開けて圧力抑制室に高温・高圧蒸気を導き、冷水プールで水に凝縮させるという方法を取る（図 11-3 参照）。1 号機のみ、非常用復水器（図 11-3 参照）が設置され、圧力容器上部より高温蒸気を取り出し、冷水タンク中を通して水に戻し、圧力容器下部より圧力容器に戻すことができる。この場合も、炉内圧力が高ければ、ポンプで加圧しなければ炉内に注水はできない。各原子炉は、以下のような経過をたどった。

　1 号機では、地震で外部電源を喪失した 6 分後、非常用復水器が自動的に起動したが、非常用復水器への弁は電源が落ちると自動的に閉まる仕組みになっており、結果的に有効に働かなかった[10]。非常用復水器の定期点検はアメリカでは実施されていたが、日本では試運転時に一度確認されたままで、40 年間一度もその動作が確認されていない。地震発生から 51 分後（午後 3 時 37 分）津波の来襲によって、ディーゼル起動の非常用交流電源が停止し、中央制御室は非常灯だけの暗闇となってしまう。午後 11 時 50 分、バッテリーによる計器の復旧が進み、格納容器の圧力が設定圧力 5 気圧を超え 6 気圧に達していることが判明した。この時点でメルト・ダウンが始まり、翌 12 日午前 1 時頃には燃料は完全に溶け落ちてしまったと推定される。そして、午前 2 時 30 分、圧力容器は破損し、圧力容器と格納容器の圧力は同じ 8 気圧を示した。このため、格納容器の破損を防ぐために、汚染された蒸気を外部に排気する作業（Vent）が必要となった。午後 2 時 28 分、汚染した蒸気は、圧力抑制室の貯水プールを通して大気に排出された（図 11-3 参照）。これは後日、発電施設外に設置された放射線モニターによって確認されている。この時、放射性物質は、水蒸気以外に水素などの凝縮しにくいガスと共に、高温の水中を通過しても十分トラップされず、大量に大気に放出されてしまった。この 1 時間後に、水素爆発が起こり、原子炉建屋の 4、5 階部分が鉄骨を除いて吹き飛び、さらに多くの放射性物質を飛散させている。メルト・ダウンに先行して、むき出しになった燃料被覆管のジルカロイは、高温で水蒸気と反応（酸化）し大量の水素ガスを発生させる。水素や放射性物質を含む水蒸気は、格納容器の構造上弱い個所より漏えいし、軽い水素は原子炉建屋の上に集まり引火爆発したものと思われる。

幸いにも、この水素爆発による格納容器の破壊は免れた。

　2号機の場合は、3月11日津波による非常用電源を喪失直前に、原子炉隔離時冷却系（Reactor Core Isolation Cooling System: RCIC）が起動した。これは、事故で原子炉が自動停止し、主蒸気隔離弁が閉じたときに動作する。このシステムは、原子炉からの蒸気でタービンを回してポンプを起動し、復水貯蔵槽からの冷却水を炉心に注水する。これは、一旦起動すれば、あとは電源がなくても作動するが、バッテリー電源を使って蒸気の量をコントロールするようになっており、どれだけ動作を継続できるかは不明であった。この他、非常用電源でポンプを起動し、原子炉に注水する高圧注水系もあったが作動しなかった。電源復旧は、1号機の水素爆発（3月12日午後3時半）で不可能となり、さらに海水を消防車より注水する作業も、3月14日11時3号機が水素爆発を起こし中断した。この1時間後RCICが停止している。そこで、格納容器の排気（Vent）と、主蒸気逃がし安全弁（SR弁）を開けることで、格納容器と圧力容器の減圧を試みたが、排気弁もSR弁も開けることができなかった。排気ができなかった原因は、弁を開閉する圧縮空気を送る配管が地震で破損したためと指摘されている[10]。原子炉の高温・高圧蒸気を圧力抑制室に逃がすSR弁が開かなかったのは、炉の圧力が70気圧以下では、弁は自動的に閉じる仕様であったためである。高圧窒素を送りSR弁を強制的に開けることに成功したのは15日午前1時であった。これで、炉の圧力は6気圧程度に下がり、消防車による注水が可能となった。一方、格納容器の排気は結局できず、午前6時ごろ格納容器のつなぎ目や蓋などの耐圧の低い部分より大量の放射性物質が漏れ出したとみられる。一時7.5気圧まで達していた格納容器の圧力が、1.5気圧まで減少したのは、この漏れによるのであろう。ほぼ同じ時刻に4号機原子炉建屋が水素爆発を起こしている。2号機は、水素爆発はなかったものの、格納容器の破損によって最も大量の放射性物質を大気に放出したのである。もし、格納容器の破壊がより甚大なものであった場合、チェルノブイリ級ないしそれ以上の放射性物質の飛散を引き起こしたはずである。

　3号機では、津波によって非常用交流電源（ディーゼル起動）は使用不能となったが、非常用直流電源（バッテリー）は働いた。そのため、RCICは動作した。しかし、震災翌日の12日11時36分RCICと高圧注水系（HPCI）はともに停止してしまった。非常用直流電源があった3号機の方が、なかった2号機より2日早く停止したのである。しかし、その後HPCIが自動的に再起動したことで、炉の冷却は持続した。HPCI（High Pressure Coolant Injection System）とは、ポンプを起動し、RCIC同様、復水貯蔵槽の冷水を炉心に高圧で送り込むシステ

ムである。翌 3 月 13 日午前 2 時 42 分、HPCI もついに停止してしまった（バッテリーの枯渇）。これによって、炉の圧力が上昇を始め、4 時 15 分には燃料の露出が始まったと推定される。このため、ジルコニウム－水反応で大量の水素が発生した。そこで、炉の圧力を下げるため、SR 弁を開けようとしたが、直流電源枯渇のため実行できず、メルト・ダウンが進行したと推測される。この後、自動車バッテリーを持ち込み、午前 9 時 SR 弁を開けることができた。この間、格納容器の圧力も上昇し、6.4 気圧に達した。そこで、格納容器の排気が試みられ、8 時 40 分以降圧力は減少し始めた。このとき、1 号機同様大量の放射性物質を大気に放出している。消防車による注水が中断したことで炉の損傷がさらに進んだ。こうして、炉の空焚きは続き、翌 13 日午前 11 時に水素爆発を起こすに至った。

　4 号機は停止中であったが、3 号機で発生した水素が非常用ガス処理系を逆流して 4 号機建屋に流れ込み、水素爆発（3 月 15 日 6 時 10 分）に至ったと推定されている（真相は依然不明）。5・6 号機は、1-4 号機より敷地高さが 3 m 高く、津波の影響が少なかった。これによって、6 号機の非常用交流電源が被災を免れ、原子炉の損傷は回避できた。また、6 号機の非常用電源より 5 号機に給電され、制御機器の使用が可能となっている。ところが、5 号機はちょうど圧力容器の耐圧・漏洩試験中で、炉内に燃料棒（崩壊熱残）が装着されていた。震災発生時、SR 弁 11 台のうち 8 台は安全弁・逃がし弁の両機能が作動できず、残り 3 台も安全弁機能のみ使える状態にあったのである。そして、2 つの非常用冷却系 RCIC と HPCI とも定期点検中で使用できなかった。こうして、圧力容器は 3 月 12 日午前 1 時過ぎには 84 気圧まで上昇している。試行錯誤の末、SR 弁の開放に成功したのが午前 1 時 40 分であった。これによって低圧注水が可能となり、何とかメルト・ダウンを防ぐことができた。

　以上の状況をみると、原子炉という巨大なプラントは、種々の事故を想定した安全対策が取られているが、予想外の事態が生じ得ること、またそれらの安全システムにも種々の死角・弱点が存在することが分かる。津波による非常用電源の喪失が大事故となった直接的原因ともいえるが、配管の破損など地震の影響（震度 6 強）が、どのように関与したかは確認できていない。観測した地震による最大加速度は、想定値を大幅に超えており、強度の弱い配管系やその他の繋ぎ箇所が破損した可能性は否定できない。特に、弁の開閉に使う圧縮空気の配管強度は弱く、破損した可能性は高いとされている。事故を想定した非常時の対応と実地訓練が行われていなかったことも明らかになった。そもそも、原子力プラントでは多くの場合、計算機シミュレーションによるしか数値的評

価ができない。現実に、メルト・ダウンによる格納容器の破壊実験などできないからだ。シミュレーションには、仮定に基づく多くの数値が必要だが、抜け落ちる要因も出て来るのは必定である。

　近隣にあった他の原発の状況はどうだったのか？福島第2原発は、福島第1原発の南 10 km に位置する。到達した津波の高さが 7 m 程度と低かったことが幸いした。外部交流電源は 4 回線のうち 1 回線が生き残った。また非常用交流電源は、1、2 号機では喪失したが、3、4 号機の電源は被害を免れている。こうして、3月15日7時（震災後 4 日未満）に全 4 機が冷温停止を達成した。東北電力・女川原発は、福島第1原発の北北東約 100 km の位置にある。震度 6 弱を観測したが、最大加速度は福島第1原発での値を上回っている。来襲した津波の高さ 13 m であったが、敷地の高さが 13.8 m であったため、主要建屋の津波の浸水は回避できた。1 号機のみ外部電源を喪失したが、非常用ディーゼル発電機が起動し原子炉を冷却している。

(vi) 飛散した放射能

　大気中に飛散した放射能値はどの程度であったのか？これは、福島県が設置した放射線モニタリング・ポストでの観測値より推定できる。原発事故で出される主な放射性同位元素（RI: Radio-isotope）は、^{90}Sr（β-崩壊：半減期 28.8 年）、^{131}I（β-崩壊＋364.5 keV γ-線：半減期 8 日）、^{134}Cs（β-崩壊＋605 keV γ-崩壊：半減期 2.1 年）、^{137}Cs（β-崩壊＋662 keV γ-崩壊：半減期 30.1 年）、^{132}Te（β-崩壊＋γ-崩壊：半減期 3.2 日）、^{133}Te などである。特に、骨に集積する ^{90}Sr、臓器や筋肉などに集積する ^{134}Cs, ^{137}Cs, ^{86}Rb、甲状腺に集積する ^{131}I などが人体にとって有害となる。大気に飛散した放射性物質の量は ^{131}I 換算でチェルノブイリ事故の値の 1/6（広島原爆の約 70 倍の放射性物質を飛散）と推定されている。また、福島県内 1,800 km^2 の土地が年間 5 mSv 以上の空間線量放出地域となった。放射線被曝量は、Sievert: Sv という単位を使うのが一般的である。1 Sv は、物質 1 kg に 1 [J]のエネルギーを付与する放射能値に、生体への効果を表す係数を乗じた値で定義される。係数値は、X-線・ガンマ線（電磁波）およびベータ線（電子）：1、陽子線：5、アルファ線（ヘリウム）：20、中性子線：5-20（エネルギーに依存）とする。我々は、微量ながら、宇宙から飛来する放射線や自然界に存在する放射性核種（RI）からの放射線（特に ^{220}Rn, ^{222}Rn, ^{40}K）に曝されている。このため、年平均 1.4 mSv（2.5 mSv という文献もある）を被曝している。この他、1 回の胸部 X-線撮影で 0.1 – 0.3 mSv、CT スキャンで 6.9 mSv を被曝する。線量計は廉価な市販品から核種同定できる高価な検出器まで種々のものがあるが、いずれも γ-線の検出器である。透過率の低い β-、α-

線の検出は大気中では難しい。従って、一般に報道ないし記載される被曝線量は、γ-線によるものである。大気に飛散した放射性物質の分布は、その時の風力・風向や地形に強く依存する。そのため、原発から遠い距離でも、放射線量の強いホット・スポットが存在することになる。当時の風向きの影響で、ホット・スポットは原発より北西方向に 30 km 以上にわたり帯状に伸びている[8]。2011 年 3 月 30 日- 4 月 3 日までの測定による放射線量の分布を図 11-4 に示した。2015 年現在、原子炉建屋周辺で 5 μSv/h、その他の地域では 3 μSv/h（= 26 mSv/y）となっている。1000 mSv 以上を短時間で被曝した場合は皮膚・骨髄・神経系がダメージを受け、死に至る確率が高くなる。短時間で 250 mSv 程度被曝すると、長期的に見て癌や白血病の発症する確率が大きくなる。癌発症確率の見積もりはいろいろな説があり、厳密な定量的評価は難しい。

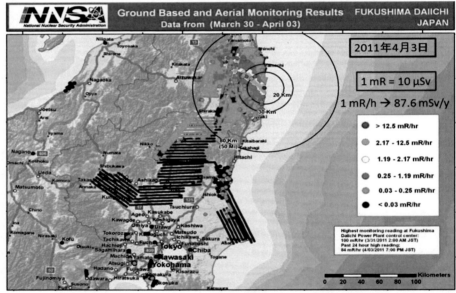

図 11-4. 東電・福島第 1 原発より飛散した放射能の分布図(2011 年 4 月 3 日)。12.6 mR/h 以上（赤）、2.17 – 12.5 mR/h（うす茶）、1.19 – 2.17 mR/h（黄色）、0.25 – 1.19 mR/h（緑）、0.03 – 0.25 mR/h（青）、0.03 mR/h 以下（紺）。1 MR = 10 μSv、また 1 mR/h は 87.6 mSv/y に該当。https://Common.Wikimedia.org/.

　1 つの目安として、アメリカ・コロラド州デンバーの年間の自然放射能値（他所に比べて 3 mSv 高い）が参考になる。デンバー近郊には、微量ウランを含

有する花崗岩地帯があり、ウラン崩壊で生じたラドンの放射線によって自然放射能値が高くなっている。にもかかわらず、デンバー（人口60万人）での癌発症率は、アメリカでの平均値より低いとのことである[12]。微量の放射線被曝より、疎開やその他の精神的ストレスによって体調を損なう確率が高いように思われる。最も危険なのは、大量放出の有った事故後2週間余りの間に、高濃度汚染地域の野菜や、草を食べた家畜の牛乳などに含まれる ^{131}I の体内摂取であろう。これを防ぐには、ヨウ素剤を早急に飲んでおけば、過剰なヨウ素を甲状腺は受け付けないので ^{131}I の取り込みを防護できる。放射線に対して過度に神経質になる必要はないが、過小評価することも禁物である。

（vii）原発は必要か？

　先ず、原発の安全対策と規制組織の構造上の問題点と今後の対応策について考えてみたい。大震災前の2010年時点での日本の商業原子炉の数は50基、総発電量に占める比率は29％であった。総発電量は、アメリカ、フランスに次いで3位となっている。原子力発電の推進を担うのは経済産業省・資源エネルギー庁である。その同じ部署に安全のための規制を行う原子力安全保安院が設置されていた。アメリカでは、独立機関として原子力規制委員会が機能していたが、日本には独立したチェック機関が存在しなかったことになる。震災後2012年に保安院は廃止され、環境庁の外局として設立された原子力規制委員会に移行している。原子力保安院・院長及び次長は技術系・事務系のたらい回しになっており、原子力に関する専門性の欠如が露呈された。原子力発電プラントに関する専門性を有しているのはメーカー（日立、東芝、三菱電機）であり、電力会社の原子炉を実際に運転する現場担当者である。資源エネルギー庁の原発推進費は、国のエネルギー対策特別会計（電力料金に上乗せされた税金）によって賄われていた。この構造は当然、官僚の電力業界への大量の天下りをもたらした。政府や省庁の組織する委員会は多数存在するが、当然目的に適う人物が委員として指名されることになる。一方、原子力の開発・研究を担ったのは文部科学省・原子力課および原子力安全課であった（2012年原子力規制委員会の発足に伴い原子力安全課は廃止された）。原子力安全技術センターは、2012年公益財団法人化している。原子力の基礎研究を担う国立研究開発法人・原子力研究開発機構はかっての原子力研究所と動力炉核燃料開発事業団（科学技術庁の所管）を統合したものである（文科省と経済産業省が所管）。以上に加え、内閣府に原子力安全委員会（5人の専門委員）があったが、単なる承認機関であり、福島・東電原発事故において何の役割も果たすことができなかった。原子力発電に関連した研究・開発に関わったのは日本原子力学会である。原子力

開発を進めるのが基本姿勢であり、安全性に関する十分な議論がなされたのかは疑問である。また、原発推進の一環として、電源立地対策交付金（稼働後平均約 50 億円/年）が地元自治体に交付されてきた。原子力行政・原子力産業・原発自治体からなる"原子力複合体"という構図が見えてくる。日本社会に、神風や原子力安全神話といった寓話が付きまとうのは何によってであろうか？客観的判断に基づく科学とは相容れない営為である。

原発の再稼働を求める理由として挙げられるのは以下の諸点である。(1)エネルギー源の多様化で、紛争などのリスクの軽減化につながる、(2)温室効果ガスを出さない、(3)使用済み燃料の再処理による燃料の純国産化可能：抽出した Pu を燃料とするプルサーマル計画、(4)濃縮すれば原爆として使用できる Pu の保有（現在約 50 ton）：準核保有国としての国際的地位の向上、(5)国の経済力・技術力・軍事力を誇示できる、(6)現状の貿易赤字を解消できる、などである。おおむね為政者の立場からの利点と言えよう。一方、原発の問題点・ディメリットは、(1)国内外に被害をもたらす超大型災害の可能性（大気・海洋汚染）、(2)放射能飛散による非居住地帯化と住民移転、風評被害と回復に要する長い時間（^{137}Cs、^{90}Sr の半減期：30 年）、(3)使用済み燃料の廃棄物処理法が未解決、(4)地震・津波リスクの高い立地条件、(5)安全対策あっても人為災害の可能性つきまとう、(6)テロ等の危険性、などが挙げられる。この他、原発のコストは他のエネルギー源に比べて高いのか安いのかという議論もある。化石燃料の価格は変動するので、厳密な比較は難しいが、ある程度の予測は可能である。コストの低減と安全対策は相反する点も留意しなければならない。原発は、建設費と後処理費が高く、運転費が安いという特徴がある。電力会社が原発を再稼働したい理由はここにある。原発には、この他に研究開発支援費（日本原子力研究開発機構など）と立地対策交付金があり、年間約 3000 億円がエネルギー対策特別会計より拠出される。また原子力損害賠償保険への加入が義務付けられ一施設（原子炉あたりではない）約 1200 億円の保険料がかかる。保険料は稼働年に依存するので、これを除くと、1 kWh（1 kW 出力で 1 時間使用したエネルギー）当たりのコストは、原子力（10.25 円）、火力（天然ガス：9.91 円）と見積もられた[13]。2011 年 12 月のエネルギー・環境会議「コスト検証委員会報告書」（政府試算）によれば、原子力（8.9 - 円）、火力（天然ガス：10.7 - 10.9 円）となっている[14]。これらに加え、高レベル放射性廃棄物処理と使用済み燃料再処理にかかる"バック・エンド"コストがある。経済産業省は原発経費を安く見積もるのが常である。例えば東電・福島原発の事故処理費は、2013 年 11 兆円と試算したが、2016 年には 22 兆円と倍増して

いる。原子力のコストが安くないことは明らかであろう。

　原発を推進する立場から、"この世にリスクのない技術は存在しない"という発言がよくなされる。先に見てきたように、原発の場合、一旦大事故が起こると、多くの人が住み慣れた地を捨て移住を余儀なくされる。このような強制疎開は、まさに基本的人権の蹂躙である。そして放射能汚染は100年以上にわたって続くことになる。風評被害による、農産物・畜産物・水産物の打撃も大きい。車や飛行機の事故とは比べようもない空間的・時間的スケールの大きさである。東電・原発事故は津波の自然災害だけでは片づけられない。津波対策や事故対応（非常用電源、非常時の冷却システムの点検や地下水脈問題）をおろそかにしていたことなど人為災害の面もあるからだ。漏れ出た汚染物質が地下水を経由して海洋に流れ出しており、凍土壁などの遮蔽対策が取られているが、事態は改善されていない。ヨーロッパでは義務付けられていたフィルター付ヴェント設備を、日本でも付設しておけば、飛散した放射能の量は低く抑えられていたはずである。地震（活断層の巣窟）・津波・台風・火山被害に曝され、人為災害（安全性と経済性は相反、安全神話）の付きまとう日本では、できるだけ早期に原発は廃止すべきであろう。ドイツは、原発の新増設を止め、2022年までに、全原発を廃止する方針を確定した。ドイツでは、総発電量の26.2％を再生可能エネルギー（自然エネルギー：太陽光、水力、風力、地熱、バイオマス・廃材ペレットなど）によってまかなっている（2014年）。甚大な事故を起こした日本で、政財界から依然として原発再稼働の旗が振られるのはなぜなのか？いずれにしても、今後重要となるのが節電技術の向上である。電力の地産地消による送電ロスの解消、スマート・コミュニティによる節電、発電と廃熱の有効利用・Cogeneration system、森林資源（日本は森林資源・水に恵まれた国）の活用などが必須となるだろう。

　筆者は、加速器による高速イオンビームや放射光を使った実験物理を専門としてきた。放射線を利用した研究を長く行ってきたわけである。そして、福島原発事故が起こるまで、原子炉の大事故を予想することはできなかった。原発反対運動を行う知人がいながら原発に関心を持つこともなかったことを自己批判しなければならない。福島第1原発の事故に関する資料・報告などを読んで、非常に憂鬱な気分になるのは、国策としての省庁・電力業界・原発現地と一部のマスコミを巻き込んだ巨大な流れの存在だ。その推進力となったのが高度経済成長と国威発揚であったとしても、そこには太平洋戦争に突き進んだのと同じダイナミクスが働いているように思えるからである。曖昧なまま、ことをなし崩し的に進め、責任を問わない国民性に由来するものに違いない。

公害と地球温暖化
(i) 公害・薬害

　核分裂の発見が原爆・原子炉を生み出し、核融合（太陽・恒星のエネルギー源）は水爆・核融合炉（実験炉の段階）を可能にした。物理学の発展と軌を一にし、化学も長足の進歩を遂げてきた。水と空気からパンを作るアンモニア合成が画期的な大発明であったことは既に述べたとおりである。ほぼ同じころ、カロザース（Wallace Carothers: 1896-1937）によって、天然繊維に換わる合成繊維・ナイロン（Nylon）が発明された（1935年）。ナイロンは、アミン（アンモニア：NH_3の水素を炭化水素で置換した化合物）とカルボン酸（COOH-炭化水素）の重合でできる直鎖状の高分子$\{CO\text{-}(CH_2)_5\text{-}NH\}_n$である。合成化学製品は、繊維、薬品、工業製品から日用品まで様々な分野で使用されている。同時に、製造過程で使用ないし生成される有害物質による公害も生み出すことになった。水俣病もその一例である。これは、新日本チッソ（株）が、アセトアルデヒド・酢酸を製造する際に使用していた無機水銀より、微量のメチル水銀が生成され、これが廃液として海に流されたことで、中枢神経系を冒す水銀中毒を引き起こした（1946-1968年）。1959年熊本大学医学部水俣病研究班は、原因を排水の有機水銀と発表したが、政府（厚生省）がこれを公式に認めたのは1968年である。こうして、新日本チッソ（チッソ株式会社と改名：1965年）は1968年までアセトアルデヒド・酢酸の製造を継続した。当時、高度経済成長の掛け声の中、通産省（現経済産業省）と厚生省は、新日本チッソの操業を長きにわたって黙認し続けたのである。熊本大学医学部の行った原因物質の究明は、工場排水を投与した猫が水俣病を発症することを根拠としている。1965年ようやく、熊本大学によって新日本チッソと同一の製造工程より、メチル水銀が生成することが実験的に示されたが、無機水銀から有機水銀が生成するその機構は未だ解明されていない。こうした中、1965年、昭和電工が同様の工程で、メチル水銀を阿賀野川に排水し、新潟水俣病を発症させる事態が起こった。厚生省に設置された原因究明班が、原因を排水のメチル水銀と同定したことで（1967年）、厚生省もついに水俣病の原因が排水中のメチル水銀であることを認めるに至っている。

　レイチェル・カーソン（Rachel Carson: 1907-1964）の「沈黙の春 *Silent Spring*」は、DDT（*dichloro-diphenyl-trichloroethane*）汚染によって、昆虫や鳥が姿を消す薬害の最初の告発の書である（1962年）[15]。"この20世紀というわずかな間に、人間という一族が、恐るべき力を手に入れて、自然を変えようとしている"と本書は綴る。カーソン女史は、ジョンズ・ホプキンス大学・大学院で遺伝学

を学んだ生物学者である。本書では、多くの実証例を挙げて、農薬などの化学薬品による生態系の破壊を否定する一方、害虫などの撲滅にその捕食生物をあてがうなどの生物学的防除を勧めている。ところで、第2次大戦後、ノミ・虱の駆除に使われたのがこの DDT であった。これは、虱が媒介する発疹チフスの予防に役立ったのである。DDT は、人体に蓄積されると、神経細胞を冒し麻痺などを起こさせる物質として、1981 年以降日本では輸入・製造が禁止されている。一方 DDT は、マラリア（熱帯・亜熱帯地域で年間約 60 万人が死亡）を発症させるマラリヤ原虫を媒介するハマダラ蚊を撲滅するのに極めて有効である。このため世界保健機関（WHO）は、2006 年、開発途上国において、マラリヤ防除のための DDT 使用を認めている。

　1990 年代より、働き蜂が女王蜂・幼虫を巣に残したまま帰らないという（蜂群崩壊症候群）事態が世界各地で起こっている。これによって、2007 年までに、世界（北半球）のミツバチの 1/4 が失われたと推定されている。この原因は、1990 年代から使用が始まった農薬のネオニコチノイドとする説が有力である。このように、開発された薬剤は、害虫の撲滅に有効であるが、他方無害な生物をも死に追いやってしまう。また、ある期間有効に機能した薬剤も、それに耐性をもつ新たな種が現れ、イタチごっことなるケースも多い（インフルエンザなど）。科学は、自然の法則を明らかにし、それを利用して自然を改変・制御することで、人間にとってより快適な社会の実現を目指してきた。ヒトに有用なものを保護する一方、有害なものを排除することを善としてきたのである。しかし、このような行為は、自然界の安定なバランスを崩し、歪を生み出す。A なる害虫を排除すれば、A を天敵とした B という害虫を跋扈させる結果を招く。このような人間中心の天動説から、地動説への発想の転換が必要ではないか。過度に科学に頼ることなく、自然との共生を念頭に置くべきであろう。

(ii) 地球は温暖化している？

　生物の生息可能数は、自然環境の制約によっておおよその上限値が決まる。人間の場合、1 km^2 当たり住める人数は 1.5 人と推定されている。これは、大昔の狩猟採集社会における人口密度（推定）にほぼ等しいらしい[16]。現在の地球人口密度は、その 30 倍に相当する。先に述べたように、現状の生活レベルを維持して、100 億人を養うには、現在の 1.5 倍の耕作地の開拓が必要と試算されている。膨大な人口を支え、かつ生活レベルの向上を図るには、大量の化石燃料を地下から掘り出し、そのエネルギーを開放することが必要になる。これは、当然自然の循環・バランスを崩すことになり、これが地球の気候変動をもたらす可能性がある。大気・海水温の上昇とそれに伴う世界規模での氷・

雪の融解・喪失（北極海の氷や高山の氷河の退行など）が海面を上昇させたと指摘されている。大都市のヒート・アイランド現象、局所的なゲリラ豪雨や熱波なども、エネルギーの供給過剰によるものであろう。こうした中、世界気象機関 WMO と国際連合環境計画 UNEP によって、気候変動に関する政府間パネル（Intergovernmental panel on climate change: IPCC）が 1988 年に設立された（事務局：ジュネーブ）。1992 年には、国連において、大気中の温室効果ガス（Greenhouse gas）の濃度を安定化させるための「国連気候変動枠組み条約」が採択されている。これに基づき 1995 年より、国連気候変動枠組み条約締約国会議（Conference of Parties: COP）が毎年開催されるようになった。こうして、地球温暖化問題は、政治・マスコミを巻き込んだ大きな運動に発展した。1997 年京都で開かれた COP-3 において、先進国が温室効果ガスを削減するための数値目標と達成期間について合意した「京都議定書」を採択した（2005 年 2 月に発効）。2015 年現在、アメリカ、カナダや中国は承認していない。指定された温室効果ガスは、CO_2、N_2O（亜酸化窒素）、CH_4（メタン）と 3 種類のフロン（エアコンなどの冷媒ガス：フッ化物、SF_6、HFCs, PFCs）である。特に塩素を含むフロンは、オゾン層（O_3）[11-7] も破壊するので、その削減が急務であるとされる。COP-21 は、2015 年パリで開催されたが、世界の元首が揃って出席する一大政治イベントと化している。政治・経済の思惑が絡む場でもあるからだ。

　エネルギーと環境問題は切っても切れない関係にある。先に述べたように、太陽からのエネルギー（電磁波）の 30 % は地表や雲などによって反射され、残りの 70 % が大気・地上・海水を温め、光合成などで植物に取り込まれる。地上を経巡ったそのエネルギーも結局熱として宇宙に放出され、取り込んだエネルギーと等しいところでバランスを保っている。大気圏外で太陽に垂直な 1 [m^2]の面が、1 秒間に受け取るエネルギーは $1.37×10^3$ [W/m^2] ゆえ、地表に入射する平均エネルギー密度は（r：地球半径）、
$u = 1.37×10^3×(\pi r^2)/(4\pi r^2)×0.7 = 240$ [W/m^2] である。地表の平均温度を 288 [K] とすれば、Stephan-Boltzmann の法則[5-6] より、地球表面より放射される電磁波のエネルギー密度は、$u' = \sigma T^4$（$\sigma = 5.67×10^{-8}$ [$W/m^2 K^{-4}$]）より与えられ、390 [W/m^2]となる。地表に入射する太陽光エネルギーと、地表から放出され宇宙に吐き出されるエネルギーは等しく（平衡）、温室効果ガスの層から 150 [W/m^2] の放射が地表に戻ってくる勘定になる（図 11-5 参照）。ちなみに、温室効果ガスが無い場合、$240 = \sigma T^4$ より地表の温度は–18°C と見積もることができる。

　周知のように、19 世紀以降の科学・技術の発展によって、地中に眠っていた

化石燃料が掘り出され、エネルギー源として大量に消費されるようになった。これらは、太古の昔に太陽からのエネルギーで育った動植物が、地中で熱ないしバクテリアなどによって分解されてできたものである。我々は、何千万 – 何億年昔の太陽エネルギーを掘り起こし使用していることになる。こうして、温室効果ガスが増えれば、温室効果ガスに吸収された後吐き出され、地表に戻ってくる電磁波のエネルギーは増大することになり、その結果として地表・大気の温度は上昇する。太陽やヒトを放熱体（黒体と近似）すれば図5-2に示したような熱輻射のスペクトルが得られる。地表もヒトの温度と同程度であり、放射するのは遠赤外（5‐30 μm、ピーク波長：~10 μm）の電磁波である。この波長帯で、電磁波をよく吸収する気体を温室効果ガスとよんでいる。地表からの放射に対する二酸化炭素のエネルギー吸収量を1として、相対的な吸収度を地球温暖化係数（Global warming potential）と定義する（100年間にわたる積算値）。

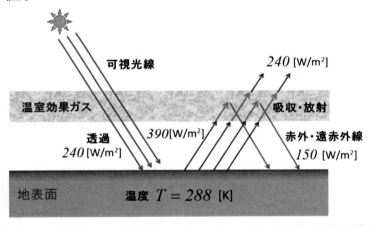

図11-5. 太陽からの電磁波のエネルギー（最大強度：可視光線領域）と熱としての地球からの放出。図5-2から分かるように、地表（室温：288 K）からの熱放出は、赤外・遠赤外領域の電磁波。

最も大きな温暖化係数をもつのは、エアコンなどの冷媒として用いるフロン・ガス（150‐12000）である。最近は、温暖化係数の比較的低いHFC-R32（CH_2F_2：温暖化係数 675）が使用されるようになった。先に述べたように、温暖化係数の高いガスとしては、亜酸化窒素（N_2O：298）、メタン（CH_4：25）などがある。H_2O（水）もCO_2より温暖化係数は大きいが、水蒸気・水・氷として存在し、

203

幅の広い複雑な吸収帯をもつためその温暖化係数の正確な値は明らかにされていない。温暖化が進めば、大気中の水蒸気も増え、さらに温暖化が進む（正のフィード・バック[註11-1]）。ただし、低層の雲は太陽光を遮り気温低下に寄与する（負のフィード・バック）がその定量的評価は十分なされていない。H_2O は 1 分子当たり、CO_2 の 2 倍の吸収能を持つとの指摘もある。IPCC の第 5 次報告書（AR-5）によれば、大気 CO_2 濃度の倍増で、それに伴うフィード・バック機構も考慮すると、100 年後の地球の温度は 1.5 - 4.5°C の範囲で上昇すると見積もっている。

　温室効果ガス、特に CO_2 ガスによる温暖化が進行しているとする IPCC の見解に対して、近年懐疑・否定論も多く出されている。IPCC のメンバーは、気候学者および気象学者で占められているが、懐疑・否定論者の多くは宇宙および地球物理分野の研究者に多い[17,18]。その論拠となるのは、(1) 1750-2000 年のデータを見たとき、大気中 CO_2 濃度の上昇時期が気温のそれより 100 年早く、相関は見られない（IPCC, AR-5, 2013 年 Data）、(2) 1950-2000 年の気温変化と CO_2 濃度に相関はない（IPCC, AR-5, 2013 年 Data）、(3) 太陽黒点数の増加（太陽活動の活発化）と気温上昇には強い正の相関がある[17]、(4) IPCC は計算機シミュレーションの結果のみ公表し、計算法の詳細を公表しておらず信頼性に欠ける、などの点である。加えて、IPCC が AR-3, 2001 年において、気温変化のデータを故意に捏造したことを問題視している（クライメート・ゲート・スキャンダル）。その報告では、中世温暖期と近世小氷期（図 11-6 参照）を無視し、20 世紀後半での急激な気温上昇を誇張して描いている（Hockey の Stick の形に似ていることから Hockey Stick 曲線と揶揄されている）。図 11-6 は、この指摘を受けて改訂した AR-4, 2004 年のデータと Moberg 達[19]の報告結果を示したものだ。これらのデータは、気温を年輪の厚さから推測したものだが、生育場所や分析法などによってデータのばらつきは大きい（地中に埋もれたものまで含めると、BC 5000 年以降の Data が取得可能らしい）。(3) 太陽活動と気温変化に関しては、最近いくつかの発表がなされている。太陽活動が活発化すると、太陽黒点が多数現れる（太陽黒点はガリレオの発見以来 400 年にわたって観測データが残されている）。H. Svensmark は、図 11-7 (a) (b) に示すように、太陽黒点数と気温、および低層雲（日照量を減らす）の発生率の間に強い相関があることを報告している[17]。その原因は、銀河宇宙線[註8-4]が太陽風（太陽表面より噴出する高速の陽子・電子プラズマ）の磁場によって抑制され、雲の生成核（Aerosols）となるイオン生成も抑えられるためとする。銀河宇宙線と低層雲の形成に関する研究は、CERN（ヨーロッパ合同原子核研究所）において、

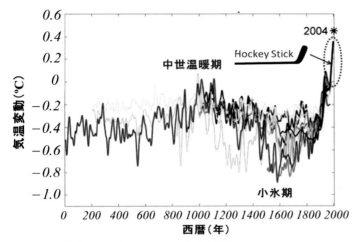

図 11-6. 過去 2000 年にわたる気温変化。IPCC, AR-4, 2007 のデータ。

CLOUD Project として 2009 年にスタートした。その結果は、GCR によるイオン化によって、雲の生成核数が顕著に増殖することを明らかにしている[20]。最後の項目 (4) が指摘するのは、気候システムには、海流、雲、火山活動、太陽活動、宇宙線、生体反応（珊瑚、プランクトン、動植物）など様々な要因が絡み複雑であり（カオス的）、その機構は未だ解明されていないという事実である。計算機シミュレーションでは、入力値を適当に選ぶことによって、望みの結果を作り出すことが可能だ。どのような仮定がなされたか、どのような理由でどのような値が用いられたかを明らかにすべきであろう。

　以上を総括すると、大気中 CO_2 濃度と気温には正の相関があるが（図 11-8 参照）[註11-8]、この 100-200 年の気温変動に及ぼす CO_2 濃度の寄与は、必ずしもその主因とは断定できない。恐らく、銀河宇宙線・太陽活動及び火山活動などの自然要因と、温室効果ガスや排気ガスなどのエアロゾルおよび森林面積の減少といった人為的要因、双方が効いていることは間違いない。また、先に指摘したように、水蒸気の温室効果、雲の移動と降雨・降雪などに加え、大気中を浮遊する各種エアロゾル微粒子の効果などは十分解明されていない。地球が今後、火山の大爆発などで寒冷化する可能性も有り得るのである。

　大気の温度は測定場所に影響されるので（都市部でのヒート・アイランド現象など）、海水面の変位をみる方が信頼度は高い。図 11-9（IPCC；AR-5: 2013）に示すように、海面レベルは、130 年前よりほぼ直線的に上昇し、現在 20 cm

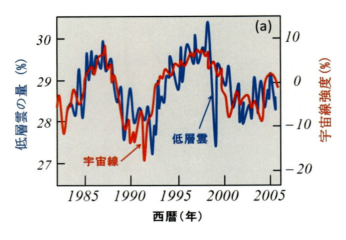

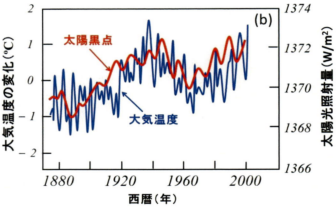

図 11-7 (a) 海面より 3.2 km 以下の低層雲の量（青線）と宇宙線の量（赤線）。H. Svensmark, Astronomy & Geophysics, **8** (2007) 1.14-1.28. (b) 気温（青線）と太陽黒点の数（赤線）の経年変化。http://www.oism.org/pproject/s33p36.htm 再生。

高になっている。長時間平均でみれば、19 世紀後半より気温が上昇し続けていることは確かである（温度上昇による海水の膨張）。これを見る限り、IPCC の主張するような急激な気温上昇ではないようだ。気温の上昇も温暖化ガスが主因か否かは明白ではないが、ヒトによる化石燃料を含む膨大なエネルギーの解放による（エネルギーは最終的には熱に変わる）ことは間違いないだろう

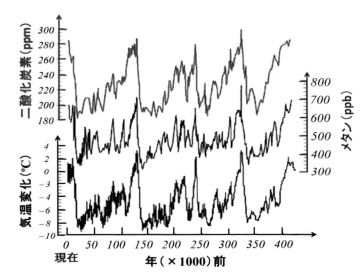

図 11-8. 現在から 40 万年前までの CO_2、CH_4 及び気温の変化。南極 Vostok 基地の氷のコアのデータ。http://www.skepticalscience.com より再生。

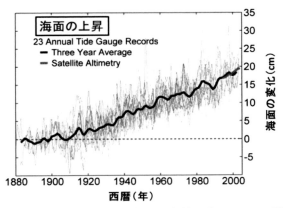

図 11-9 海面レベルの変化。赤線は衛星からの観測値。IPCC, AR-5, 2013 data.

（短期的変動は多分 GCR に起因）。ヒト 1 人が約 100 W の発熱体であることは、第 5 章で述べた。地球人口は 2014 年時点で 72 億人なので、人体だけで、72000 万 kW の発電機に相当する。ちなみに、日本の最大発電出力は 28000 万

207

kWの能力をもつ。1万年前のヒトの人口は、100万人、AC 1800年で10億人と推定されている。地球温暖化と人口増にも相関があることは確かなようだ。

地球は長い時間スケールで寒冷化と温暖化を繰り返して来た。直近では、約8700万年前を温暖化のピークとし、その後現在に至るまで寒冷化が進行している。なぜ今、地球温暖化が大問題になってきたのだろうか？ひとつは、化石燃料資源が近い将来枯渇するという懸念から、他のエネルギー源へのシフト（原発、核融合炉、再生可能エネルギーなど）を促進するという思惑があるのかもしれない。British Petroleum 社の資料（2013年）によれば、石油、天然ガス、石炭およびウランの可採年数は各々、53、56、109 および 93 年となっている。若干の延長はあっても、50 年後は深刻な問題となることは間違いない。確かに、その前に手を打っておくべきだろう。その他に、急激（？）な環境変化に対する不安があるのだろうか？100 年後、海面が現在より 20 cm 上昇すると、影響を受けるのはバングラディッシュ沿岸と太平洋の一部の島のみとも言われている[12]。気温の上昇と砂漠化には、必ずしも正の相関があるわけではない。例えば、サハラ砂漠は、20000-12000 年前（氷期）に最も拡大し、その後、間氷期（10000 年前）に入って湿潤化が進み、8000 年前に湿潤化はピークを迎えた。その後 5000 年前まで湿潤な気候は続き、その後乾燥期に入って現在に至っている。この湿潤の時期と地球の温暖化の時期は重なっているように

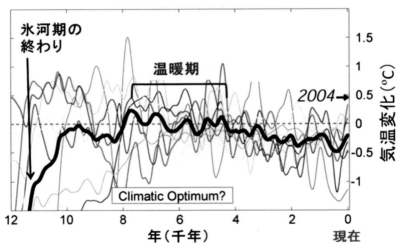

図 11-10. 12000 年前から現在に至るまでの気温変化。氷河期が終わり間氷期に入ったのが約 10000 年前に当たる。データは、IPCC, AR-5, 2013 年による。

見える（図 11-10 参照）。恐竜が大地を走りまわったジュラ紀の平均気温は現在より 10℃ 以上高く、地球全体が湿潤な気候だったらしい。砂漠化の原因は何か十分な検証が必要だろう。IPCC の AR-4 第 2 作業部会の報告書を読むと、警鐘・警告の大合唱の趣がある（ヒマラヤ氷河が 2035 年にはほとんど消失するという根拠のない警告もある）。残念ながら、地球温暖化の原因とその影響について、説得力のある説明はなされていない。

エネルギー問題

　最後に今後のエネルギー問題について考えてみよう。近い将来の化石燃料の枯渇と原発の安全性の問題を考えれば、再生可能エネルギー（太陽光や風、森林・水資源など自然環境の中、枯渇することなく再利用可能なエネルギー）への転換は避けられない。日本近海の海底に埋蔵されるメタン・ハイドレート（Methane hydrate）は、採掘のコストが高く、よほどの燃料費の高騰が無い限り非現実的である。そこで、将来（現在も含め）のエネルギー源として有望なものを見てゆくことにしよう。第 5 章でも述べたが、仕事量・エネルギーの単位は[J]、仕事率・パワーは（W = [J/s]）であることに注意して欲しい。発電機のパワー（出力）は W であり、使用する電力量は Wh である。

(1) 太陽光発電：太陽電池を使う場合と、太陽熱発電の 2 種類がある。後者は、太陽熱を巨大レンズで集め、水を蒸発させてタービンを回し発電する。乾燥地帯で有効な手法だが、日本の気候には適していない。太陽電池は LED の逆過程だが、その原理は補遺 5-2 で解説している。太陽電池（Solar panel）の年間平均発電量は 115 kWh/m^2 である。日本の年間総発電量は 1×10^{12} kWh であり、これをすべて太陽電池で賄う場合、8700 km^2 の面積が必要となる。これは、琵琶湖の面積の 13 倍、日本の総面積の 2.3 % に当たる（太陽光発電による自然環境変化もありうる）。2014 年時点で、発電コストは 26.8 円/kWh と試算されているが、2030 年ではその半値まで下がると予想されている[21]。この発電コストであれば、天然ガス（LNG）とほぼ同程度となり十分競合できる。

(2) 風力発電の場合、風の強い場所、洋上や陸地では高い場所で、羽（Blade）を回さなければならない。羽を回す風のエネルギー E は、羽に当たる空気分子の運動エネルギーに相当するので、風の速度を v [m/s]、空気分子（質量：M）の密度を n [m^{-3}]、羽の面積を S [m^2] とすれば、$E = 0.5Mv^2vSn$ [W] と表せる。空気を N$_2$ 分子：O$_2$ 分子 = 4：1 と仮定すれば、M = 28.8 [amu] =28.8 ×1.66×10^{-27} kg となる。空気 1 気圧中の分子数は、2.68×10^{25} [m^{-3}] である。羽は高速で回るので、羽の回転半径を r = 10 [m] とし（$S = \pi r^2$）、効率を 0.5 とすれば、$E ≅ v$

^{3} [kW] が得られる。よって、風速が 10 [m/s] であれば 1 MW の発電能力をもつ。十分大きな風速を得るため、洋上や地上の高い場所に設置しなければならず建設コストが高いのが難点だ。現在の発電コストは約 22 円/kWh だが、今後 15 円/kWh まで下がるとの試算もある。

(3) バイオマス（Biomass）は、生物由来の資源の意味として使われる言葉である。薪や炭に加え、穀物や植物繊維のセルロースからとれるアコールなども含まれる。いずれも光合成でできた植物由来のエネルギーであり、それを燃やして CO_2 を排出しても、温室ガス排出としてカウントされない。稲わら、麦わら、籾殻、廃材・間伐材からのペレット（廃材の圧縮・乾燥・チップ化）、廃棄物の化学分解で生じるガス（メタンなど）などを燃焼させて熱を得る。日本は、森林資源に恵まれながら、森林業は衰退してきた。オーストリアも森林資源の豊富な国だが、林業を最先端産業に再生させ、その廃材のペレットによる発電で、全発電量の約 1/3 を賄っている（2/3 は水力）[22]。荒れた森林（所有者不明の山も多いらしい）の再生は、河を再生させ（水害も防ぐ）、それは更に河口から海に広がり沿岸漁業の再生にもつながると言われている。現在のバイオマス発電のコストは高いが（29 円/kWh）、林業とカップルして廃材をペレット化すればコストは大幅に減少するはずである[22]。

(4) 地熱発電：火山地帯の多い日本では、埋蔵量は多く、33,000 MW と見積もられている（日本の電力平均値は 260,000 MW、2013 年）。地熱発電は、地下 1000 - 3000 m にある地熱貯留層より地熱流体（マグマで熱せられた高温・高圧の熱水）を取り出し、その蒸気でタービンを回して発電する。現在、地熱発電所の多くは、火山・温泉地帯の多い九州や北海道に集中している。2014 年現在の年間総発電量は、38 億 kWh で、太陽光発電の 1/25 程度に過ぎない。九州電力八丁原発電所（大分県）は出力 11 万 kW で、発電コストは 7 円/kWh である。これまで、開発が進まなかったのは、採掘場所が国定公園・国立公園内にある場合が多く環境規制の対象となったこと、温泉枯渇を懸念する温泉地の反対が原因らしい。最近は規制が緩和され、温泉地との共存の可能性も検討されている。

(5) 小水力発電：水資源の豊富な日本では有力な電力源と考えられる。小規模（100 – 500 kW）であれば、環境を損なうこともない。問題となるのは、水利権取得の煩雑さ（法改正が必要）、清掃などの維持管理の手間などが挙げられる。その他、季節によって水量が変化し安定供給が難しいのも弱点である。それでも、発電能力に対する発電量（設備利用率）は 60 % と高く、太陽光発電の 5 倍、風力の 2-3 倍である。出力 200 kW 未満の場合はマイクロ水力発電と

呼ばれ、小さな水流で取り付けも簡単であり、法規制が緩和されれば普及は広まるものと思われる。

(6) 光触媒による水素生成

太陽光によって水を $2H_2O + hv$（太陽光）$\rightarrow 2H_2 + O_2$ に分解し、これを燃料電池として使用すれば、完全循環型のサイクルが実現できる。この化学反応を促進するには効果的な触媒が必須となる。1968 年、本多と藤嶋は、酸化チタン（TiO_2：アナターゼ）電極と Pt 電極を水中に置き、アナターゼ表面に光を当てると、そこから酸素が、Pt 電極から水素が発生することを発見した（本多・藤嶋効果）。これは、アナターゼ（バンド・ギャップ：3.2 eV）に光が当たると、電子・空孔ペアが形成され、正孔によって $2H_2O \rightarrow 4H^+ + O_2 + 4e^-$ 反応が誘起され酸素が発生するためである（図 11-11 参照）。電子は Pt 電極に移動し、ここで $2H^+ + 2e^- \rightarrow H_2$ 反応によって水素が生成する。こうして、Pt 電極からアナターゼ電極に電流が流れる。ちょうど電気分解の逆過程に対応することが分かる。この反応は発熱反応であり、水溶液の温度は上昇する（電気分解は吸熱過程）。この光触媒による水の分解は反応効率が悪く、未だ実用化に至っていない。最近、反応効率を高める研究が進展しており、実用化の可能性が高まって来た。2015 年新エネルギー産業技術開発機構（NEDO）は、光触媒による水からの水素製造で、太陽エネルギー変換効率 2 % を達成したと報告している。2021 年までに、変換効率 10 % を達成し、実用化の目途をつけたいとしている。この目標が達成されれば、水素社会の到来も夢ではなくなるだろう。

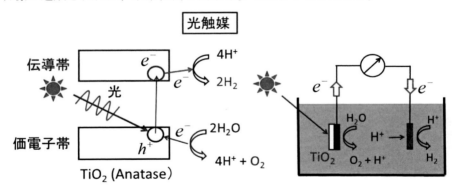

図 11-11. 光触媒（TiO_2：アナターゼ）による水の分解。

(7) ビーム核融合：太陽および銀河の恒星のエネルギー源は、水素の核融合反応であることは H. Bethe によって示された（1939 年）。先ず、高温（300 万 K

以上)・高圧下、水素原子核（陽子：Proton）同士が反応し重陽子（^{2}D）が生成する。反応式は、$p+p \rightarrow {}^2D + e^+ + \nu$ (neutrino)と表されるが、この反応ではエネルギーは生成されない。次に、$^2D + p \rightarrow {}^3He + \gamma$ 反応が起こる。このとき、5 MeV のエネルギーが放出される。さらに、$^3He + {}^3He \rightarrow {}^4He + 2p$ 反応によって 15 MeV のエネルギーが解放される。こうして 4 ケの水素原子の核融合で ^{4}He が生成され、計 20 MeV のエネルギーが生まれる勘定になる（同一質量で換算すると、炭素原子の燃焼に比べ 1500 万倍のエネルギー放出にあたる）。太陽の場合、この核反応は今後約 50 億年持続すると見積もられている。水素爆弾の場合は、$^2D + {}^3T \rightarrow {}^4He (3.5 \text{ MeV}) + n (14 \text{ MeV})$ 反応を使う。核分裂と異なり、放射性物質の生成は非常に少ないのがメリットである。燃料となる重水素（D）の存在比 $^2D/(^1H + {}^2D)$ は 0.015 % だが、莫大な海水量を持つ地球には、無尽蔵にある元素といえるだろう。三重水素（Tritium ^{3}T）は重水素同様水素の同位体だが、ベータ崩壊（半減期：12.32 年、電子線の最大エネルギー：18.59 keV）する放射性同位元素である。天然には、宇宙線由来の中性子が大気中の N や O と反応して生成される。その量は極めて微量なので、核融合炉内で Li に中性子を当てることでトリチウムが自己増殖することを利用する。

さて、太陽内部では、核融合を起こすに十分な高温・高圧の条件が満たされているが、地球上でこの条件を生み出すには工夫が必要である。水爆の場合は、先ず核分裂反応（原爆）によって高温・高圧の条件を作り出し、核融合を起こさせる。ビーム核融合の場合、強力なパルス・レーザー光（1 MJ；約 200 基）を 1 点に収束させ、爆縮によって高温・高圧の条件を作り出す。ただし、その状態が慣性によって保たれる時間は 10^{-10} 秒程度と極めて短く、この時間内に核融合反応が誘起される（図 11-12 参照）。この方式は、日本では、大阪大学・レーザー核融合研究センターで研究が行われてきた。2014 年、アメリカのローレンス・リバモア研の国立点火施設（NIF）において、生成されたプラズマのエネルギーが燃料に吸収されたエネルギーを上回ったとの発表がなされた。この NIF に投入された予算は 5000 億円といわれている。ただ、レーザー核融合にはまだクリアしなければならない難題が存在する。D と T の固形燃料体（直径 10 mm 程度の球体）を低温保持した状態で、1 秒に 10 回程度の割合で連続交換しなければならないこと、高出力レーザーの 1/10 秒ごとの繰り返し照射回数を 1 億回程度まで伸ばす必要があることなどである（現状は数百発で部品交換が必要）。この壁を突破し、実用炉を実現するには恐らく 50 年程度の時間はかかるものと思われる（投資が継続したとして）。この他に、レーザーの代わりに高速重イオンビームを照射する方法も研究されている。この場合も、

大電流重イオンビームを実現するには、イオン同士が反発する空間電荷効果の制約を克服しなければならない。ビーム核融合は、燃料ペレット・サイズが 10 mm 程度と小さく水冷不要で放射能漏れの危険性は低い。

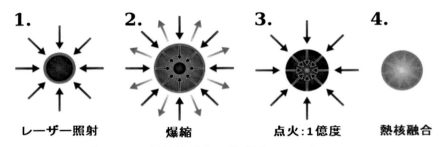

図 11-12. レーザーによる慣性核融合の模式図。https://commons.wikimedia.org/wiki/File:Inertial_confinement_fusion.svg.

　従来の核融合炉といえば、強磁場で D^+ と T^+ と電子からなるプラズマを閉じ込め、高速 D を中性ビームとして入射させ加熱するトカマク型やヘリカル型が主流であった。この方式だと巨大な炉が必要となり、莫大な建設費を要す。現在、EU、日本、中国、インド、ロシア、アメリカ、韓国の 7 ケ国が参加するトカマク型・国際共同実験炉（ITER: International thermonuclear experimental reactor）の建設がフランス・カダラッシュ（Cadarache）で進められている（2038 年に実験完了予定）。建設総額は 2015 年時点で、140 億ドルと試算されている。実験炉にしてこの予算であれば、実用炉の建設にはさらに数倍の予算が必要になるだろう。将来予算面で頭打ちになるのは確実である。

遺伝子操作と生命倫理
（i）優生学
　遺伝子操作から直ちに連想されることは、人種の改良という優生思想および遺伝子組み換え作物などではないだろうか。後者は、作物（植物）に新たな遺伝子を導入したり、ある特定の内在する遺伝子を活性化ないし抑制することで、生産性や栄養価などを高めたものを指す。国内では、観葉植物にその例があるが、輸入穀物の多くは遺伝子作物が占めているようだ。国の食品安全委員会によって、ジャガイモ、大豆、トウモロコシなどに対しては安全が確認されたとしている（2015 年 6 月）。
　遺伝子操作がヒトに及んだ場合、どのような倫理的問題が生じるのであろう

213

か。先ず頭に浮かぶのが、ナチス・ドイツのゲルマン人を最優秀人種とし他の人種を排斥した人種差別政策がある。このような極端な人種差別ではないが、ヒトの能力や容姿などを改良しようとする優生学は、19 世紀末よりヨーロパ、アメリカにおいて盛んになった。これは、進化論のダーウィニズムと遺伝の原理を結合し、それをヒトにも応用しようとする学であった。人間自らが、その自然的運命を改良しようとするもので、キリスト教的救済史観の世俗化とみることもできる[23]。優生学は、イギリスにおいて盛んとなり、これが移民と自由の国アメリカに伝搬し広まっていった。イギリス・アメリカでは、アングロ・サクソン人種が最優秀で、東欧・南欧に対する優位性があるとする人種観がある。ヨーロッパ人は、アジア・アフリカ人種に対する優越性を潜在意識としてもっているだろう。ヒトを差別することはいかなる集団においても存在する。能力テストも差別化といえるであろう。こうして、優生学は、アメリカにおいて、犯罪者や精神障害者に対する断種（手術による生殖阻止）法という形で適用されている（インディアナ州：1907 年）。また、ヒトの能力を数値化する IQ テストも、移民の国アメリカにおいて広まった。優生学は、当初福祉的意味も持っていたが、結局は政治と強く結びつくことになった。ナチス・ドイツは、アメリアの断種法や移民制限法などを政策化し、先ず 1933 年ナチス断種法を成立させている。ユダヤ人排斥も人種差別政策の一環として行われた。

　ナチス・ドイツのホロコーストなどの人種差別の衝撃によって、第 2 次大戦後、国連において「世界人権宣言」が採択され（1948 年）、1950 年には「人種に関するユネスコ声明」が出されている。一方、優生学の何が非倫理的なのかという意見もある。先天的異常疾患の予防手段としての出生前診断の是非もこれに関連する。現在多くの国では、この出生前診断に関して、何ら強制の無い自己決定権が保障されている。脳に重度の障害をもつ子供の出産は、親にとって大きな苦悩を生み出すことは間違いない。しかし、最近は"障害も個性のひとつ"という認識も広まりつつある。もちろんこれには、社会的サポートが欠かせない。また IQ 値の高い人間のみの世界が幸福な社会の実現につながるかは疑問である。ヒトの幸せに必要なのは、賢さ（wise）であって利口さ（clever）ではない。しかし、このような考えは一般的でないのも事実である。例えば、シンガポールの首相リー・クアンユー（2015 年逝去：彼の政治における功績を偲び多くの世界元首が葬儀に参列した）は、高学歴女性の出生率の低さを懸念し、高学歴女性への経済支援、大学における恋愛指南講座の開設、船上お見合いパーティーの無償提供などを実施した[24]。一方、高校も卒業していない低学歴女性に対して、不妊手術を条件に、低価格アパート入居に際して頭金 4000

ドルを提示したのである。もっとも、船上お見合いなどの政策はシンガポール女性には不人気であったらしい。

(ii) 遺伝子治療と能力増強

　周知のように、第2次世界大戦を境に、国家によって科学の重要性が強く認識され、巨額の予算が投入されるようになった。戦争によって、科学は大幅に進歩すると言われる所以である。特に戦後は、DNAの構造解明など、分子生物学の発展が著しい。遺伝機構の分子レベルでの解明によって、当然のことながら遺伝子を人為的に操作する研究が盛んになってきた。1980年代より、哺乳類の遺伝子操作が広く行われるようになった。特定の遺伝子が無効化された遺伝子組み換えマウス（遺伝子の機能を特定するために作られる）や、クローン動物（猫などのペット）などである。ヒトに対する遺伝子操作も、遺伝子治療という形で行われるようになった。先ず、現世実利主義の国アメリカにおいて、ヒトのDNA上の塩基配列を決定するという「ヒト・ゲノム計画」が推進・実行された。その推進者がジェイムズ・ワトソン（DNAの構造解明に寄与）であった。彼は、「黒人は人種的・遺伝的に劣等である」などと発言し物議を醸している（2007年）。こうしてヒト・ゲノムは2003年に完全解読された。これによって、22対の常染色体（DNA）とXXおよびXY性染色体の計46本のDNAに対する塩基配列（全31億塩基対）が決定されたことになる。その結果、ヒトの遺伝子の数（遺伝単位）は個人差があるが22,300ケ程度であることが判明した。ヒトの遺伝子の数は、他の生物のそれに比べて多いというわけではないが、その半分は、脳の発達や機能と関連しているらしい[23]。各遺伝子の機能が解明されれば、各人のDNA診断チップによって、病状判断とその予測、最適の治療メニューの提供が可能となる（遺伝子解析費用は16万円：2015年）。医師が患者の体質に合わせ、治療方針を調整するのは当たり前の処置であると考えられよう。一方で、個々人の遺伝情報は新たな差別を生み出す源ともなり得る。これらのデータ・ベースが統一的に保管される事態が近い将来に起こる可能性は否定できない。遺伝情報は、医療機関・製薬業者にとって、喉から手が出るほど欲しい情報である。アメリカでは一応、個人の自己決定権、インフォームド・コンセント（十分・正確な情報開示を受けたうえでの同意）、個人情報の保護が謳われてはいる。しかし、自己決定と自己責任の原則は、自由市場を正当化する原理である。遺伝情報が商品化される危険性は高いといえよう。

　疾病に対する遺伝子治療以外に、遺伝子操作によって人間の形態や機能を改善する処置（Enhancement）も世界に広まりつつある。筋肉増強、記憶力強化、身長アップ、子供の性選択などを遺伝子操作によって行うというものだ。これ

らは、本来疾病の治療や遺伝性疾患の予防として開発されたバイオ・テクノロジーであるが、人間改良の道具として、人々を引き付けている。すでにアメリカや中国において、マウスや犬などにおいて、胚に化学物質を注入することで、筋力を通常の 2 倍に高めたという報告がある。筋ジストロフィーやパーキンソン病などの難病の予防に役立つ可能性があるという。これがヒトに適用可能となれば、スポーツ選手の注目を集めることは間違いない（摘発が困難）。近年、マウスの記憶関連遺伝子を複製して胚の中に注入することで、記憶力を大幅に向上させたという報告がなされた[25]。この改良は子孫まで受け継がれるとのことである。これが、ヒトに適用可能となれば、加齢に伴う認知症のような深刻な記憶障害に苦しむ人々にとっては朗報であろう。一方、この手法は医療外の一般のヒトの脳力強化にも使うことができる。我々は、自らの心身を設計し直すことで、自らの運命の改善を追い求めるべきなのであろうか[24]。このような生命倫理に関して、多くの議論がなされているが、その論点となるのは、安全性、不公平性、強制の有無である。しかしこれらの基準も、遺伝子操作の善し悪しを判定する十分な根拠となりうるのか疑問である。実際、具体的事例に対して明確な基準を提示することは難事だ。例えば、不妊クリニックにおいて、卵と精子の提供の許容条件や、ヒトの胚を用いた幹細胞の研究の許容範囲などは、どのように設定できるのか判断は難しい。マイケル・サンデル（ハーバード大学・政治哲学）によれば、遺伝子増強（Enhancement）は、我々の生の被贈与性（与えられたものとしての生）の破壊に導き、道徳の根幹をなす謙虚・責任・連帯の変容をもたらすものと規定している[24]。生の被贈与性は宗教観と見なされやすいが、より一般性をもつ倫理的にも思想的にも重要な概念ではないだろうか。いずれにしても、我々は今後、遺伝子操作と生命倫理の問題に向き合わざるを得ないことは確実である。

参考文献

[1] トーマス・ヘイガー 著「大気を変える錬金術 – ハーバー・ボッシュと化学の世紀」（みすず書房、2010 年）
[2] ジェーン・ウィルソン 著「原爆を作った科学者たち」（岩波書店、1990 年）
[3] L. Meitner and O. R. Frisch, *Disintegration of Uranium by Neutrons: A New Type of Nuclear Reaction,* Nature **143,** (1939) 239-240.
[4] O. Hahn and F. Strassmann, *Concerning the existence of alkaline earth metals resulting from neutron irradiation of uranium,* Die Naturwissenschaften **27** (1939) 11-15.

[5] N. Bohr, *Resonance in Uranium and Thorium disintegrations and the phenomenon of nuclear fission,* Phys. Rev. **55** (1939) 418-419.
[6] Edwin McMillan and Philip Hauge Abelson, *Radioactive element 93*, Phys. Rev. **57** (1940) 1185-1186.
[7] 「福島原発事故独立検証委員会・調査・検証報告書」日本再建イニシアティブ（ディスカバー・トゥエンティワン、2012 年）
[8] 東京電力福島原子力発電所事故調査委員会「国会事故調報告書」（徳間書店、2012 年）
[9] 日本原子力学会「福島第一原子力発電所事故その全貌と明日に向けた提言」（丸善、2014 年）
[10] NHK スペシャル"メルトダウン"取材班「福島第一原発事故 7 つの謎」（講談社現代新書、2015 年）
[11] 東北大学・流体科学研究所「原子炉内が崩壊熱のみによって加熱されている場合に必要な水の投入量の推定」Heat Transfer Control Lab. Report, No 1, Version 5, 2011.
[12] リチャード・ムラー 著「エネルギー問題入門」（楽土社、2014 年）
[13] 大島堅一 著「原発のコスト－エネルギー転換への視点」（岩波新書、2011 年）
[14] 経済産業省・資源エネルギー庁「エネルギー基本計画－2014 年」（経済産業調査会、2014 年）
[15] レイチェル・カーソン 著「沈黙の春」（新潮文庫、1974 年）
[16] 高間大介 著「人間はどこから来たのか、どこへ行くのか」（角川文庫、2010 年）
[17] H. Svensmark, *A new theory emerges,* Cosmoclimatology **48** (2008) 1-18.
[18] 深井有 著「気候変動とエネルギー問題」（中公新書、2011 年）
[19] A. Moberg, D.M. Sonechikin, K. Holmgren, N.M. Datsenko and W. Karlén, *Highly variable northern hemisphere temperatures reconstructed from low- and high-resolution proxy data,* Nature **433** (2005) 613－617.
[20] F. Riccobono et al., *Oxidation products of biogenic emissions contribute to nucleation of atmospheric Particles*, Science **344** (2014) 717-721.
[21] 総合資源エネルギー調査会・発電コスト検証委員会資料（2015 年 4 月）
[22] 藻谷浩介 著「里山資本主義」（角川書店、2013 年）
[23] 米本昌平他 著「優生学と人間社会」（講談社現代新書、2000 年）
[24] マイケル・サンデル 著「完全な人間を目指さなくてもよい理由」（ナカニ

シヤ出版、2010 年）
[25] Joe Z. Tsien, *Building a brainier mouse*, Scientific American, **282** (2000) 62-68.

第 12 章　科学と社会

　19 世紀中葉、科学者が誕生し、近代科学の目覚ましい発展が始まったのは、産業革命と市民革命を通して生まれた産業資本主義によるものである。これは、ある意味で社会的要請といえるだろう。蒸気機関の発明による蒸気機関車・蒸気船の登場があり（19 世紀初頭）、19 世紀後半より発電機の発明と蛍光灯、無線機、電話など電気工学が盛んとなって、生活の利便性は大幅に向上した。この電気の利用を契機として第 2 次産業革命が起こり重工業の発展を促したのである。このような技術の発展には、物理・化学・冶金・鉱物学など基礎科学の後押しがあったことは言うまでもない。19 世紀後半には、古典電磁気学はマックスウェルによって、熱の科学としての古典統計力学がボルツマンとマックスウェルによって基礎づけられた。なかでも、マックスウェルによって予見され（1864 年）、ヘルツによって発生・検出（1886 年）された電磁波は、今日の情報社会を築き上げたのである。20 世紀に入り、原子・分子や電子の存在が明らかとなり、このような極微（ミクロ）の世界を記述する新しい量子力学が誕生した。古代ギリシャのデモクリトス達の唱えた物質の最小単位としての原子は、18 世紀の西洋における元素の概念の成立、ドルトンやアヴォガドロの原子論の提示を経て、20 世紀初頭には、その存在は疑い得ないものとなった。さらに、最小の構成単位で不変と思われた原子（核）が放射線を出して壊変する現象が、アンリ・ベクレル（Henri Becquerel: 1852-1908）とキュリー夫妻によって発見されている（ウランのアルファ崩壊：1896 年、ラジウムの発見：1898 年）。それは、さらに核分裂の発見につながり、核兵器を生み出すことになった。そして今日の科学（むしろ技術と言うべきか）の発展、特にロボットや人工知能の飛躍的性能向上や遺伝子操作を含む医療技術の進歩は、貧富の格差を更に推し進める危険も孕んでいる。

　科学者が共有するのは、資本主義と同じ自由競争の原理である。産業資本主義の台頭と、その社会的要請によって科学者が誕生した経緯からして必然の成り行きと言えよう。M. マゾワー[1] によれば、1989 年の冷戦の終結で勝利したのは、民主主義ではなく資本主義であった。資本主義は、20 世紀に入り共産主義と全体主義の挑戦を受け、これを撃退したかに見える。その資本主義も 21 世紀に入り、陰りが見え始めた。膨大な富がごく少数の人に独占され、資本主義をある意味で支えて来た中産階級を細らせ、社会を不安定化させている。今日、より膨大なデータ（個人データも含む）とそれを処理するソフト・ウェアを握ったものがビジネス界の王者となる。これを支えているのは、電磁気・素子の驚異的な微細化による巨大メモリーと論理演算回路の飛躍的な高速化で

ある。科学・技術は、ビジネス業界の僕となったのであろうか？歴史の中心にある価値、人々を行動へ駆り立て、制度を作り、変容させ、国家政策を導き、共同体、家族、個人を支える価値とは何であろうか。自由主義はその一つに過ぎず最終的な解答ではあるまい[1]。しかし、進化を促がす自然淘汰は競争原理によって成り立っている。欲望とカップルした競争の本能は、遺伝子のレベルで刻印されているのだろう。この熾烈な自由競争は行き着くところまで行くのだろうか？あるいは、より賢い選択肢を取りうるのか？今日の世界情勢を見ると、その"終わりの始まり"が進行中であることが見て取れる。

科学と芸術 - "真理と真実"
(i) 科学における美

　自然科学は、自然界に存在する秩序・法則を明らかにする学と定義されている。一言でいえば真理の探究である。一方、芸術の対象は美といってよいであろう。とはいえ、詩や小説などの文学作品は、美よりも真実の表現が重要となる。人為的制作物によらずとも、自然界には多くの美が存在する。桜や木々の若葉、咲き乱れる花の美しさ、紅葉、雪景色など数え上げればきりがない。絵画や写真は、自然の美を単に模写したり、ワン・ショットを切り取るだけでは芸術たり得ない。我々の想像力を刺激し、感動を生み出すことで芸術作品は成立する。ここでは、自然の美と芸術における美について考えてみたい。

　それでは、自然科学者にとっての美とはいかなるものであろうか？物理学者であり化学者でもあったキュリー夫人は"私は、科学の中に偉大な美が存在すると思っている人間の一人です"という言葉を残している。自然科学者の感じる美とは、一見複雑怪奇な現象の中に、シンプルな法則の存在を見出すことであろう。それが、シンプルな数学的表現を伴えば、その美しさはさらに増幅される。その法則は微分方程式の形で表されるが、不変量としての保存則と対称性が付随する。そして、対称性より保存則が導かれることを数学的に示したのがエミー・ネーターであった（ネーターの定理：第 10 章参照）。一見複雑・ランダムに見えるブラウン運動（酔歩）の中に、拡散過程における正規分布（第 5 章参照）という規則性を見出したのは、アインシュタインである（ある時刻後の出発点からの距離をサンプリングする）。

　科学者が美を感ずるのは数式のみではない。変化に富んだ氷の結晶の美しさ（図 12-1 参照）、フラクタル（自己相似性：Self-similarity）な幾何学模様より、視覚的な美を享受することができる（図 12-2）[2]。氷の結晶形は、H_2O 分子の電気双極子に由来する。H^+ - O^- 間に引力が働き、正六角形の基本型ができる

（6つの異方性 → 樹枝）。この異方性のもと、H_2O 分子がランダム（拡散的）に吸着してゆくことで雪片結晶が成長する。その多様な形は、温度と湿度によって決まる。自己相似性（Fractal）を生み出す基となるのが、このような異方性と拡散過程である。雪片の六方対称性の記述は、紀元前 135 年ごろの「漢詩外傳」に見えるという[3]。雪片が 6 角形をしていることに最初に気づいたヨーロッパ人は T. ハリオットで、1591 年その日記に綴った。先に記した雪結晶の多様な形を決めるのが湿度と温度であることを最初に実験的に示したのは中谷宇吉郎である（1936 年；完全な対称性をもつ雪片は極めて稀らしい）。

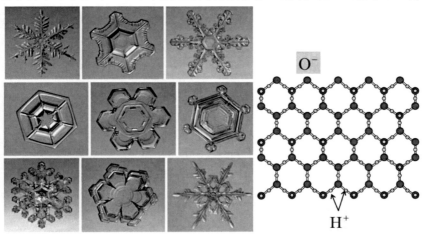

図 12-1. 種々の雪の結晶（左図）と H_2^+-O^- 分子からなる氷の構造（右図）。
Courtesy of Prof. K.G. Libbrecht, Caltech。

図 12-2. ブロッコリーのフラクタル構造。https://www.fourmilab.ch/images/Romanesco/ by John Walker より転載。

形状としての美以外に、色そのものの美しさもある。コランダム型の Al_2O_3 結晶（サファイア：透明）で（図 12-3 参照）、Al^{3+} が不純物 Cr^{3+} に置換されると Cr^{3+} の電子に対して、紫・黄緑の波長領域に吸収帯が形成される。これは、量子論によって理論的に説明することができる。こうして、白色光（太陽光）が通過すると赤色を帯びてくる。これがルビーである。純粋なサファイアに微量の鉄・チタンが混入すると、青い宝石サファイアになる。これに、**0.1%** 程度の Cr が添加されると、薄いピンクのピンク・サファイアと呼ばれる貴重な宝石ができる。自然の微妙な調合による希少な産物なのである。不純物 Cr の量が 1 % を超えると、濃い赤から黒っぽい色に変化してゆき、色の美しさは失われてゆく。無機物だけでなく、ある種のタンパク質やアミノ酸も蛍光を発する。蛍の薄緑色は、ルシフェリンというアミノ酸である。オワンクラゲの緑の蛍光は、緑色蛍光タンパク質（Green Fluorescent Protein: GFP）によるものだ。GFP は下村脩によって、1962 年に発見・分離精製された（2008 年ノーベル化学賞）。GFP はタンパク質なので、これの製造にあずかる遺伝子が存在する。GFP 遺伝子を異種細胞（細菌など）に導入・発現させれば、細菌の挙動を可視化・観察することができる。

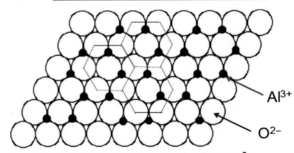

図 12-3. サファイアのコランダム構造。

　工学の関係では、無駄をそぎ落とした飛行体の流線型の美が挙げられよう。機能を徹底的に追及することで顕現する美が存在する。日本刀の形の美しさもこれに該当するかもしれない。生命体も、36 億年の淘汰に耐え、その機能を徹底的に磨き上げたもののみが生き残ってきたのである。鳥類で最も速いのが隼で、400 km/h の速度が出るという。この高速に耐えるために、隼の眼・鼻は

特別な仕様になっている。一方、地上で最速の動物はチーターらしい。時速換算 104 km/h の速度を計測したとの報告がある。頭が小さく、胴体・足が長い。すべてが、より速く走れるような体型になっている。その皮膚の文様は、一種のロゼッタ様である（チューリングの縞模様：平衡状態からはずれた化学反応系には一種のパターンが発生し得る）[3]。

　自然界には、黄金分割に基づく文様が多数ある。13 世紀初頭、イタリアのフィボナッチ（Leonardo Fibonacci: 1170-1250）は、インドで発見されたいわゆるフィボナッチ数列を紹介している。これは、最初 0 と 1 から出発し、手前の 2 つの数の和を取ってゆくとできる数列である。例えば、0 + 1 = 1、1 + 1 = 2、1 + 2 = 3、2 + 3 = 5、3 + 5 = 8、5 + 8 = 13、8 + 13 = 21、.... となる。次に、隣り合う数の比をとってゆくと、8/5 = 1.6、13/8 = 1.625、21/13 = 1.6145、....、が得られ、次第に黄金分割比 $2/(\sqrt{5}-1) = 1.6180...$ に近づく。黄金分割は、図 12-4 に示すように BC/AB = AB/AC として、線分 AB を 1 としたとき、線分 AC の長さとして定義される。この黄金分割を反映した螺旋型はいくつかあるが、フィボナッチ列で分割してできる螺旋型の例がオウムガイの殻である（図 12-4）。2 次元極座標（動径：r、極角：θ）で、$r = c\,(\theta/137.508°)^{1/2}$ の関係を満たす螺旋をフェルマーの螺旋とよぶ（c：任意定数）。円周の弧に黄金分割を施すと、$(a+b)/a = a/b$ より黄金角度（Golden angle）137.50776...° が得られる。その例を、向日葵の花（花頭）などに見ることができる（図 12-5 参照）。

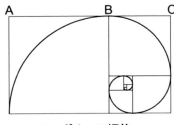 

フィボナッチ螺旋　　　　　　オウム貝

図 12-4. フィボナッチ螺旋とオウム貝（Wikimedia Commons: Chris 73 より転載）。

　我々の身のまわりの世界に目を向ければ、寺院の伽藍の配置、平城宮、故宮（北京）やヨーロッパのバロック建築、ヴェルサイユやシェーンブルン宮殿とその庭園などは左右対称になっている。宮殿・寺院建築に左右対称配置が多いの

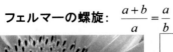

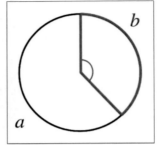

フェルマーの螺旋: $\dfrac{a+b}{a} = \dfrac{a}{b}$

ひまわり

図 12-5. フェルマーの螺旋と向日葵の花。
https://commons.wikimedia.org/wiki/File:Helianthus_whorl.jpg より転載。

は、秩序と厳格さ、規律性を意識したものであろう。日本では、庭園や茶室・茶器など、対称性や図形の完全性を意図的に崩した形が好まれる。いわゆる破調の美である。なぜこのような美が好まれるのであろうか？そこには、正確さ・厳密さを好まない精神風土があるように思われる。落語もそうだが、笑いなどで緊張をほぐし、窮屈さを緩和させる庶民性もその流れを汲んでいる。東洋・日本では、自然に身を任せ無理をせず、自然と共に生きるのが風流であり理想とされたのである。ところが科学・技術には、自然を知りヒトに都合のよいように制御し作り変えようとする強い意欲がある。美意識も異なってくるのは当然だ。池大雅や与謝蕪村などの南画（文人画）は、西洋人には芸術と見なされなかった。小説家の夏目漱石は晩年、南画の創作に没頭している。"私は生涯に一枚でいいから、人が見て有り難い心持のする絵を描いてみたい"と述べている。なぜ小説より絵に魅かれたのだろうか。

(ii) 芸術における美

　自然科学は、熱平衡とか、準静的過程（熱平衡を維持したまま十分ゆっくりと系の状態を変化させる過程）や保存則・対称性などという完全・純粋な創作概念に基づき自然現象を記述する（モデル化）。現実とは異なる仮象の世界を表現しているとも言いうるのである。もちろん、これらの概念の近似的な状態を実験的に作り出すことは必須であるが。自然科学の対象は、繰り返し可能・再現可能な現象である。一方、我々の生は、再現・繰り返し不可能な一回性という制約を負っている。そこからかなしみという情念が生まれてくる。もっと

も、我々が永遠に生き続けなければならないとすれば、これほど大きな不幸はないであろう。死は永遠の安らぎをもたらすものでもあるからだ（地獄がなければの話だが）。

　芸術における美とは、一言でいえば真実の表現といえるだろう。それでは、真実とは何か？真実とは個々人の固有の経験、それは決して他者と共有されることなく、個を支えるものである。もし、真実が白日に曝されれば、それはもはや真実ではない。ヒトは基本的かつ絶対的に孤独な存在なのだ。しかし、そこにこそヒトの尊厳があると言えよう。それにもかかわらず、我々は芸術作品に触れ、共感・感動することができる。感動は、ある種の情感・心情を共有することによって生まれるものである。それでは、芸術における真実の表現はいかにして可能なのだろうか？世に芸術家と呼ばれる人は多数存在する。芸術表現には、その前提条件として精緻なテクニックは必須であろう。ただその表現に恣意性が入ると、甘さ・媚を生み出し真実から離れてしまう。ここで、J.S. バッハの音楽を例に挙げよう。彼の作曲した"平均率クラヴィーア（Well-tempered Clavier）曲集"や"無伴奏チェロ組曲"を聴くと、これはクラヴィーア、あるいはチェロという楽器の魅力・可能性を引き出すために精魂かけて作られたものであることが分かる。我々に媚びたり、名声を期待することなどは一切無縁である。"平均律"の場合、第 1・2 巻とも、ハ長調に始まりロ短調で終わる長短 24 曲から成り、各曲はプレリュードとフーガによって構成されている。プレリュードが比較的自由な情感を表現し、フーガが理性的に情感の高まりを抑える役を果たしているようだ。早いテンポと遅いテンポ、快活と静寂の多彩な曲調があり、その中に心を打つ美しい曲が散りばめられている。彼の作品は音楽のマイスター（職人）として彫琢されたものだ。彼の作品は、その死後長きに渡り忘れ去られた。妻のアンナ・マグダレーナの手記によれば、バッハが頑固で敬虔なプロテスタントであったことが窺われるが、その人となりとは無関係に、我々はその曲の美しさに心を打たれる。そして、このような美しい曲を聴く機会に恵まれたことに深い感謝の念を覚えるのだ。このような美を真実と呼ぶのは、我々の心情・真実と共感・共鳴をもたらすものであるからに他ならない。なぜ、バッハがこのような美を創造できたのか？それは彼自身の真実に関わるものであり、詮索することは無意味であろう。奇しくも科学者の登場した 19 世紀中葉、シューマン、ショパン、メンデルスゾーンの時代（ロマン派）至って、作曲家は芸術家として社会的に高い地位を得ることになる。地位の向上とは逆に、曲の Quality が下がっていくのは皮肉な話だ。

　ここで、筆者が特別の感動を覚えた絵を二点掲げることを了としていただき

たい。図 12-6 の絵は、ジョルジュ・ドゥ・ラ・トゥール（Georges de La Tour: 1593-1652）の「生誕」（Musée des beaux-arts de Rennes）とポール・セザンヌ（Paul Cézanne: 1839-1906）の「庭師ヴァリエ」（Tate Gallery、1906）である。ラ・トゥールは、17 世紀前半（ガリレオ、ケプラーと同世代）ドイツ国境に近いロレーヌに生きた謎多い画家だ。セザンヌについては、今更何も言うまでもあるまい。この 2 つの絵に共通するのは、深い静寂とかなしみである。赤い衣服をまとう聖母に抱かれたのは、幼子イエス・キリストであり、背負おうことになるその未来を予感させる。セザンヌは、庭師ヴァリエの絵を 8 点描いた（油彩 5 点、水彩 3 点）。ここに掲げたのは、彼が死の直前に描いた水彩画だ。この絵に描かれているのは、その生を生きたセザンヌそのヒトである。

ジョルジュ・ドゥ・ラ・トゥール【生誕】
Musée des beaux-arts de Rennes

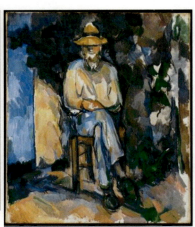
庭師ヴァリエ（1906）
Tate Gallery

図 12-6. "生誕"（ラトゥール）と "庭師ヴァリエ"（セザンヌ）の絵。

（iii）科学は文化？

　理論物理学者の大栗博司氏は、その著書[4]の中で、科学がもたらす喜びは、文学・音楽・美術と等価と述べている。我々に感動を呼び起こすものという意味で等価であるということだろう。しかし、ヒッグス粒子の発見に感動を覚える人はどの程度いるのだろうか？恐らく、CERN で測定に携わったヒト達と素粒子論研究者くらいのものだろう。ヒッグス機構の理論とその意義を真に理解している人は僅かなはずである。モーツァルトの音楽やセザンヌの絵に感動す

るヒトが圧倒的に多いことは間違いなかろう。現代科学の真理は（分野はいろいろあるが）、専門家たちに独占されている。シモーヌ・ヴェーユの言うように、"科学者とそうでない者との間には深淵が広がっており、科学者たちは古代神政の司祭の地位を継承している"のだ[5]。

　科学は文化の範疇に入るのだろうか？文化という言葉は、ラテン語のColere（耕す）が語源で、ドイツ語ではKultur、英語でCultureと書く。厳密な定義があるのか定かではないが、精神的洗練・向上とする説もあれば、知識・信仰・芸術・道徳・法律などを含めた幅広い言語に基づく能力としての総体とする説もある。前者の定義では、科学は含まれず、後者の定義では知識として含まれてもよいのかもしれない。マイケル・ファラデーは、一般向けの講演も多く行ったが、特に少年・少女向けにクリスマス・レクチュアーでも話をしている。「ローソクの科学」（1861年）は有名だ[6]。科学がこのように、一般のヒトたちと共有されれば、文化とみなすこともできよう。フェルミ研究所の所長であったロバートR. ウィルソン（Robert R. Wilson: 1914 - 2000）は、陽子シンクロトロンの建設（25、000万ドル）をめぐって、上下両院合同原子力委員会で次のように証言した。ジョン・パスター上院議員"この加速器は米国の安全保障上何か役に立つのか？"ウィルソン"直接には我が国の防衛には何ら役立つことは有りません。しかし、我が国を防衛するに値する国にするのに寄与します"。彼は、この加速器によって得られる新しい知識を崇高な文化と強調したかったのだ。ウィルソンは、マンハッタン・プロジェクトにチーム・リーダーとして加わり、原爆の点火系統のチェックなど重要な役割を果たした[7]。彼にとって、原爆も一つの新しい知識・文化であったのだろうか。

科学と哲学・宗教 - "科学の範疇を超えるもの"

　哲学・宗教は、ヒトに生きる意味を与えることができるが、科学はそれとは無縁である。そして、それこそが、特に宗教が多くのヒトを今日でも引き付ける理由でもある。産業革命以降、科学は、哲学・宗教と相対立し合うことなく独立に発展してきたように見える（神の否定は、イデオロギーとしての唯物弁証法によってなされた）。しかし今日、核兵器と原発、エネルギーと環境問題、遺伝子操作と生命倫理など、科学はヒトの生活に深く関わり、哲学・宗教の領域に足を踏み入れることになった。こうして、科学は倫理・宗教・哲学と相対峙せざるを得なくなったのである[8,9]。

(i) 科学と哲学－要素論的・分析的手法を超えるもの

　19世紀に始まり現代に至るまで、要素論的分析手法は、物理学、化学、分子

生物学など、科学の幅広い分野で大きな成功を収めてきた。物理学の場合、ある現象を要素的実体に還元し、その実態の振る舞いを記述する基礎方程式を導き出すことによってその体系を築き上げる。古典力学においては質点、電磁気学においては荷電粒子が要素的実体であり、それらの間に働く相互作用を見出すことで、ニュートンの運動方程式（ラグランジェ方程式）およびマックスウェルの電磁場の方程式（基礎方程式）が導き出された。量子力学においては、ミクロな電子・原子・分子がその要素的実体であり、さらに原子核とそれを構成する核子、核子を構成するクォークと玉ねぎの皮をむくように対象が拡大された。電子・原子・分子の世界では、基礎方程式はシュレディンガー方程式に帰着する。さらに対象を素粒子の領域まで拡大し、ゲージ場と素粒子の相互作用による統一的記述を目指す研究が進行中である。分子生物学は、遺伝の実態が、DNA の複製機構にあり、また 4 つの塩基の配列が暗号コードとなって、20 種類あるアミノ酸の配列を指定し、それに対応したタンパク質が合成されることを示した。そのような合成過程は、基本的には量子化学によって記述することができる。こうして科学は要素論的・分析的手法によって、自然界の広大な研究領域を体系化し、その制御と改変も併せて推し進めてきたのである。

　科学者から見ると、"宗教・哲学の難点は、根拠のないあるいは目的先行の仮説によってすべてを説明しようという無謀さにある"ように思えてしまう。かつて哲学は、真に存在するもの（実在）の認識に関わる形而上学（第一哲学）と感覚界に属する自然現象を理論的に解明する形而下学（自然学：第二哲学）に分けられていた。すべてを体系的に把握することが求められていたのである。現在の状況はどうであろうか？宇宙物理学者スティーブン・ホーキングは、その著書[10]で、"私たちはどのようにしてこの世界を理解できるのでしょうか？この世界はどのような存在なのでしょうか？そもそも存在とはいったい何なのでしょうか？また、すべての存在はどこから来たのでしょうか？この世界は創造主を必要とするのでしょうか？"と述べ、"これらは伝統的な哲学の課題ですが、現代において哲学は死んでしまっているのではないでしょうか？"と挑発している。科学は、その方法論に基づき知の探究を推し進めてはきたが、しかし、これらの問に科学が十分答えられるのだろうか？ニュートンは万有引力を仮定することで、惑星の運動いわゆるケプラーの法則をすべて数学的に説明することに成功した。しかし、なぜ物体間に引力が生じるのかは不問としたのである。アインシュタインは、質量を持つ物体が時空を歪ませ、その結果として重力場が発現することを示した。重力を時空の幾何学に還元したのである。しかし、なぜ質量を持つ物体が時空を歪ませることができるのかは不明である。

要素論的・還元主義に基づけば、問は永遠に続きそうだ。その意味では、アリストテレスが言うように、"因果律に従い原因を遡れば根本原因に行き着く。この根本原因をなす者こそ神である。"という議論も成り立ちうる。実在をGuaranteeするものとして神が存在するのだろうか？神の実在あるいは非実在を証明するのは不可能なことだろう。これは科学・哲学の範疇ではなく、信じるか信じないかの選択に帰着するからだ。

　科学の拠り所とする要素論的・分析的手法に対する批判は、哲学・宗教の関係者や脳科学の研究者からもなされている（第10章・自然界における階層構造）。要素に分割し、その特質を基に再構成しても、それは最初の全体ではありえないという指摘である。機械は分解し、またつなぎ合わせれば元に戻るが、生命体を分割し、それを正確にまたつなぎ合わせても、もとの生命体には戻らない。機械の場合は内的ダイナミクスが存在しないのだ。生物も原子・分子の集合体だが、生命体には、代謝・複製という複雑なダイナミクスが存在する。現状は、電気化学的レベルである程度説明はつくが、それを原子・分子のレベルで記述するのは不可能である。科学は、原子・分子を素材に生命を創製できるだろうか？もし可能としても、それは遠い遥かな先の話である。

　相対性理論の登場を受けて、哲学者ベルグソンは、時間の本質は連続性にあり、それをあえて分割する物理的時間は実在する時間ではないと批判した。これに対して、アインシュタインは、物理的時間と心理学的な時間を区別し、ベルグソンの主張する唯一の普遍的な時間の存在を否定している。時間の連続性に関しては、「"飛ぶ矢"は飛ばない」という有名なゼノンのパラドックス（背理）がある。ある一時点に、ある空間点にあるということは、矢がとどまっているということであり、結局矢は止まっていることになるという理屈だ。これに対して、「飛んでいる矢は時間的持続の中においてのみ存在する」という哲学的解釈が可能である。しかしながら、このような議論はたいして有益なものとは思えない。科学の強みは、数量的モデル化とその検証可能性を保証することにある。重要なのは、数量化できる純粋な物理量の設定であり、それはある条件下では不変量となりうるものでなければならない。物理的時間は、周期的現象を使って数量化することができる。ある現象の周期の不変性は、他の多くの系の周期性と比べることで担保される。以前は、太陽の運行周期が使われたが、現在は原子内電子（気体状 ^{55}Cs の最外殻電子）の共鳴吸収する電磁波の周波数より時間を決めている。より高精度で周波数（周波数の逆数が周期：時間）を測定できるものがあれば、より精密に時間を定義（測定）できることになる。しかしこのような物理的時間は、我々の感じる心理的時間と異なることは言う

までもない。物理のモデリングで構成された世界は、実験的に検証しうることが担保されていなければ、単なる仮象の世界といえる。現実世界では、数量化できないものも多数存在する。哲学に期待するのは、このような数量化できないものに価値を見出し、その根拠を示すことである。一般に、"科学や技術は本来、倫理的価値観とは関わりがない、それを利用する人間の問題である"と考えられがちだ。こうして、科学は自身を中立的なものとして、新たな知識を求めて止むことが無い。しかし、このような態度は、もはや許されない事態に足を踏み入れていると科学者は認識すべきであろう。

(ii) 科学と宗教

　科学と宗教は相対立する関係にあると見なされがちだが、ことはそれほど単純ではない。近代科学がヨーロパで興ったことは、キリスト教と深い関わりがある[11]。キリスト教では、ヒトは最も神に近い特別な存在である。与えられた理性によって、神の創造した世界・自然を理解しうる能力を授かっているとするのである。キリスト教内部に生まれた科学は、やがてキリスト教より離脱・独立する。そして、啓蒙主義の時代に入り、神の存在は否定されることになった。しかし、その後の流れを見ると、科学とキリスト教は対立するより、守備範囲を設定し共存の道を歩んできたように思える。産業革命が起こり、19世紀の近代科学が勃興した当時は、自然をヒトのために制御し改変することで富と生活の向上が期待され、進歩思想が高揚した。ヘーゲルの弁証法（「宇宙の進化を律する最も一般的な法則は弁証法的秩序である」）がこれに同期している。科学は結果的に、産業資本主義の発展を支え、階級差・貧富の差を生み出したことになる。

　ところで、ヒトが信仰に救いを求める動機は何であろうか？実際、信仰をもつ科学者も多数存在する。科学と宗教でよく争点となるのが"奇跡"であろう。聖書のヨハネ福音書第二章「カナの婚礼」で、イエスが貧しいヒトのために水を葡萄酒に変えるシーンがある。この情景は、ドストエフスキーの「カラマーゾフの兄弟」にも描写される印象的なシーンだ。ここで、ドストエフスキーは、水を葡萄酒に変えた奇跡を、ひとつの象徴として捉えている。"水を葡萄酒に変えることによってイエスは人々に何より悦びを贈ろうとしたのだ。なぜなら彼のこころにあったのは、人々の苦しみではなく、人々の悦びであったからである。人を愛するものは、人の悦びもまた愛する"。クリスチャンで小説家であった遠藤周作は、"イエスの復活は、真実であるばかりでなく事実であり、処女降誕は事実ではないが真実である"と述べている。ここで、事実とは客観的に観察しうる事象であり、真実とはヒトのこころに内在するもので、基本的

に観察・共有不可能な情念を意味する。生命科学の発展によって、知覚・喜怒哀楽の関わる脳の部位をある程度特定できるようになった。しかし、それを外的に刺激したとしても、その感覚・情感は私のみが経験する真実に属する。ウィトゲンシュタインは、著書「倫理学講話」の中で"世界は日々われわれに対して存在するにもかかわらず、その存在は奇跡とみなされるべきであり、それについてはいかなる言語的な表現も無意味とならざるを得ないのである"と述べている。存在を奇跡たらしめているのはまさしく神であろう（宗教上の神である必要はない）。存在の奇跡とは、帰するところ唯一無二の存在としての自己である。これは、マイケル・サンデルの言う生の被造与性にも通じるものだ[9]。生の被贈与性は、ヒトに限ったことではあるまい。生きるということは、ヒトのみならずすべての生き物にとって、切実かつ真剣な行為なのだ。ヒトは、謙虚という美徳を失うべきではない。その対極にあるのが傲慢（Hubris）だ。

　宗教的とは、絶対的な存在を信じ、それに帰依することである。それが独善的であってはならないが、神の存在を信じることで、ヒトは生きる意味を見出す。一方、神の喪失によって、ヒトは直接虚無に向かい合わざるを得なくなる。もちろんそれは、意識すればの話だが。科学の問は永遠に続く営みであり、根本原因に到達することは決してない。科学は虚無とは無縁の行為である。科学することと、信仰をもつことは別の話であり、対立し合うものではない。

(iii) 生と死

　具体的な話として、例えば、遺伝子操作による優性遺伝や能力増強に対して、哲学・宗教はどのような根拠に基づきどのような結論を出しうるのであろうか？一般論として、安全性・公平性・非強制が保障されればよしとする基準が立てられているようだ。政治哲学者のマイケル・サンデルはより踏み込んで、上記の遺伝子操作は、我々の生の被贈与性を破壊し、謙虚・責任・連帯の道徳を失わせると警告する[9]。生の被贈与性は、必ずしも宗教的信念の反映ではなく、より一般的な感情と理解してよいだろう。プロメテウス的熱望や支配への強い衝動が健全な社会を支える道徳の崩壊に導くという危惧を表明している。恐らく近い将来、ゲノム解読に基づく遺伝子治療によって、ヒトの寿命は大幅に伸びることだろう（恐らく高額所得者のみ）。認知症の老人を介護する人にとって、その治療薬は福音だが、単に発症を遅らせるだけでは根本的解決にはならない。再生医療によって、100歳にして依然、みずみずしい顔をしたヒトが巷に溢れるのが、あるべき未来の姿なのであろうか？死を永遠の安らぎとして、その到来を望むのは、やはりごく少数の不幸なヒトだけなのだろう。瀬戸内寂聴尼も92歳で胆のう癌の摘出手術を行っている。やはり、生は好ましく、

死は忌避すべきものなのだ。アポトーシス（細胞の自死：落葉の意）のように、死期を認知し、強制されることなく、自ら判断して死を選ぶというスタイルがあってもよいのではないか。高僧は、西行もそうだったらしいが、事前に死期を悟り、その後食を絶って死を迎えるとのことである。生命科学者の柳澤桂子氏の言葉は非常に印象深い。"自然の中の一景として眺めたとき、人間の死もまた静かであってほしいと思う。美しく色づいた葉が秋の日の中にひらひらと舞ってゆく。葉の落ちたあとの樹には、冬芽の準備が始められる。死はそれほどにも静かなささやかなできごとである。"[12]。ドイツ語の墓地、Friedhof は、安らぎの館の意である。

　「自由人の叡智は、死ではなく生を考えるためにある」と述べたのはスピノザ（Baruch de Spinoza: 1632-1677）であり、「われ未だ生を知らず、焉んぞ死を知らん」と言ったのは孔子（BC 552-479）である。生を真剣に生きるのが本筋であり、死を思い煩うのは無益であると読める。我々は、第 9 章において、36 億年にわたる生命史を俯瞰した。死によってこそ生は存在するのであり、死を否定することは生を否定することでもある[12]。生と死は切り離すことのできない一体化したものだ。死が全体を生かすのは、ただ細胞レベル（アポトーシス）だけの話ではない。一方、ヒトほど死を重く受けとめる生き物はいないのも事実だ。そして医療が進歩し、寿命が伸びて、我々は死を遠くに追いやってしまった。しかし、人生無離別 誰知恩愛重（蘇軾）であり、ヒトは離別（死別を含む）によってはじめて恩愛の重さを知るのである。生きることに意味があれば、死ぬことにも意味があると解すべきであろう。

科学と政治 - "ゾイデル海の水防とローレンツ"

　20 世紀に入り、人類は 2 つの世界大戦を経験した。1914-1918 年の第 1 次世界大戦においては、戦死者 850 万人、負傷者 1950 万人を数える凄まじさである。死傷者のほとんどは、性能の著しく向上した機関銃・大砲の餌食となったのだ。この大戦では、爆撃機が登場し、フリッツ・ハーバーの開発した毒ガスも使用された。第 2 次世界大戦では、死者は民間人も含めて 5500 万人以上といわれる（民間人：52 %）。戦車・銃機関砲・爆撃機・戦闘機・戦艦・空母など、科学技術の粋を集めた兵器が登場した。そして 2 発の原爆によって、35 万人の民間人が犠牲となったのである。先端科学技術（Radar、原爆など）の開発・導入に熱心だったのは、むしろ科学者の方で、政治家・軍人は当初それほど関心を示さなかったらしい。敵の居場所を捕捉するレーダー（Radar）は、イギリス・アメリカにおいて、20 − 200 kW, 50 − 200 MHz のものが 1938-1939 年

に開発・実用化されていた。敵のいる方向は正確に捕捉できるが、パルス幅が5 μs 程度であったため距離の精度が悪く、どの程度役立ったかは定かではない。Radar の心臓部はマグネトロンだが、それを小型化したのが電子レンジである。朝永振一郎（繰り込み理論と場の量子論の確立：ノーベル物理学賞・1965年）や小谷正雄といった理論物理学者も、戦時中、このマグネトロンの研究を行った。静岡県の海軍技術研究所で実験が行われ、3 GHz, 500 kW のマグネトロンの試作品を作ったが実際に使われることはなかったようだ[13]。しかし、この戦争を契機に飛躍的に発展したマイクロ波の技術は、物理・化学の研究はもとより、天文・医療・通信技術などあらゆる分野で、なくてはならないものとなっている。

　国家と科学者の結びつきには、余り好ましい例は見当たらない。愛国者のフリッツ・ハーバーは毒ガス開発に精を出し、多くの科学者が原爆開発プロジェクトに参加した。国家からの兵器開発の要請を拒絶した著名な科学者は、マイケル・ファラディーとライナス・ポーリングくらいではないだろうか。戦争では、ほとんどのヒトが熱烈な愛国者になるのである。そのような中で、科学者が国家の要請を受け、それを成し遂げた輝かしい例を一つ紹介しよう。雑誌「自然」（中央公論社；1960、1月号）に、朝永振一郎は"ゾイデル海の水防とローレンツ"という一文を寄稿している（図 12-7）。オランダ政府は、ゾイデル海の入り口をダムで塞ぎ、淡水の内海とする国家事業の責任者・委員長を、理論物理学者のローレンツ（1853-1928、ノーベル物理学賞 1902 年）に依頼した（1918 年）。なお副委員長には土木工学者のウォルトマンを指名している。ローレンツは、晩年の 10 年間をこの事業に捧げ、自ら検潮儀を作り理論計算や模擬実験を行った。そして 8 年の歳月をかけて総合報告書をまとめ（1926 年）、工事は 1927 年より始まり、1932 年（予定より 4 年早く）にダムは完成した。こうして、オランダは高潮の被害を免れ、淡水化した内海より灌漑用水の水源を確保できたのである。オランダ政府は、ローレンツの偉業を讃え、7 月 18 日（ローレンツの誕生日）を「ローレンツの日」と定めている。記事は"これは政治家・科学者・技術者の最も美しい協力の例であり、それがまた驚くほど見事に成功した例である"と綴っている。このような例には滅多にお目にかかれないのは、残念なことである。信頼関係の欠如に原因があるのであろう。現在、東日本大震災の復興が進んでいるが、地元住民と建設業者に加え、科学者の協力が不可欠ではないだろうか。著者は、その最後を、"我が国のいろいろな Operations は現在でも Jumps in the Dark のように思えてならないが、これがもし間違いであれば幸いである"と結んでいる[註 12-1]。

図 12-7.　ゾイデル海（左）。H.A. ローレンツと朝永振一郎（写真："鳥獣戯画"、みすず書房より転載）。

科学と司法 – 科学鑑定：和歌山毒カレー事件
(i) 冤罪と DNA 鑑定

　最後に、科学と司法に関わる例をいくつか挙げておこう。今日、DNA 鑑定の精度が向上し、裁判において、大きな決め手になる例が増えている。1990 年 5 月に起こった足利事件は、2000 年に容疑者に無期懲役刑が最高裁で出されたが、弁護側の粘り強い調査によって、DNA 再鑑定（被害者の衣服に残った体液の DNA と被疑者の DNA）が認められた（2008 年）。検察・弁護側それぞれが依頼した鑑定人は、被疑者の DNA と体液 DNA の不一致を結論し、無罪として決着した（2010 年 3 月）。無罪として釈放されるまでに 20 年を要している。

　これよりさらに長きにわたって冤罪が叫ばれ続けているのが袴田事件である。事件は 1966 年 6 月静岡県清水市で起こり、同年 8 月に被害者の製造工場の従業員が容疑者として逮捕された。1980 年 12 月最高裁で死刑が確定している。その後、再審請求運動の高まりによって、検察が先に証拠品として提出した血痕のついた衣類 5 点の開示が行われた（2013 年）。弁護団の最新技術による DNA 鑑定によって、付着した血液は容疑者のもので無いことが判明した。こうして、2014 年静岡地裁は再審開始を決定したが、静岡地検は東京高裁に抗告を行っている。袴田事件では、地検による証拠の捏造と、アリバイ事実のもみ消しなどが指摘されているが、裁判は未だ決着していない。その他、大阪地検特捜部主任検事証拠改ざん事件など、裁判のあり方に疑問が投げかけられている。犯人像の推定は、現場捜査官の経験に依ることが多いようだが、行動

科学に基づく分析（Profiling）も行われているらしい。しかし、このような方法は単にあたりをつけるだけであって、決定的な証拠とはならない場合が多い。DNA鑑定以外にも、微量分析技術は進歩・高度化しており、科学的な捜査・情報収集を行う体制を作って欲しいものだ。おおよその目安として、サンプル1 μg、1 ppb（原子10億個の中に1ケの不純物原子）を検出・同定できる。

(ii) 和歌山毒カレー事件

　1998年7月25日、和歌山市園部地区の夏祭りで供されたカレーにヒ素が混入され、4名が死亡、60名以上に後遺症を残す事件が発生した。当初、保健所は食中毒と見なしたが、和歌山県警が現場で採取したサンプルを送った東京の科学警察研究所より、砒素の検出の報を受けたのが8月2日である。科学警察研は、X－線マイクロ・アナライザー[註12-2: SEM-EDX]の2次電子像によって、混入毒物を亜ヒ酸（三酸化二砒素　As_2O_3：立方晶・正八面体構造）と特定している（通常は、X-線回折や赤外吸収分光で同定する）。この他、誘導結合プラズマ発光分析法（ICP-AES）によって、犯行現場で発見された①青色紙コップに付着した亜ヒ酸と、②-⑥容疑者の近親者宅にあった亜ヒ酸に含まれる微量不純物（Se, Sn, Sb, Pb, Bi）を検出している。分析対象の微量不純物として、Sn, Sb, Bi, Moを選んだのは、SbとBiは元素周期律表でAsと同属であり置換しやすい、SnとMoは亜ヒ酸を製造する際の鉱石に含まれやすい元素というのがその理由であった。加えて、これら4元素は外部混入の恐れが低いことも理由に挙げられている。その鑑定書は1998年12月15日に提出された。

　この他、容疑者H宅の台所にあった⑦プラスチック容器に付着した亜ヒ酸・試料があったが、サイズ約200 μmの付着粒子（約10 μmサイズの亜ヒ酸微結晶の集合体）の量は微量で、分析が困難であったため、和歌山地検は、N東京理科大教授（専門：放射光X線分析）とY聖マリアンナ医科大学助教授（当時）（専門：砒素の毒性）に微量不純物の分析を依頼した（1998年12月2日）[14]。測定はN教授によって、1998年12月中旬-末にかけて、大型放射光施設・Spring-8とつくば市の放射光施設・フォトン・ファクトリー（PF）において実施された。測定されたのはSn, Sb, Bi（Spring-8）、Mo（PF）からのK-X線である（放射光誘起蛍光X－線分析[註12-3]：SR-XRF）。試料は、⑦の亜ヒ酸微粒子と⑧カレー中に残された亜ヒ酸の単一微結晶（顕微鏡を見ながら針で、1つの微粒子を抽出）、①青色紙コップに付着した亜ヒ酸及び容疑者の近親者Mが所持していた亜ヒ酸②M宅緑色ドラム缶（50 kg、1983年頃容疑者Hの夫が購入）、③M宅ミルク缶、④M宅白色缶、⑤M宅茶色プラスチック4試料と、旧H邸・現T宅ガレージで発見された⑥Tミルク缶の計8点であった[14]。N

鑑定人の結論は、(1) 全 8 試料すべて、Sn K-α（25 keV）と Sb K-α（26.2 keV）の強度はほぼ等しく、Bi の強度は、Sn, Sb 強度の数倍、(2) 8 つの試料すべてに対して、微量の Mo が検出されたというものである（微量のためばらつきが大きい）。N 鑑定人の文献[14,15]を読むと、微量不純物の強度比を、見た目のパターンで判定（パターン認識）するという特徴がある。この点、何らかの方法で（例えば As の弾性散乱ピーク[註12-4]）規格化を行い定量的な議論を行うべきであろう。N 鑑定人は、起訴前に鑑定結果を公表し、「悪事を裁くために鑑定した」と述べている。当時の状況として、容疑者 H 夫婦（夫：白蟻駆除業者）が砒素を使った保険金詐欺で逮捕されており、マスコミも H を犯人と見立てた報道を流していたのも事実だ。こうして、"世界最大の放射光施設 Spring-8 を使った微量分析による犯人の特定"と銘打った報道は、当時大いに話題となった。巨額の予算（1320 億円）を投じて建設された Spring-8 にしてみれば、成果をアピールする、願ってもない報道である。もっとも、Spring-8 では、Mo を検出できず、後に PF でその K-α 線を測定した。その後、N 教授は TV の"世界で最も受けたい授業"に出演し（2008、2009 年）、SR-XRF 分析が犯罪捜査に威力を発揮することを紹介している。H が殺人容疑で逮捕されたのは 1998 年 12 月 9 日であった。

　和歌山地検は、先の鑑定依頼から約 2 年半後、弁護側の要請によって、T 大阪電通大・教授と H 広島大・助教授（当時）にも鑑定依頼を行っている。本来鑑定は、全く関わりのない複数の専門家に対して同時に依頼すべきである（N 教授を検察に推薦したのは Y 助教授で、両者は共同で科研費申請等を行っている）。これらの鑑定とその結果を整理すると次のようになる。❶科学警察研：カレー鍋に混入の毒物が亜ヒ酸であることを SEM-EDX で確認。試料①－⑥の 6 点を ICP-AES で定量分析。これら 6 つのサンプルの亜ヒ酸の起源は同一と判定。❷ N 鑑定人：SR-XRF によって、試料①－⑥と⑦容疑者宅プラスティック容器に付着した亜ヒ酸の微結晶、および⑧カレー鍋より抽出した亜ヒ酸の微結晶の計 8 点の亜ヒ酸の分析。Sn, Sb, Bi, Mo の存在比がほぼ同じとパターン判定。よって、同一工場が同一原料より同一時期に製造したロットに由来すると結論。さらに、この分析結果は、"異同識別"に当たると証言している。また、被疑者の頭髪からヒ素を検出したと報告。❸ T - H 鑑定人：サンプルは❷と同じで、測定は、Spring-8 で行われた。ビーム・サイズを 0.3×0.5 mm^2 と絞り Pile-up（重なり合い）を抑えたり、ビーム照射位置・試料厚さ依存性のチェック、弾性散乱ピーク[註12-4]による規格化など、定量的にも十分信頼できるデータ解析を行っている。結論は、①紙コップ付着の亜ヒ酸と⑧カレーに混入

され再結晶した亜ヒ酸および試料②-⑥の亜ヒ酸は同一起源（同一ロット）であるが、⑦容疑者宅のプラスチック容器に付着した亜ヒ酸は少量のため、含有量の比較が難しく異同識別の判断はできないというものである。

以上の鑑定資料を参考に、裁判は進められ、2009年5月H被告の死刑が最高裁で確定された。判決主文は以下のとおりである。"[1]カレーに混入された亜ヒ酸と組成上の特徴を同じくする亜ヒ酸が被告の自宅から発見されている、[2]被告の頭髪から高濃度のヒ素が検出されている、[3]夏祭り当日、被告人のみが上記カレーの入った鍋に亜ヒ酸を密かに混入する機会を有しており、被告人の不審な挙動の目撃者も存在する。犯行動機が解明されていないことは、被告人が同事件の犯人であるとの認定を左右するものではない"。蛍光X-線分析のN鑑定人の報告が大きな根拠とされているのが分かる。ここで問題となるのは、犯行に使われた①紙コップの亜ヒ酸と⑦容疑者宅で見つかったプラスチック容器付着の亜ヒ酸の異同識別ができているか否かである。

判決後、弁護団によって再審請求の運動が起こっている。主任弁護人は、"別にトラブルもなく不特定多数の近隣住民を殺害する動機はない。一貫して無実を訴えている。砒素を入れるために使われた①青色の紙コップに被告の指紋は無い。和歌山では農薬店などで、当時亜ヒ酸が広く市販されていた。被告人周辺で発見された亜ヒ酸と、カレーに混入された亜ヒ酸とは、含有微量不純物が必ずしも一致しているようには見えない。"などを被告が無実である理由としている。こうして、弁護団は、N鑑定人および科学警察研の提出データのチェックをK京都大・教授（蛍光X-線分析の専門家）に依頼した（2011年）。その結果、N鑑定人の測定・データ解析の不備と捏造の可能性が指摘されている。これは、K鑑定書として裁判所に提出されており、N鑑定人との論争は学術誌およびインターネット上で公開されている。

この公開記録や文献資料[14-20]より明らかなのは以下の点である。(1)①現場の紙コップより採取された試料と、⑦容疑者宅の台所の容器から採取されたもの、および近親者MおよびT宅に保管されていた亜ヒ酸試料②-⑥のMo, Sn, Sb, Bi由来のSR-XRF測定での強度比は、目視した範囲でおおよそ一致しているので、これら亜ヒ酸は中国原産の同一製造元の輸入品と判定できる。しかし、K教授の追跡調査によれば、②M宅に保管されていた緑色ドラム缶（亜ヒ酸50 kg）は、当時（1974-1984年）和歌山のN商店より、月に最大30缶が農家、農薬販売店、白アリ駆除業者に販売されていたとのことである（意見書(8)、2015年）。この点は、和歌山県警も把握していた。従って、K教授が主張するように、先の起源特定に使われた重元素の存在比以外に、砂・セメントの混入

度合い（Baの量から推定できる）や軽元素の分析が必要だろう（亜ヒ酸は、シロアリ駆除や農薬として使用する場合、適当に混ぜものをし濃度を薄めて使用する）。Mo, Sn, Sb, Biだけでなく、混ぜもの成分（Ca, Si, Fe, S, Baなど）の組成比が一致して、はじめて異同識別が可能になる。

　一般の人には驚くべき事かも知れないが、同じ測定データでもグラフ化することで、望みの結論を導き得るという事実をここで示しておこう。K京大・教授は、科学警察研の提出データ（ICP-AES）に対する簡単な起源解析（②M宅緑色ドラム缶を基準）を行い、次の結論を得た。比較対象試料の微量不純物の濃度をaとし、対応する緑色ドラム缶の濃度bとの差をとり、それをbで割った値（%表示）をプロットしたのが図12-8(a)である。正六角形に近いものは、緑色ドラム缶を起源とするが、絶対値が異なるのは、砂・セメントなどの混ぜものによって濃度が低下したためと解釈できる。図は⑥T宅ミルク缶には38%、⑤M宅茶色プラスティック容器には15%の混ぜものがあることを示している。また③M宅ミルク缶の亜ヒ酸は、②緑色ドラム缶と同じと判定できる。④M白色ミルク缶は、科学警察研のBi量の記載ミスがあり後で訂正された。図(a)は訂正後のデータで、誤差の範囲でほぼ正六角形状になっている[20]。一方、①紙コップ付着の亜ヒ酸は、明らかに②緑色ドラム缶とは別物である。

　全く同じICP-AESデータに対する科学警察研の提出した起源解析結果を見てみよう（図12-8(b) 参照）。表示された値は、As濃度値で割った値を1,000,000倍し、その対数をとったものである。対数をとることによって、差異を小さく見せることができる。例えば、Se濃度1.11（単位100 ppm）をAs濃度7478で割り、これを1,000,000倍して対数をとると、$log_{10}(1,000,000×1.11/7478) = 6 + (-3.83) = 2.17$ となる。Se濃度が2倍の2.22であった場合は、$log_{10}(1,000,000×2.221/7478) = 6 + (-3.53) = 2.47$ であり、この対数表示法をとれば、1.14倍に過ぎない。差異が無いと見せかける非常に巧妙なやり方である。また、図示する際の目盛りの取り方でも、差異を小さく見せることも逆に大きく見せることも可能である。図12-8(c)に示すように、目盛りの拡大率を上げると、図(b)で見えなかったM白色缶の他試料との違いが明瞭になる。

　この他、K教授によって整理・グラフ化されたN鑑定人のSR-XRFデータの元素組成を図12-9に示す。As Sumとは、As K-αの信号強度が強く、検出器が2つのAs K-α線を同時に検出する確率も増大し、2倍のエネルギー値に出て来る信号である。生データよりバック・グランドを引き去り、ピーク・カウント数を出したものが記載されている。N鑑定書で無視された含有元素（Fe, Zn, Ba）にMoを加えてみた場合、明らかに試料①と⑦は大きく食い違っている。

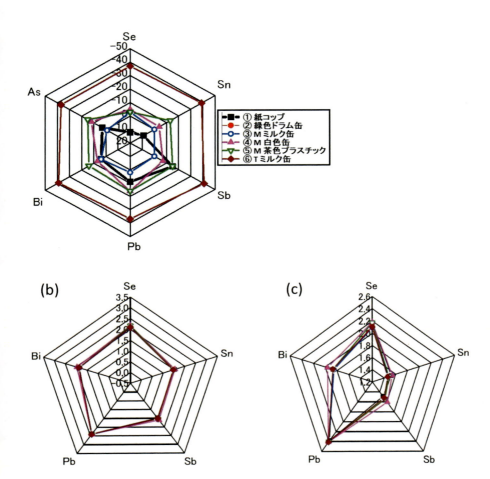

図 12-8 (a) 科学警察研の ICP-AES データを使い、6 つの微量不純物濃度を緑色ドラム缶の濃度で規格化した値をプロットしたもの。(b) 科学警察研の ICP-AES データのレーダー・チャート。目盛間隔 0.5。(c) 同じデータを目盛間隔 0.2 と拡大した図。シンボルは図 (a) と同じ。

As Sum で規格化しても、両者は一致しない。試料①と⑦の差異は明白である。Ba は意図的に混ぜものをしたとき、砂・セメントに含まれる。混ぜものの種類によって、Fe, Zn, Mo, Ba などの元素組成が異なるのであれば、異同識別の有力な証拠になり得るであろう。

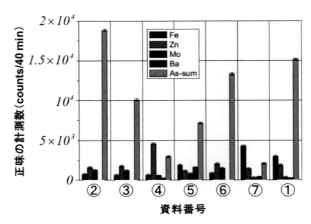

図 12-9. K 教授によって整理・グラフ化された N 教授の SR-XRF データの低エネルギー側のスペクトル[18]。試料番号は①現場に残された紙コップ、②M 宅緑色ドラム缶、③M 宅ミルク缶、④M 宅白色缶、⑤M 宅茶色プラスティック容器、⑥T 宅ミルク缶、⑦H 宅台所プラスティック容器。

　以上の議論より明らかなことは、判決主文に述べられている N 鑑定人の報告より異同識別ができたとする解釈は成立しないということだ。犯罪捜査を、状況証拠のみで行うことなく科学的手法を取り入れることは有効な手段であるが、そこに落とし穴も存在する。当然のことだが、鑑定は先入観を捨て客観的に行うことが必要不可欠だ。指紋や DNA 鑑定と異なり、元素の組成分析から異同識別を行う場合は、特に細心の注意が要求される。どのような試料をどのような方法と条件で測定したのか写真撮影も含めて明確化しておくこと（試料の保存も必要）。複数の測定点で X-線、電子線などのサイズ・強度依存性を含む再現性の定量的評価を行うこと。これには、バック・グランド（偽信号）の定量的評価とその除去も含まれる。内部標準などによる元素成分強度の規格化を行うこと。知己でない複数（3 人以上）の鑑定人を選定する。以上の観点から、N 鑑定人と科学警察研の測定・データ解析には明らかに不備があり、信頼性に欠けている。科学鑑定が重要な意味を持つ場合、検察・弁護士・裁判官への専門家（複数）のレクチャーが必要だろう。和歌山毒カレー事件では、放射光では世界最大の加速エネルギーを誇る Spring-8 での分析が話題となった。しかし、微量試料の高感度元素分析では、2 次イオン質量分析（Secondary Ion Mass Spectrometry: SIMS）の方が勝っている。その他様々な分析手法があり、

司法関係者に対する科学者のサポート体制の充実化が望まれる。

科学の現状と未来

　19 世紀中葉に科学者が登場するまでは、科学の研究を行ってきたのは、アマチュア的愛好家であった。それが、産業革命の進行に伴う産業資本主義の進展による社会的要請として科学者が出現した。本来、科学とは区別された技術（Technology）は、今日科学・技術として一体化した感がある。第 2 次世界大戦を契機に、国家と企業、官・民一体となって科学・技術を支援する体制が構築された。以前、大学では産学共同研究に否定的な風潮があった時期もあるが、それは遠い昔の話である。

　"人生の中で恐れるものなど 1 つもありません、すべては理解されうるものです。"とキュリー夫人が述べたのは 20 世紀初頭のことである。そこには、科学に対する全幅の信頼と、その発展による明るい未来の予感がある。それから約 40 年後、原爆・水爆の開発と大量の核兵器の製造競争により、人類はその脅威に曝されている。大量の核兵器が戦争の抑止力として働いている面は否定できないが、これが好ましい状況とは思えない。科学にとって、新たな知見・知識を探求することは紛れもない善であって、その自由は保障されるべきだとする自由競争の論理は、見直すべきであろう。科学は、個人の知的好奇心に支えられ発展してきたが、今日、個人のレベルで科学研究を行うことは不可能と言ってよいだろう。各研究分野のコミュニティに属し、研究費の獲得無くして研究成果を出すことは難しい。2015 年のノーベル物理学賞は、スーパー・カミオカンデのニュートリノ振動（3 種のニュートリノが時間的に変化する現象：これよりニュートリノの質量は 0 でないことが分かる）の発見に与えられたが、投入された研究費は 10 年間で 100 億円以上に上る。論文の著者は 100 名以上である。Higgs 粒子を発見したヨーロッパ合同原子核研究所（CERN）の場合、その建設費（LHC）は 5000 億円と言われている。測定は、ATLAS と CMS の 2 つのステーションで行われ、参加した研究者は 20 ケ国以上、約 3000 人に上る。Organizer を除けば個人は機械の歯車の一つに過ぎない。これら基礎物理以外でも、実験炉であるトカマク型核融合炉（ITER：7 ケ国の共同研究）に 1 兆 5000 億円（2015 年時点）が当てられ、アメリカはレーザー核融合実験炉に 5000 億円を投じた。日本では、高速増殖炉"文殊"にこれまで約 1 兆円が使われたが、成果を全く出すことなく廃炉が検討されている。巨大プロジェクトへの投資も、結局はその建設を担う製造業社に資金は落ちるので、景気対策になるとの指摘もある。結局、科学者も企業で働くビジネスマンとさして変わる

ことはないようだ。しかし科学がこのように、競争原理に基づき進歩・発展を求めて突き進む事に危険はないのだろうか？原発やエネルギー消費に関わる環境問題、遺伝子操作と生命倫理、人工知能の普及に伴う人間の疎外などが行く手に立ちはだかっている。結局、科学・技術が生み出す問題の解決は、科学・技術に頼るしかないという意見もあるが、事はそう単純ではない。科学・技術は、資本主義に取り込まれ、それに奉仕する仕組みが出来上がっている。重要なことは、我々の幸福感は何によってもたらされるかということだ。もちろん幸福は主観的なもので、個々人によって異なる。競争に生きがいを感ずる者もいれば、それを厭うヒトもいる。多様な選択肢を与えるべきであろう。しかし、これはもはや科学の仕事ではない。

　今日、多額の研究資金は、特にエネルギー関連分野に投資されている。この膨大な人口（70億人以上）を養うには、それに見合ったエネルギーの解放は致し方の無いことかも知れない。これが地球温暖化や局地的災害に寄与していることは確かなようだ。最近、火星への移住が取りざたされているが、現在の人口を徐々に減らすのがもっとも現実的であろう。いずれにしても石油・天然ガスの化石燃料は、今後100年の間に枯渇することは確実だ。太陽エネルギーの有効活用と節電技術の向上に知恵を絞らなければならない。エネルギー問題は地球環境と深く関わっている。環境の保全には、成長ではなく循環の原理[21]に従う第1次産業の振興が不可欠である。特に森林・水資源に恵まれた日本では、その活用を積極的に推し進めるべきだろう。

　今日、科学が直面するもう1つの問題は、極度に専門化・細分化が進行したことである。我々はもはや、それらの先端分野を直接理解することは困難となった。シモーヌ・ヴェーユが述べたように、その分野の専門家は、恰も神のご託宣を告げる祭司のごときである。科学が文化となりうるには、多くの人に分かり易く説明し、関心をもってもらう社会的活動が必要であろう。その中で、逆に得るものも多いはずである。スポーツに関心を持つ人は圧倒的に多いが、科学となると難しいイメージがあり、敬遠されがちだ。数年前、知人のカオス研究者に聞いた話だが、ドイツ・ドレスデンのマックス・プランク・複雑系研究所（Max-Planck-Institute for Physics of Complex System）に滞在中、研究所が一般のヒト向けに、研究成果の紹介を行う機会があったという。ところが当日朝から激しい雷雨があり、多分見学者はほとんど来ないだろうと思っていたら、なんと開場と同時に続々とヒトが詰めかけて来たらしい。質問も結構的を射たものもあり、驚いたとのことであった。"2次方程式の根の公式は、日常何の役にも立たぬので、教える必要はない"と言う文化庁長官が登場する日本とは大

変な違いである。数学・物理などを毛嫌いする文化人は結構多い。"ものごとが困難であることは、ますますそれをなす理由である"と言ったのは、R.M.リルケだが、難しいと思われることは、最初から敬遠・忌避する社会的風潮があるのは困ったことだ。この現状を打破するには、科学者の力だけでは難しく、教育界のみならず、産業界、政治、マスコミなどの協力が不可欠である。今日の学校での"いじめ"の原因となるのは、閉ざされた学校（クローズした世界）に一因があるのは明らかだ。土・日の休日を利用して、定年退職者などの協力を仰ぎ、野外観察、木工、機械いじり、簡単な実験・観察、標本づくりやスポーツ・文芸その他で、子供と交流する場を設けて欲しいものである。今日、教育を教師のみに任せるのではなく、社会が手厚くサポートすべきであろう。そのためにはたく教育費は、将来の投資として決して無駄になることはないだろう。

参考文献

[1] マーク・マゾアー 著「暗黒の大陸-ヨーロッパの 20 世紀」（未来社、2015 年） [2] Benoit.B. Mandelbrot, *Fractals: Form, chance and dimension* (W.H. Freeman & Co Ltd., 1977).
[3] Phillip Ball, *Nature's patterns-Branches* (Oxford, 2009)
[4] 大栗博司 著「強い力と弱い力」（幻冬舎新書、2013 年）
[5] シモーヌ・ヴェーユ 著「科学について」（みすず書房、1976 年）
[6] マイケル・ファラディー 著「ローソクの科学」（岩波文庫、2010 年）
[7] ジェイン・ウィルソン 著「原爆を作った科学者たち」（岩波同時代ライブラリー、1990 年）
[8] 米本昌平他 著「優生学と人間社会」（講談社現代新書、2000 年）
[9] マイケル・サンデル 著「完全な人間を目指さなくてもよい理由」（ナカニシヤ出版、2010 年）
[10] スティーブン・ホーキング 著「ホーキング、宇宙と人間を語る」（エクスナレッジ、2011 年）
[11] 村上陽一郎 著「科学・哲学・信仰」（第三文明社、1976 年）
[12] 柳澤桂子 著「われわれはなぜ死ぬのか」（草思社、1997 年）
[13] 江沢洋 著「小谷－朝永のマグネトロン研究」（日本物理学会誌、49 巻、1994 年、1009－1013）
[14] 中井泉、寺田靖子 "放射光 X 線分析による和歌山毒カレー事件の鑑定"、現代化学、509 巻（2013 年）25-31.

[15] I. Nakai, *Response to Professor Kawai's review on forensic synchrotron X-ray fluorescence analysis of arsenic poisoning in Japan*, X-Ray Spectrometry, **43** (2014) 62-66.
[16] 河合潤 "和歌山カレー砒素事件鑑定資料－蛍光 X-線分析"、X-線分析の進歩、43 巻（2012 年）49-87.
[17] 河合潤 "和歌山毒カレー事件の鑑定の信頼性は十分であったか"、現代化学、507 巻（2013 年）42-46.
[18] 河合潤 "和歌山カレー砒素事件鑑定資料の軽元素組成の解析"、X-線分析の進歩、44 巻（2013 年）165-184.
[19] J. Kawai, *Forensic analysis of arsenic poisoning in Japan by synchrotron radiation X-ray fluorescence*, X-ray Spectrometry, **43** (2014) 2-12.
[20] 上羽徹、河合潤 "和歌山カレー砒素事件における亜ヒ酸鑑定の問題点"、X-線分析の進歩、47 巻（2016 年）89.
[21] 山下惣一 著「農から見た日本」（清流出版、2004 年）

おわりに

　科学の発展の歴史を、主に物理学をベースにその概要を述べた。一般に科学は、理屈っぽくて敬遠されがちだ。特に数学（論理性と抽象性）がその躓きのもととなる。科学するとは、モデリングすると同義とみなしてよいだろう。科学の基本は再現性を担保することだが、それには現象を数量化する必要があり、数学を使った定式化が最もフィットしている。ファラディー（小学校卒）は、恐らく電磁波の存在を予感していたと思うが、マックスウェルは微分方程式化した電磁場の法則より、数学的に電磁波の存在を予見した。現代物理学、特に宇宙論や素粒子物理学では、数学が実証に遙かに先行し抽象化の度合いを深めている。科学は数学やアルゴリズムを使ってモデリングするが、あくまで手段であって新しい数学の創造ではない。本書は、著者の専門外の多くの分野を包含している。そのため、参考文献に挙げた以外にも多くの資料を参照させていただいた。難事だが、科学を時間軸と空間軸からトータルとして俯瞰し、科学の現状と未来について考えるのが本書の趣旨である。これをベースに、後半では、生と死、科学と社会の関わり、自然の美とヒトの精神が紡ぎ出す美について私見を述べさせてもらった。

　科学は本来、知識・知恵を意味し、知を愛する行為（Philosophy）として生まれたものである。それが、産業革命と産業資本の台頭と発展によって資本主義が登場し、その社会的要請として科学者が生まれた。科学は、社会的に恵まれた数少ない知の愛好者から、教育訓練を受け大衆化した科学者によって担われることになったのである。奇しくも、一種の職人としての美の創造者が、芸術家に変貌した時期とも一致する。科学と哲学が決定的に異なるのは、科学には積み上げ・進歩があるが、シモーヌ・ヴェイユが言うように、哲学にはそれがない。相対性理論は、ゼロからできたのではなく、ニュートン力学を一般化することで構築されたものである。物体の速度が光速より十分小さければ、ニュートン力学は正しい記述になり、強い重力源がなければ、ニュートンの重力理論に問題は生じない。哲学にとって、科学は新しい思考の材料は与えるが、それによって哲学が進歩することにはならない。哲学は根本的には、一回性としてのヒトの生き方に関わるものだからである。これまで、科学と哲学には領分の住み分けができていた。しかし今後、遺伝子操作に関連した生命倫理や、原子力・核融合とエネルギー問題、これに関わる環境問題・人口問題や人工知能など、科学と哲学は深く関わりを持つことになるだろう。

　科学者にも、全体をみるという素養が求められている。哲学というと堅苦しいが、科学者も、ヒトとしてのフィロソフィーを身につけなければならない。

科学者が自明とする自由競争の原理（資本主義の原理でもある）も、一定の歯止めが必要だろう（特に生命科学）。我々は、科学者も含め、常に成長・進歩を求められるが、それとは異なる循環の原理も存在する。ヒト以外の生き物は、自然淘汰という長いレンジでの制約を受けるものの、すべてこの循環の原理のもとに生きている。この循環の原理を破るヒトの存在によって、地球上で多くの生物種が絶滅の危機に曝されているのが現状である。ヒトも以前は、農林水産業という循環の原理に従う営みが主体であった。しかし今日、農業、酪農業や水産業にも企業化の波が押し寄せ、ここでも進歩・成長の原理がとって代わろうとしている。進歩・成長の原理が幸せにするのは、ごくわずかの適性をもつヒトだけに過ぎない。2016年1月19日付のYomiuri Online, Newsweek誌に、世界の富豪62人の総資産は206兆円で、世界人口の下半分36億人の総資産に当たるという衝撃的な記事が掲載された（米経済紙フォーブスの世界長者番付より推計）。この富の集中は年々強まっているという。資本主義の自由競争の原理を共有する科学に、この現状の改善を望むのは難しい。ささやかではあるが、知を愛し楽しむ文化としての科学の発展に期待するしかない。

　ヒトは自己を唯一無二の必然の存在と信じている、あるいは漠然とそう感じているだろう。36億年の永い生命史をたどれば、無数の生き物の生と死の連鎖につながる自己を見出すことができる。分子生物学が教えるところは、分子機械としての生命である。しかし、その機能はいわゆる機械仕掛けとは全く異なる驚くべき仕組みである。そして、生命の神秘的とも思える営みが物理法則と矛盾せず、それが機能していることは確かなようだ。科学によって生命の理解は深まるだろう。しかし我々は、原子・分子を素材に、生命を生み出すことは出来ない。科学が対象とするのはあくまで、再現可能な世界である。一方、我々という唯一無二の存在を支えているのは、1回性としての個々の営みである。ヒトは基本的かつ絶対的に孤独な存在なのだ。しかし、そこにこそヒトの尊厳があると言えよう。最後に、科学とは無縁であった詩人R.M. Rilkeの次の詩の一節をもって結びとしたい。

"主よ、おのおのに　おのおのの死をあらしめたまえ。
　おのおのの愛と心情（こころ）と悩みとのこもりにし、
　かのいのちより流れいでたる死をあらしめたまえ。"（星野慎一訳）

O Herr, gib jedem seinen eignen Tod. Das Sterben, da aus jenem Leben geht,
darin er Liebe hatte, Sinn und Not.
Rainer Maria Rilke　(*Drittes Buch in Das Stunden-Buch*)

2016年2月25日

註釈

註 1-1. 平行線の公理（第 6 章一般相対性理論を参照）

2 次元平面で、点 A と異なる点 B があり、A 点を通る直線 l を引く。すると、B 点を通る直線で直線 l と平行な（決して交わらない）直線は 1 本のみという定理。非ユークリッド幾何学の閉じた球面幾何学では、引ける平行線はない。一方、開いた双曲幾何学では、無数の平行線を引くことができる。

註 2-1. 太陽年と恒星年

太陽年は、春分点から春分点までの経過時間で、365.2422 日である。しかし、地軸は公転面に垂直な軸まわりを約 26000 年周期で歳差運動しているため、春分点は 1 年に 20.23 分西へ移動する。十分遠方の恒星を基準にした、地球の公転周期を恒星年という。従って、1 恒星年は 365.2422 + 0.01405 日となる。

註 3-1. 年周視差

比較的近いある恒星の高度を、春分点（夏至）と秋分点（冬至）で測定すると、θ_1、θ_2 であったとすれば（下図参照）、太陽と恒星間距離 x は、次式で与えられる。ここで、R は地球の公転軌道の半径である。$\theta_2 - \theta_1 \neq 0$ （年周視差）

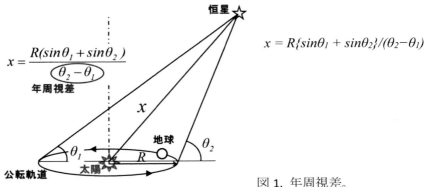

図 1. 年周視差。

註 3-2. 円錐曲線と離心率

円錐を平面でカットした時、その切り口の曲線が円錐曲線である。その中心軸に垂直な切り口は円であり、斜めに切り取れば楕円となる。また中心軸に平行に切り取れば双曲線が得られる。斜面に平行に切り取ると放物線になる。円錐曲線は、その焦点（円の場合は中心）からの距離を r とすると、$r(\theta) = l/(1 + \varepsilon \cos\theta)$ と表される。焦点を通る対称軸を x-軸とすると、θ は焦点から引いた動径の x-軸から測った角度で、ε が離心率である（l は定数）。$\varepsilon = 0$ は円（$l =$ 半径）、$0 < \varepsilon < 1$ は楕円、$\varepsilon = 1$ は放物線、$1 < \varepsilon$ は双曲線になる。

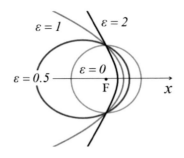

図 2. 円錐曲線。

註 3-3. 角運動量

　角運動量とは、物が回転する勢いと解してよい。変形しない固体（剛体）がある固定軸のまわりを、角速度 ω で回転する場合、角運動量は $I\omega$ と表される。I は慣性モーメントで、下図に示すように、剛体を小さな立方体に分割して、その質量を m_j とし、回転軸からの垂直距離を r_j としたとき、$m_j \cdot r_j^2$ の和をとったものである。フィギュアスケートの回転では、先ず大きな角運動量を得るため手を大きく開き勢いよく氷を蹴って舞い上がる。空中では外力は無く角運動量は保存される。ここで回転数を増やすため手を縮め慣性モーメントを小さくしなければならない。着地時には再度手を広げ、慣性モーメントを大きくすることで角速度を小さくすれば、着地は容易になる。

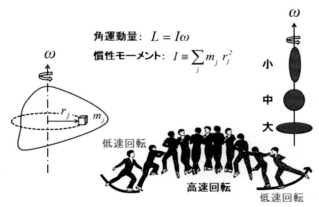

図 3. 角運動量保存則

註 3-4.
　斜面を転がる剛体球（変形しない球）や円筒に対して、摩擦は仕事をしない。なぜなら、この場合の摩擦力は物体の位置を変位させてはいないからである。

現実には、接触面において摩擦による熱が発生するが。

註 3-5. 流率：微分

　ニュートン、ライプニッツの微分・積分において導入された微小量は、十分小さいという曖昧な表現になっている。微分・積分は、極限の概念を導入することで、より厳密に定義することができる。関数 $f(x)$ の微分は、
$df(x)/dx = f'(x) \equiv lim_{h \to 0} \{f(x + h) - f(x)\}/h$
と定義する。変数が 2 以上の場合、その微分量（全微分）は偏微分によって表される。例えば 2 変数の場合、関数 $f(x, y)$ の全微分は次式で定義される。
$df \equiv lim_{\Delta x, \Delta y \to 0} \{f(x + \Delta x, y + \Delta y) - f(x, y)\} = lim_{\Delta x, \Delta y \to 0} \{f(x + \Delta x, y + \Delta y) - f(x, y + \Delta y) + f(x, y + \Delta y) - f(x, y)\} = lim_{\Delta x, \Delta y \to 0} [\Delta x\{f(x + \Delta x, y + \Delta y) - f(x, y + \Delta y)\}/\Delta x + \Delta y\{f(x, y + \Delta y) - f(x, y)\}/\Delta y] = \{\partial f(x, y)/\partial x\} dx + \{\partial f(x, y)/\partial y\} dy$
$\partial f(x, y)/\partial x$ は、関数 $f(x, y)$ の x による偏微分を表している。このとき、x は変化するが y は定数とみなす。例）$f(x, y) = x^2 y$ → $\partial f(x, y)/\partial x = 2xy$

註 3-6.

　プリンキピアでは、基本的には物体を、体積をもたない質点として扱っている。しかし、ニュートンは一様な拡がりをもつ球体や楕円体間の万有引力は、その全質量が物体の中心（重心）に集中し、その中心点間で引力を及ぼし合うとみなせることを幾何学的に証明している（物体は変形しない剛体と仮定）。

註 4-1.

　1 次元運動する質量 m の物体に対する Lagrange 方程式は、$\delta \int L(q, dq/dt, t) dt = 0$ （積分は $q_A(t_A)$ から $q_B(t_B)$ の範囲）より、$d\{\partial L(q, dq/dt)/\partial(dq/dt)\}/dt - \partial L(q, dq/dt)/\partial q = 0$ が導かれる。$L = m (dq/dt)^2/2 - V(q)$ とすれば、Lagrange 方程式は、$d\{\partial L/\partial(dq/dt)\} - \partial L/\partial q = m (d^2q/dt^2) + \partial V/\partial q = 0$ となる。よって、$m (d^2q/dt^2) = -\partial V/\partial q$ が得られる。これは、1 次元のニュートンの運動方程式に他ならない。

註 4-2.

　微小量にも次数がある。例えば、Δ を十分小さな量としたとき、$\Delta^1 \equiv \Delta : 1$ 次の微小量、$\Delta^2 : 2$ 次の微小量、$\Delta^3 : 3$ 次の微小量、… 。例えば、半径が r と

例）輪帯の面積

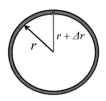

図 4. 輪帯の面積。

$r + \Delta r$ の 2 つの同心円で囲まれる輪帯の面積を、1 次の微小量 ΔS とすれば、$\pi(r + \Delta r)^2 - \pi r^2 = 2\pi r \Delta r + \pi(\Delta r)^2$ だが、$\Delta S = 2\pi r \Delta r$ としなければならない（図 4 参照）。

註 5-1.
　各学会の出す機関誌（Journal）以外に商業誌も存在する。**Nature**（イギリス）や **Science**（アメリカ）が有名だ。商業誌なので、話題性のあるもの、多くの読者を引き付けるという条件がつく。Nature や Science に掲載された論文は、一般に Journal の論文より高い評価を得る。

註 5-2.
　熱の仕事当量の実際の値は、**1 Calorie = 4.186 Joule** である。

註 5-3. 相変化
　氷（固相）から水（液相）、水から水蒸気（気相）への変化を相転移という。氷 0° C から水 0° C に変わるには、1 kg 当たり 80 kcal の熱量を要し、100° C の水を 100° C の水蒸気に変えるには 539 kcal が必要である（潜熱）。これは、氷の場合は水分子を結合する水素結合を切るのに必要なエネルギーであり、水の場合は、水分子間のファン・デア・ワールス結合を解くためのエネルギーに該当する。融解・凝固・気化・凝縮はある転移温度で、圧力が不連続に跳ぶので 1 次相転移と呼ぶ。

註 5-4. 位置エネルギー（**Potential Energy**）
　代表的な位置エネルギーとして、重力の位置エネルギー、弾性力の位置エネルギー、電気的位置エネルギーなどがある。エネルギーとは仕事をなしうる能力という意味で、仕事と同じ物理量を表す。今、質量 M、m の物体が互いに重力を及ぼし合っているとする。相対距離を x とすれば、互いに働く重力の大きさは GmM/x^2 である（G: 万有引力定数）。今、力に抗して物体 m を無限遠（基準点）から x まで運ぶに要する仕事量（エネルギー）は、
$\int dW = \int F dx = \int GmM/x^2 \, dx$ （積分範囲: ∞ から x）= $-GmM/x$ と記述できる。同様に電荷 Q と q の間の電気的位置エネルギーは（Q、q が正であれば斥力）、$(Qq/4\pi\varepsilon_0)/x$ である（ε_0: 真空の誘電率）。

註 5-5. 絶対温度
　先ず純水の凝固点と沸点を 100 等分する。実験より、体積一定のガス（任意）の水の沸点での圧力は、水の凝固点での圧力の 1.366099 倍である。今、1 モルの理想気体に対するボイル・シャルルの法則 $pV = RT$（p: 圧力、V: 体積、R: 気体定数、T: 絶対温度）の関係式を使用すると、p は T の 1 次式（直線）で表されるので、凝固点（0° C）での圧力を 1 気圧とすれば、

$p = (0.366099/100)T = (1/273.15)T$ となる。よって、**0°C** は **273.15 K** である。

註 5-6. シュテファン・ボルツマン則

温度 T の放熱体 1 m² の表面から放出される放射（電磁波）のエネルギーは $u = \sigma T^4$ ($\sigma = 5.67 \times 10^{-8}$ W/(m²K⁴)) [W/m²] と表される。

註 5-7.

理想気体に対する状態方程式 $pV = nRT$ より、等温膨張過程で外部になす仕事は $\int pdV = nRT \int dV/V = nRT \log(V_A/V_B)$ （積分の範囲は V_A から V_B）。

註 5-8.

断熱過程では、熱力学第 1 法則は、$dU = -pdV$ と表される。状態方程式 $pV = nRT$ を使えば、$dU = -(nRT/V) dV$ が得られる。一方、**Joule** の実験より、気体の内部エネルギーは体積に依存しない。すなわち、$dU = (\partial U/\partial V)_T dV + (\partial U/\partial T)_V dT$ で $(\partial U/\partial V)_T = 0$ を意味する。体積一定のもとでは、熱力学第1法則は、$dU = \delta Q$ 故、$dU = (\partial U/\partial T)_V dT = \delta Q$ となる。 体積一定で、$\delta Q/dT$ は等積比熱（C_V）を表すので、$dU = C_V dT$ となって、内部エネルギーは温度のみの関数となる。 よって、$dU = -(nRT/V) dV = C_V dT$ である。これを積分すれば、$nR \log V + C_V \log T = $（一定）が得られる。熱力学第1法則は、$dU = C_V dT = \delta Q - pdV = \delta Q - (nRT/V) dV$ と表される。一方、圧力一定のもとでは、$dV = (\partial V/\partial T)_p dT$ ゆえ、$\delta Q = C_V dT + (nRT/V) dV = \{C_V + nRT/V \cdot (\partial V/\partial T)_p\} dT$ である。ここで状態方程式を使えば、$\delta Q = \{C_V + p \cdot (nR/p)\} dT = \{C_V + nR\} dT$ となる。よって、等圧比熱は、$C_p = \delta Q/dT = C_V + nR$ と表される。この関係式を使うと、$(C_p - C_V) \log V + C_V \log T = $（一定）となる。今、$C_p/C_V = \gamma > 1$ とおくと、$(\gamma - 1) \log V + \log T = $（一定）であり、$TV^{\gamma-1} = c$（一定）が得られる。

註 5-9. ポワソン分布の揺らぎ：$\mu^{1/2}$

$$<\nu^2> - <\nu>^2 = \sum_{\nu=0}^{\infty} \nu^2 e^{-\mu} \frac{\mu^\nu}{\nu!} - \{\sum_{\nu=0}^{\infty} \nu e^{-\mu} \frac{\mu^\nu}{\nu!}\}^2 = \sum_{\nu=2}^{\infty} \frac{e^{-\mu}\mu^{\nu-2}}{(\nu-2)!}\mu^2 + \sum_{\nu=1}^{\infty} \frac{e^{-\mu}\mu^{\nu-1}}{(\nu-1)!}\mu$$

$$-\{\sum_{\nu=1}^{\infty} \frac{e^{-\mu}\mu^{\nu-1}}{(\nu-1)!}\mu\}^2 = \mu \qquad (e^\mu = \sum_{\nu=0}^{\infty} \frac{\mu^\nu}{\nu!},\ 0! = 1)$$

註 5-10. 場合の数

相異なる粒子が、異なるエネルギー状態を占める配置の仕方。粒子が離散的なエネルギー状態をとるのは量子力学において現れる。一般に古典力学では、系のエネルギー、運動量などの物理量はすべて連続的に変化する。従って、熱の科学は、量子論に基づく量子統計力学によって初めて正確な記述が可能となる。

註 5-11. エルゴード仮説

分子集団（N ケ）が与えられたとき、一般の複雑な熱運動を考えれば、集団の全エネルギーが一定という条件を満たす熱平衡状態で、かつ十分長い時間で見れば、各分子の位置と速度（$x, y, z; v_x, v_y, v_z$）は可能な値をすべて等しく埋め尽くす。これがエルゴード仮説である。これは、物理量の長時間平均は、可能な状態の平均値としてよいという意味にもとれる。

註 5-12. ブラウン運動

R. ブラウンが、花粉から出て来た微粒子（10- 50 μm）が水面上を浮遊し、不規則な運動をする様を光学顕微鏡で観察した（1827 年）。

註 5-13. ガイスラ―管

トリチェリ―（Evangelista Torricelli: 1608-1647）は、細長いガラス管に水銀を詰め、これを水銀で満たしたトレーに入れて倒立させると、ガラス管の水銀は、トレーの水銀面より 76 cm の位置まで下がり釣り合いの状態となることを見出だした。このとき、ガラス管内の水銀面とガラス管の先端の間が中空となるが、それが真空状態であるとした。これがトリチェリ―の真空である（1643 年）。トレーの水銀の面を基準にとれば、大気の 1 気圧が水銀 76 cm 高さに働く重力と釣り合っていることになる。実際は、水銀の室温での蒸気圧 1 [Pa]（1×10^{-5} 気圧）がこの真空度に該当する。ガラス細工のテクニシャンであったガイスラ―は、これを利用してガラス管内を真空にして封止し、管内に対向する電極を取り付けたガイスラ―管を作製した（$\sim1\times10^{-4}$ 気圧；1855 年）。その後、20 世紀に入って、様々な真空ポンプが発明された。現在の到達真空度は$\sim 10^{-15}$ 気圧である。今日の高集積化した電子素子の作製は、超高真空技術無しにはありえない。超高真空は様々分野で必要とされる。Higgs 粒子の検証で名をはせた CERN（ヨーロッパ合同原子核研究所）の LHC（Large Hadron Collider）の真空度は 10^{-13} 気圧である（周長 85 km）。

註 5-14. 高解像度電子顕微鏡：球面収差補正

光学的凸レンズ（球面）の場合、一定波長の光が平行に入射したとき、屈折光は光軸上の一点で交わらずばらつく（球面収差）。これが像のボケを生む一つの原因となる。このばらつきは、凹レンズを組合せ、光路長を同じにすることで取り除くことができる。一方、電子顕微鏡の場合、電磁石が凸レンズの働きをするが、凹レンズの役割を果たすものがなかった。1998 年、M. Haider 達は、2 つの 6 極子励磁レンズが凹レンズとして機能することを示し、電子線に対して球面収差補正に成功した。この球面収差補正系を 200 kV 透過電子顕微鏡に搭載することで、分解能 0.13 nm を達成している。

註 5-15. 電磁場のエネルギー

単位体積当たりの電磁場のエネルギーは次式で与えられる（E：電場、H：磁場、ε_0, μ_0 は真空の誘電率および透磁率）。$u = \{\varepsilon_0 E^2 + \mu_0 H^2\}/2$

註 5-16. プラズマ

原子番号 13 の Al の場合を例にとって説明する。中性 Al 原子には、13 ケの電子が原子核の周りをまわっている。量子力学によれば、電子は離散的なエネルギー準位を、低い方から埋めて行く。孤立した原子の場合、低い順に、1s 軌道に 2 ケ、2s 軌道に 2 ケ、2p 軌道に 6 ケ、3s 軌道に 2 ケ、3p 軌道に 1 ケ、計 13 ケの電子が束縛されている。膨大な数の Al 原子が集まって金属の Al を形作るが、Al 原子核と内殻の 1s(2) + 2s(2) + 2(6) の計 10 ケの電子は、原子核に束縛されて Al^{3+} の陽イオンの芯を形成する。残りの 3 ケの外殻電子は自由電子として振る舞う。金属の Al は面心立方格子を組むが、その格子点を陽イオン芯が占め、周りの空間を自由電子が波として満たした状態ができる。これが金属結合である。陽イオン芯＋電子（ガス）の集合体で、全体としては電気的に中性である。このような系を一般にプラズマ（Plasma）と呼んでいる。

Al → Al^{3+} (陽イオン芯) + 3e^- (自由電子ガス)

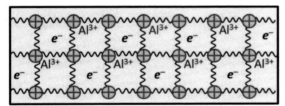

図 5. プラズマ。

註 5-17. 磁気感受率

物質に外部磁場 H を印加すると、一般にその方向に物質は磁化される。要するに磁石（磁気双極子）になるということだ。磁化ベクトルを M とすると、$M = \chi_m \mu_0 H$ の関係がある。この無次元の χ_m を磁気感受率という。μ_0 は真空の透磁率である。強磁性体の χ_m 値は正の大きな値をとり、反磁性体の χ_m 値は負になる。

註 5-18. 波動方程式

弦のような弾性体の運動に、ニュートンの運動方程式をあてはめると、弦（x-軸）を伝わる波を表す波動方程式（1-次元）が得られる。

$\partial^2 u(x,t)/\partial x^2 - (1/v^2)\{\partial^2 u(x,t)/\partial t^2\} = 0$ ①

ここで、x は場所、t は時間を指定する変数、$u(x,t)$ は弦の上下に振動する変位で、v は波の速度である。x-軸方向に速度 v で伝播する波は、波数を k（= 2π/波長）、角振動数を ω（= $2\pi \times$ 周波数）とすれば、$u(x,t) = u_0 \cos(kx - \omega t)$ ②

と表される。ここで、u_0 は波の振幅に該当し、$v = \omega/k$ である。②の表式を①式に代入すれば、$u(x, t)$ が①式の解であることが分かる。$u(x, t)$は、縄を上下に振動させた場合は上下の変位、音の場合は空気の密度、プラズマ振動の場合は自由電子密度が対応する。

註 6-1. 慣性系

　ニュートンの第1法則が成立する座標系と定義する。すなわち、外力が働いてなければ、物体は静止ないし等速度運動を続けるという法則である。従って、慣性系に対して等速度で運動する座標系も慣性系である。地球の地表に固定された座標系は、多くの場合近似的に慣性座標系と見なすことができる。実際は、地球は自転（加速度あり）しており、目には見えないが、遠心力とコリオリ力を受けている。例えば、地表に固定された高さ 100 m の鉄塔（北緯 30°）より、小球を自然落下させたとき、小球の落下地点は、地球の中心線に引いた位置より、遠心力によって南側に 15 cm、コリオリ力で東に 1.9 cm ずれる。

註 6-2. 横波と縦波

　物理的振動（電磁波の場合は電場と磁場のベクトル）が波の進行方向に対して垂直な波を横波という。縄跳びの縄を手で上下振動させて進行する波を作れるが、振動する綱の上下運動は、波の伝搬方向と垂直であり、横波である。横波は捻じれに対して復元力が働く固体に発生する。よって、気体・液体には発生しない。縦波では、波の進行方向に振動が起こる。音波は空気の粗密が振動する縦波である。

註 6-3.　ドップラー効果

　音（波）源が近づいて来る時は、実際の波長より短く（高周波数）感じられ、逆に、遠ざかる場合は長く（低周波数）感じる現象。例えば光源の場合、赤（700 nm）信号が緑（550 nm）に見えるためには、自動車は、光速の 1/4 の速度で走る必要がある。$\lambda' = \{(1 + v/c)/(1 - v/c)\}^{1/2} \cdot \lambda$　（v：自動車の速度、c：光速、λ：光の波長）。https://commons.wikimedia.org/wiki/File:Doppler_effect_diagrammatic.

図 6．ドップラー効果。

註 6-4. Taylor 展開

Taylor 展開とは、関数 $f(x)$ を $(x-a)$ の冪級数で展開することをいう。
$f(x) = f(a) + f'(a)(x-a) + (1/2!)f''(a)(x-a)^2 + (1/3!)f'''(a)(x-a)^3 + ...$
これは、$x = a$ の近傍で $f(x)$ の近似値を与えることを意味し（$|x-a| \ll 1$）、応用上極めて重要な式である。特に、$x = a$ で、$f(x)$ が極値を取る場合、$f(x)$ は 1 次の微小量の範囲で $f(a)$ と等しくなることが分かる。上式が成り立つことは、次の処理を行えば納得できるはずだ。先ず両辺を x で微分し、$x = a$ を代入すれば、確かに上式は成立する。次に、両辺を x で 2 度微分し、$x = a$ を代入しても上式は成り立っている。両辺を n 回微分し、$x = a$ と置けば、$(x-a)^n$ の係数が $f^{(n)}(a)/n!$ であることが確認される。多変数の関数 $f(x, y, z)$ の場合は、偏微分を使って同様に冪級数で展開できる。

註 7-1. スピン

スピン（Spin）は本来自転を意味する。荷電粒子が自転すれば角運動量をもち、磁石となる。原子核の周りをまわる電子は、4 つの量子数（主量子数：n、軌道角運動量量子数：l、磁気量子数：m、Spin 量子数：s）で特徴づけられる（7-5 式参照）。Spin は一応自転の角運動量に対応するが（単位：$h/2\pi$）、内部自由度と見なすべき量である。電子や陽子などの Spin は 1/2 で、±1/2 の値が可能で内部自由度 2 をもつ。一方、光子や W±, Z^0 Boson の Spin は 1 であり、内部自由度は 0、±1 の 3 である。ただし光子の場合は質量が 0 であるため、内部自由度は 2 となる（偏光成分）。

註 7-2. 交換関係

シュレディンガー方程式 (7-3) 式において、$\hat{H} = p^2/2m + V(x, y, z)$ は粒子の全エネルギーを表しているので（p を運動量演算子と考える）、運動量は $p_x = (\hbar/i)(\partial/\partial x)$ の微分演算子と見なすことができる。すると、$[p_x, x] \equiv p_x x - x p_x = (\hbar/i)\{(\partial/\partial x)x - x(\partial/\partial x)\} = \hbar/i$ の交換関係が成り立つ（$[p_x, x]f(x)$ と置いてみるとよい）。

註 8-1.

ヒッパルコス衛星は、ヘレニズム時代の天文学者ヒッパルコスの名を冠した衛星で、1989 年南アメリカの仏領ギアナ宇宙センターより打ち上げられた。恒星の年周視差の精密測定が目的で、1993 年の観測終了までに、120,000 ケの恒星の視差を 1 ミリ秒角の精度で決定した。射程に収めたのは、3000 光年以内の天の川銀河の恒星である。

註 8-2. CP 対称性の破れ

粒子・反粒子の入れ換えに対する対称性を Charge conjugation symmetry 略して C–対称性という。また、空間反転 $(x, y, z) \rightarrow (-x, -y, -z)$ の対称性を Parity symmetry 略して P-対称性と呼ぶ。この電荷交換と空間反転の対称操作をまとめて CP 対称性と称しているが、その破れは K-中間子の崩壊過程など弱い相互作用においてのみ観測されている。この弱い相互作用の CP 対称性の破れを説明するために、小林・益川理論では、6 つのクォークの存在を予言した。宇宙の粒子優勢の現実を説明するには、強い力および電子などのレプトンにおける CP 対称性の破れの実験的検証と理論的説明を与える必要があるが、いずれも未だ成し遂げられていない

註 8-3. 波長 21 cm の電磁波

　水素原子の基底状態（1s 軌道）の電子（spin : 1/2 電子磁石）は、陽子の磁場（spin: 1/2 陽子磁石）によって、2 つに分岐している。電子と陽子の Spin 平行状態（$1\,^2$s F = 1）は、反平行状態（$1\,^2$s F = 0）より波長 21 cm の電磁波のエネルギー分だけ高い状態にある。その準位間の遷移確率は $2.9 \times 10^{-15} [s^{-1}]$ と極めて小さい禁止遷移だが、宇宙空間には膨大な数の水素原子が存在するので観測にかかる。波長 21 cm の電波は大気に吸収されることなく、地上に到達するので観測は容易。その発見は、1951 年。水素は星間物質として最も多く存在する元素であり、禁止遷移のため線幅は非常に小さく、ドップラー効果より、水素ガスの相対速度分布などの情報が得られる。

註 8-4. 銀河宇宙線（Galactic Cosmic Rays: GCR）

　超新星爆発や中性星を起源とする陽子を主成分に電子やヘリウム原子核などを含む高エネルギー粒子線（$10^8 – 10^{10}$ eV）で、星間空間を飛び交っている。地球への飛来は、太陽風（太陽表面より噴出する高速 100 – 10 keV の陽子・電子プラズマ）の磁場によって阻まれるが、一部は大気に突入し、窒素や酸素原子核と反応して大量の 2 次・3 次粒子（ミュー中間子、中性子、ニュートリノ、ガンマ線、電子・陽電子など）を発生させエネルギーを消費する。しかしその一部は自然放射能として地表に到達する（~1 mSv/y）。地表で生活する我々は、太陽風や大気によって、放射線から身を守られていることになる。大気圏外の宇宙船では、1 日あたり 0.5 – 1 mSv の高線量が計測されている。

註 8-5. 重力エネルギー

　天体は自己重力（引力）によって凝縮してできたものだが、これを完全にバラバラの状態にするに必要なエネルギーを計算してみよう。簡単化して、一様な密度の質量 M、半径 R の球体を仮定する。半径 r の球体から重力に抗して、厚さ dr の球殻（下図参照）を無限遠まで運ぶに要するエネルギーは、

$\int_r^\infty G\{(4\pi/3)\,r^3\rho \cdot 4\pi r^2 dr\rho\}dr'/r'^2 = G\{(4\pi/3)\,r^3\rho \cdot 4\pi r^2 dr\rho\}/r$ である。この作

業を $r: 0 \to R$ まで行えば、$\int_0^R G[\{(4\pi)^2/3\} r^4 \rho^2] dr = 3GM^2/(5R)$ が得られる。ここで $(4\pi/3)R^3\rho = M$ を使用した。

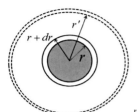

図 7. 半径 r の球体より、厚さ dr の球殻を無限遠まで運び去るに必要なエネルギーを計算する模式図。

註 8-6. CNO サイクル

CNO サイクルは、ベーテとヴァイツゼッカーによって提唱された（1937-1939 年）。先ず、$^{12}C + p$（陽子）の反応で ^{13}N が生成し、$^{13}N \to {}^{13}C + e^+ + \nu_e$（$\beta^+$崩壊）で ^{13}C が作られる。次いで $^{13}C + p \to {}^{14}N$ が生成される。さらに、$^{14}N + p \to {}^{15}O$ 反応が起こる。^{15}O は β^+ 崩壊し、^{15}N ができ、これが陽子と反応して、$^{15}N + p \to {}^{12}C + {}^4He$ or ^{16}O が生成される。こうして、安定な ^{14}N、^{16}O が生まれる。

註 9-1. フィード・バック

入力に対して、ある操作が行われ、ある出力が得られたとき、その信号を入力側に還し、出力を制御する動作をフィード・バック（帰還：Feedback）とよんでいる。フィード・バックには 2 種類あり、(1) 出力の一部を入力側に戻し、入力をさらに強めることで、出力を一層増強する機構を正のフィード・バックという。これは放っておくと暴走する非安定的な機能である。これに対して、入力に対して、例えば、A と B の出力があるとき、その差を入力側に戻し、A と B の出力を同じに保つ制御機能を働かせることを負のフィード・バックという。これは、ある動作を安定に保つ制御を可能にする。

註 9-2. メタン・ハイドレート（Methane hydrate）

海底の深い所、低温・高圧下で、メタン分子（CH_4）が、氷の結晶に囲まれた結晶構造をもつ個体。海底 500 – 1000 m で、その下の地中数十から数百 m に存在する。

註 9-3. 地磁気調査

地球内部には鉄やニッケルなどの強磁性金属が液体として対流しており、これがファラディーの法則によって起電力を生み出す、一種の発電機になってい

るようだ。地球は一つの磁気双極子（棒磁石）として近似できることが、世界各地の地磁気測定より明らかになっている。この地球磁場(地磁気)は、地下の局所的構造によって乱される。こうして、地磁気の微小変化を検知することで地下構造の探査が可能になる。

註 9-4. 塩基

塩基とは、H^+ を受け取るか電子を与える化学種で、水溶液はアリカリ性を示す。核酸に含まれる塩基は、アデニン（Adenine：$C_5H_5N_5$）、グアニン（Guanine：$C_5H_5N_5O$）、チミン（Thymine：$C_5H_5N_2O_2$）、シトシン（Cytosine：$C_4H_5N_3O$）、ウラシル（Uracil：$C_4H_4N_2O_2$）の 5 種である。

註 9-5. 仁淀川の蛍

NHK スペシャル「仁淀川・青の神秘」（写真家：高橋宣之）で放映（2012 年 3 月 25 日）。

註 9-6. リボ核酸とディオキシ・リボ核酸

リボース（5 単糖）の 2-位の OH 基が H 基に換わったものがディオキシ・リボースである。1 位の OH に換わって、5 つの塩基（アデニン、グアニン、チミン、シトシン、ウラシル）が結合したものをリボ・ヌクレオチドないしディオキシ・リボ・ヌクレオチドと呼ぶ。さらに 5 位の OH 基がリン酸エステル化したものが、リボ・ヌクレオチドないしディオキシ・リボ・ヌクレオチドである。前者はリボ核酸（RNA）の構成単位であり、後者はディオキシ・リボ核酸（DNA）の構成単位となる。

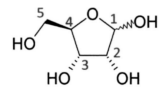

図 8. リボース：Ribose.

註 9-7. タンパク質

タンパク質は 20 種類のアミノ酸の重合した直鎖構造をとる。アミノ酸は、NH_2 基と COOH 基をもつ有機化合物である。20 種類のアミノ酸中、システィンとメチオニンは S（硫黄）を含有している。

註 9-8. ペプチド結合

アミノ酸同士が脱水縮合して形成される結合。アミノ酸の O=C-OH の OH と、アミノ酸の $-NH_2$ の H が結合して H_2O を作り脱水した後、O=C-N-H のボンド形成によって 2 つのアミノ酸が結合・合体する。このペプチド結合によ

ってタンパク質が形成される（図 9 参照）。この逆過程は、タンパク質のペプチド結合が酵素によってアミノ酸に加水分解されるプロセスである。

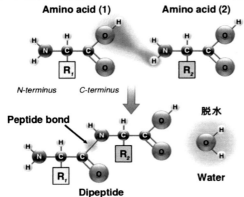

図 9. アミノ酸の脱水縮合：ペプチド反応（Wikipedia; Peptide bond より転載）。

註 9-9. C2 対称性

DNA の繊維軸（螺旋軸）に平行な軸に関する C2 対称性は、Watson の作った同一方向に走る 2 重らせん構造に対応する。一方、R. フランクリンの NRC 報告書に記載されていた C2 対称性は、螺旋軸に垂直な軸に対するものであった。この C2 対称性は、図 8 右の 2 本の螺旋が互いに反平行に走る構造を意味している。●及び●はリン酸のリンの位置を示す（X-線の散乱強度はリン P 原子からのものが最も強い）。螺旋軸から見ると、Watson モデルでは、リン酸 1 ユニットあたり 360°/20 = 18°、Crick モデルでは、360°/10 = 36° 回転する。

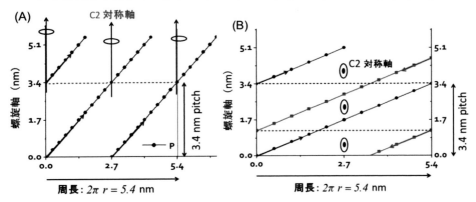

図 10. 左：Watson、右：Crick モデル。

註 10-1. 第 2 量子化

粒子と見なされてきた電子や原子が波動性をもち、その波動が従う基礎方程式として、シュレディンガー波動方程式が導かれた。波としての電磁波も、波動性・粒子性を併せもつ量子として振る舞う。電磁波は、生成・消滅演算子を導入し、これに交換関係を設定することで量子化することができる（粒子性を付与：光子）。このように波動を量子化することを第 2 量子化という。従って、シュレディンガー方程式において導入された波動関数は、電磁波同様、第 2 量子化を行うことによって完全な記述となる。これが場の量子論（特殊相対性理論の要請も満たす）である。

註 10-2. スカラー場

スカラーとは、1 つの値で示される量である。例えば、体重や身長など。一方、速度や力などは、方向性をもつので、x, y, z 座標の値を指定しなければ、完全に決まらない。このような量をベクトルと呼ぶ。1 成分で表される場がスカラー場である（spin = 0：内部自由度 1）。例えば、電位（電気的位置エネルギー：ボルト）などがこれに該当する。

註 10-3.

ベルグソンは、「持続と同時性」の補遺 1 "弾丸の中の旅行者"において、いわゆる双子のパラドックス（第 6 章・特殊相対性理論参照）について言及している。ただ、そこでは特殊相対論に基づいた記述になっており、叙述も正確さを欠いている。この問題は、基本的には一般相対性理論の加速度をもつ系の時計は遅れるという観点で議論しなければならない。地球に止まる A に対して、宇宙旅行して帰って来る B は、厳密には 3 度の加速を受ける（出発、反転、帰還）。B は、実際に加速を感じるが、A は慣性系に止まっているので、B から見て A が加速度運動したと言う主張は成立しない。従って、帰還した B は、A より若いことになる。B の身体を構成する細胞の運動は、A より緩慢で遅れていたと解釈することができる。

註 10-4. Navier-Stokes の式

流体の運動をニュートン力学によって記述した式。流体に対する基礎方程式は、圧縮による密度変化と歪みを生む項などが付加され、非常に複雑な形になる。そこで、粘性率 μ と密度が一定（非圧縮）流体に対する Navier-Stokes の式を以下に示す。偏微分は註 3-5 参照。

$$\rho \cdot \partial v/\partial t + \rho \{v_x \partial/\partial x + v_y \partial/\partial y + v_z \partial/\partial z\} v + \{\boldsymbol{e_x} \partial p/\partial x + \boldsymbol{e_y} \partial p/\partial y + \boldsymbol{e_z} \partial p/\partial z\} = \mu (\partial^2 v/\partial x^2 + \partial^2 v/\partial x^2 + \partial^2 v/\partial z^2) + \rho \boldsymbol{F}$$

ここで、太字はベクトルを示し、$\boldsymbol{e_x}, \boldsymbol{e_y}, \boldsymbol{e_z}$ は各々　x-, y-, z-軸方向の大きさ 1 の

単位ベクトルを表す。また、v：流体の速度、p：流体の圧力、ρ：流体の密度、F：単位質量に働く外力を表す。左辺第 2 項は速度勾配の寄与を表し、第 3 項は圧力勾配が流体の運動を引き起こすことを示している。右辺第 1 項は粘性力である。左辺の第 1 項と第 2 項は $\rho\, dv/dt$ であり、対流項に該当する。対流項を粘性項で割ったものが Reynolds 数である。

註 10-5. 非線形微分方程式

1 変数の n 階線形微分方程式は次式で表される。

$$p_0(x)\, d^n y/dx^n + p_1(x)\, d^{(n-1)}y/dx^{n-1} + \dots + p_{n-1}(x)dy/dx + p_n(x)\, y = q(x)$$

y は x の関数であり、$p_j(x)$ および $q(x)$ は x の任意の関数を表す。これに該当しない微分方程式が非線形微分方程式である。

註 10-6. 数学的帰納法

帰納法とは、いくつかの観察例を根拠に一般則を推定することだが、特にサンプリングの数が少ない場合、間違った結論に至る場合がある。数学的帰納法は、これとは異なる。今、命題 $F(n)$ があるとき、先ず $F(1)$ が示されたとする。次にもし $F(k)$ が正しいと仮定すれば、$F(k+1)$ も真であることが示されれば、$F(n)$ は、$n = 1, 2, 3, \dots$ すべてに対して真であることになる。一例）

$F(n) : 1 + 2 + 3 + \dots + n = (n + 1)\cdot n/2$

先ず $F(1) : 1 = 2\cdot 1/2 = 1$ は真である。次に $F(k) : 1 + 2 + \dots + k = (k+1)\cdot k/2$ が真とすれば、$F(k+1) : (k+1)\cdot k/2 + (k+1) = (k+1)\cdot(k+2)/2$ 。よって証明された。

註 11-1. 核分裂連鎖反応

^{235}U が中性子を吸収すると、重い 2 つの核分裂片（Ba や Sr など）に崩壊し、同時に平均 2.52 ケの中性子を放出する。この中性子を ^{235}U が吸収して核分裂を起こし、この反応がネズミ算式に増大する現象を核分裂連鎖反応という。この場合、^{235}U の濃度が十分高濃度でなければ、^{238}U によって中性子が吸収され ^{239}Np ができて核分裂反応が持続しなくなる。^{239}Pu の場合も核分裂に際して、平均 2.95 ケの中性子を放出し、核分裂連鎖反応を起こしうる。

註 11-2. 臨界

原子炉の臨界とは、発生する中性子の量と核による吸収や炉からの散逸で失われる中性子の量が釣り合った状態をさす。核分裂の際に出る即発中性子のみでは、この臨界を維持・制御するのは難しい（暴走するか止まるか）。ところが、核分裂破片 $^{87\text{-}91}$Br, $^{137\text{-}139}$I などは、0.2 - 56 秒の半減期で壊変し中性子を放出する（遅発中性子）。この遅発中性子によって、原子炉を臨界に保つ制御がやり易くなる。

註 11-3. 原子力

原子爆弾（Atomic bomb）や原子力発電所（Atomic pile or Nuclear reactor）など、原子という言葉が使われるが、いずれも原子核分裂によるエネルギー放出を利用したものである。水素爆弾（Hydrogen bomb）の場合、重水素と三重水素の核融合反応によって放出されるエネルギーを使う。この場合、原爆をトリガーとして、核融合可能な条件（高温・高圧）を作り出す必要がある。

註 11-4. 高速増殖炉

通常の軽水炉では、^{235}U の濃縮度は 2－5％ で、これの核分裂でエネルギーが放出されるが、^{238}U の核分裂の寄与も 7-10％ 程度ある。また、^{238}U は中性子を吸収し、^{239}Pu に転換されるので、炉の運転を継続すれば、徐々に ^{239}Pu の寄与が増えてくる。しかしながら、炉に対して燃料の臨界質量があるので、ある運転期間後には、燃料を交換しなければならない。この使用済み燃料中には、^{235}U の燃え残りと ^{239}Pu（生成量 － 燃焼量）が含まれる。これを再処理して、核分裂生成物を取り除き、2 酸化プルトニウムと 2 酸化ウランを加えて、Pu 濃度を 4－9％ に高めたのが MOX（Mixed oxide）燃料である。高速増殖炉では、この Pu 濃度の高い燃料を使い、高速中性子（発生エネルギーは約 2 MeV）を使うことで、^{235}U、^{238}U と ^{239}Pu の燃料をほぼ使いきる設計になっている。^{235}U と ^{239}Pu は高速中性子に対して核分裂確率は小さくなるが、^{238}U が ^{239}Pu に転換する確率は大きくなる。H_2O は中性子を減速させかつ吸収するので、かわりに液体 Na を使用する。この液体 Na を水蒸気の代わりに使用するのが技術的な困難を生み出している。高速増殖炉は、高速中性子を使うので核分裂反応の確率が低い（燃焼効率は悪い）が、燃料を使い切る意味では燃料効率は高い。

註 11-5. 転換炉：

核分裂で壊変する ^{235}U と ^{238}U の一部に対して ^{238}U から生成する ^{239}Pu の量の比を高めた原子炉で、高速増殖炉も転換炉の一種である。代表的な転換炉は、重水減速型で、重水（D_2O）は軽水（H_2O）に比べ、中性子吸収確率が 1/300 と低く、天然ウランなど ^{235}U の低濃縮度の燃料を効率よく燃やすことができる。日本では、原型炉「ふげん」が建設されたが、重水からトリチウムが生成することや、重水のコストが高いことなどより実用化できなかった。

註 11-6. ジルカロイ

ジルコニウムが主成分の合金で、中性子吸収確率が小さいので、原子炉の燃料の被覆管の材料として使用されている。ジルカロイは、900℃ 以上の高温になると、水と反応し水素を発生させる。$Zr + 2H_2O \rightarrow ZrO_2 + 2H_2$.

註 11-7. オゾン層

オゾンとは O_3 分子で強い酸化力をもち、刺激臭がある。放電時に高速電子

が酸素分子に衝突して発生する。オゾンは高度 10 – 50 km の成層圏に存在し、太陽からの紫外線を吸収し、地表への入射量を弱める働きを担っている。そのプロセスは、太陽からの紫外線で酸素分子か酸素原子に解離し、この酸素原子と酸素分子が結合してオゾン分子を形成する。オゾン分子はまた、紫外線を吸収して、酸素原子と酸素分子に解離する。

註 11-8.

酸素には 3 種の安定同位体 ^{16}O （99.762 atom %）、^{17}O （0.037 atom %）、^{18}O （0.204 atom %）がある。海水の表面近傍では、軽い $H_2^{16}O$ の方が重い $H_2^{18}O$ に比べて蒸発する確率は高い。よって気温が高いほど、海水表面では $H_2^{18}O$ の同位体比は高くなる。海水表面から蒸発した水蒸気は雨として降り注ぎ、陸地に降った雨も海に流れ下るので、$H_2^{18}O/H_2^{16}O$ 比は基本的には変化しない。しかし、雨が雪となって氷床を作れば、その時の海水温に対応した $H_2^{18}O/H_2^{16}O$ 比が得られ、これより当時の気温を推定することができる。また、海面上の浮遊性有孔虫の殻に含まれる酸素の ^{18}O 同位体比を測定することで、同様に当時の気温の推定が可能である。

註 12-1.

「ゾイデル海の水防とローレンツ」の記事は、J.Th. Thijsse の"ゾイデル海の閉鎖"という論文を参考に綴ったと記されている。その一文に、"After the Zuidersee we know even in very complicated cases it is possible to stick to a strictly theoretical method, that approximations, which are always necessary, should be justified and their consequences checked. Half a century ago many operations were jumps in the dark indeed." の記述がある。Jumps in the Dark といえば、日米開戦前、東條英機陸相の"人間たまに清水の舞台から目をつぶって飛び降りることも必要だ"と言ったことが想起される（堀田江理著「1941-決意なき開戦」）。

註 12-2. X-線マイクロ・アナライザー

走査電子顕微鏡（Scanning electron microscope）に特性 X-線検出装置（一般にはエネルギー分散型：Energy dispersion X-ray analyzer）を装着したもの。0.5 – 30 keV の電子線を 1 μm（電界放出電子源では約 2 - 5 nm）程度に絞り、試料表面を走査して 2 次電子収量をマッピングすることで、表面の凹凸構造を可視化できる。半導体検出器で特性 X-線のエネルギーを測れば元素同定も可。SEM-EDX: Scanning Electron Microscopy coupled with Energy Dispersion Spectroscopy.

註 12-3. 蛍光 X-線分析

入射 X-線のエネルギーをもらい受け、束縛電子が電離して空いた空席に、上のエネルギー準位にある電子が落ち込み、準位間のエネルギーに相当する電磁

波（エネルギーが高い場合は X-線）を放出する。これが蛍光 X-線である。エネルギー準位は量子力学的に計算でき、その値は原子の種類によって異なる。よって、蛍光 X-線のエネルギーを測定すれば、原子の同定ができる。K-殻電子空孔に L-殻電子が落ちてきた場合は K-α 線、M-殻電子が埋めた場合が K-β 線である。放出される X-線の強度は、入射 X-線の強度と標的原子数に比例する（低濃度の場合）。

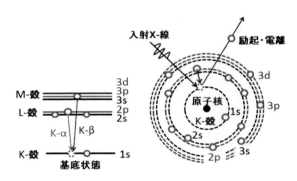

図 11. 蛍光 X-線。

註 12-4. X-線の弾性散乱ピーク

　入射 X-線が、エネルギーを失うことなく原子核に束縛された電子によって散乱される事象を弾性散乱ないし Rayleigh 散乱と呼ぶ。散乱確率は、入射 X-線の波長の 4 乗に逆比例する。昼間の空が青いこと、日没の空が赤いことなどは、太陽光が大気原子・分子によって Rayleigh 散乱を被ることで説明できる。

補遺

補遺 3-1. ケプラーの第3法則

惑星の楕円軌道の長軸長を a、短軸長を b とし、離心率を ε とする（下図参照）。このとき、楕円の面積は πab と表される。また、$b = a(1-\varepsilon^2)^{1/2}$ である。このとき、近日点での惑星・太陽間の距離は $a(1-\varepsilon)$ と表せる。惑星は近日点で接線方向に速度 $v_\perp$ をもつとすると、微小時間 Δt に太陽・惑星間に引いた直線が描く面積は、2等辺三角形の面積で近似でき（図1参照）、$\Delta S = a(1-\varepsilon)v_\perp \Delta t/2$ となる。よって、面積速度は $\Delta S/\Delta t = a(1-\varepsilon)v_\perp/2$ と表され、これはケプラーの第2法則より一定である。すると、面積速度×公転周期（τ）は楕円の面積に等しいので、① が得られる。

$a(1-\varepsilon)v_\perp \tau/2 = \pi a^2 (1-\varepsilon^2)^{1/2}$ ①

また、近日点で、遠心力と重力が釣り合っているので（内接円半径：$a(1-\varepsilon^2)$）、

$mv_\perp^2/a(1-\varepsilon^2) = GmM/a^2(1-\varepsilon)^2$ ②

の関係がある。ここで、惑星の質量を m、太陽の質量を M、万有引力定数を G とした。② 式より、$v_\perp = \{GM(1+\varepsilon)/a(1-\varepsilon)\}^{1/2}$ が得られ、これを①式に代入すると、$\{GM/a(1-\varepsilon)(1+\varepsilon)\}^{1/2} \tau/2 = \pi a^{3/2} \{a(1-\varepsilon)(1+\varepsilon)\}^{1/2}$ となる。よって、$\tau = 2\pi \{1/GM\}^{1/2} a^{3/2}$ が得られ、公転周期の自乗は長軸の3乗に比例する。内接円の半径 r は、内接円 $(x-c)^2 = r^2$ と楕円 $x^2/a^2 + y^2/b^2 = 1$ が $x = a$ の重根をもつ条件より求まる。その結果、$r = b^2/a$ が得られる。

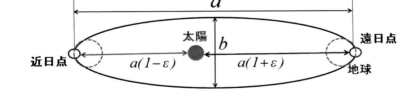

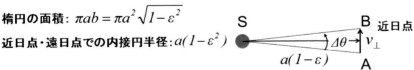

図1. 近日点と遠日点。近日点での地球の動き。

補遺 3-2. Weierstrass による ε-δ 論法

極限の概念を無限小、無限大を使わずに定義する論法を案出したのがワイアシュトラスであった。これは、一般に ε-δ 論法とよばれるものである。関数の

極限値 $\lim_{x \to a} f(x) = A$ の存在証明を以下に示す。今、ε を 1 より十分小さい任意の正の数とする。この ε に対応する δ が存在し、$|x - a| < \delta$ を満たすすべての実数 x に対して、$|f(x) - A| < \varepsilon$ が成り立てば、$\lim_{x \to a} f(x) = A$ が証明されたことになる。ε は任意の正数なので、十分小さな値を選んでおき、これに対応した十分小さな値 δ を選ぶことができれば、$|x - a| < \delta$ を満たすすべての x に対して、$f(x)$ は A と比べて、絶対値で ε 未満だけ異なる範囲に存在するという意味である。これは、例を挙げて説明した方が分かり易い。例えば、$\lim_{x \to 2}(2x-3) = 1$ の場合を考える。$|x - 2| < \delta$ を満たす x に対して、$|(2x - 3) - 1| = 2|x - 2| < \varepsilon$ が成り立つためには、$|(2x - 3) - 1| = 2|x - 2| < 2\delta = \varepsilon$ すなわち、$\delta = \varepsilon/2$ と選べばよい。こうして、無限小、無限大を用いずに、十分小さい正数 ε と δ によって極限値を定義できる。

補遺 5-1. 拡散方程式

粒子の拡散を記述する拡散方程式は、粒子の密度を $n(\mathbf{r}, t)$、粒子束密度を $\mathbf{j}(\mathbf{r}, t)$、拡散係数を $D(n, \mathbf{r}, t)$ とすれば、粒子の流れは、その密度勾配によって生じるので、$\mathbf{j}(\mathbf{r}, t) = -D \, \mathrm{grad} \, n(\mathbf{r}, t) \equiv -D \{ (\partial n/\partial x)\mathbf{e}_x + (\partial n/\partial y)\mathbf{e}_y + (\partial n/\partial z)\mathbf{e}_z \}$ ① と表すことができる。右辺に負の符号がつくのは、粒子は密度の高い方から低い方へ拡散することを示している。風が気圧の高い方から低い方へ吹くことに対応する。等圧線が密なほど、すなわち大気の圧力勾配が大きいほど強い風が吹くことを表している。流体に対して、次の連続の式が成立する。

$\partial n(\mathbf{r}, t)/\partial t + \mathrm{div} \, \mathbf{j}(\mathbf{r}, t) = 0$ ②

ここで、$\mathrm{div} \, \mathbf{j}(\mathbf{r}, t) \equiv \{\partial j_x(\mathbf{r}, t)/\partial x + \partial j_y(\mathbf{r}, t)/\partial y + \partial j_z(\mathbf{r}, t)/\partial z\}$ である。上式は、時刻 t で、場所 $\mathbf{r}$ にある微小体積素片を考えると、この中で単位時間当たりに減少する粒子数と外に流れ出る粒子の数が等しいことを表している（粒子数の保存）。もし、$\mathrm{div} \, \mathbf{j}(\mathbf{r}, t) = 0$ であれば、流れ込んでくる粒子数と流れ出て行く粒子数が等しいことを意味する。①式を②式に代入すると拡散方程式が得られる。

$\partial n(\mathbf{r}, t)/\partial t = \mathrm{div} \, \{D(n, \mathbf{r}, t) \, \mathrm{grad} \, n(\mathbf{r}, t)\}$ ③

もし、拡散係数が粒子数密度や、場所に依存しなければ、

$\partial n(\mathbf{r}, t)/\partial t = D \{\partial^2 n(\mathbf{r}, t)/\partial x^2 + \partial^2 n(\mathbf{r}, t)/\partial y^2 + \partial^2 n(\mathbf{r}, t)/\partial z^2\}$ ④

と表される。n を熱のエネルギー密度、$\mathbf{j}(\mathbf{r}, t)$ を熱流束密度、D を熱伝導率 λ に置き換えれば、フーリエの熱伝導の式となる。

ただし、n を $C_V T$、$\mathbf{j} = -\lambda \, \mathrm{grad} \, T$ とする。

$C_V \, \partial T(\mathbf{r}, t)/\partial t = \lambda \{\partial^2 T(\mathbf{r}, t)/\partial x^2 + \partial^2 T(\mathbf{r}, t)/\partial y^2 + \partial^2 T(\mathbf{r}, t)/\partial z^2\}$ ⑤

ここで、T は温度、C_V は単位体積当たりの熱容量に対応する量である。

補遺 5-2. 太陽電池（Solar Cell）と LED

　太陽電池と LED（Light emitting diode）は、p-n 接合によって作られる。下図 2 に示すように、p 型と n 型の半導体を接合すると、n–型から過剰の電子が p–型の方へ、p–型から過剰な正孔（価電子帯の空いた電子の座席）が n–型の方へ拡散する。その結果、接合界面近傍の n–型領域では、電子の p–型への移動によって正に帯電し、逆に p–型の方は負に帯電する。そのため、電子に対して図に示すようなポテンシャル（電気的位置エネルギー）のスロープが生じる（電子に対しては黒の曲線、正孔に対しては赤の曲線）。電子はスロープを滑り落ち n–側に、空孔は p–側に移動する。このスロープの領域がキャリアのいない空乏層である。この空乏層内に太陽光が入射し、そのエネルギーを価電子帯の電子が吸収して、伝導帯に上がれば、電子・空孔対が生成される。伝導帯に上がった電子は、スロープを滑り降りて n–型の方へ移動し、正電荷の空孔は、p–型の方へ移動する。こうして、n–型の方は電子が、p–型の方は空孔が集められることになる（図 2 下の左図）。これが、太陽電池が充電される原理である。こうして、光のエネルギーが電気エネルギーに変換されたことになる。

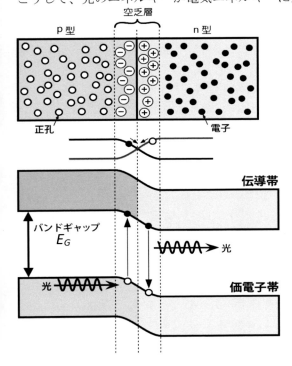

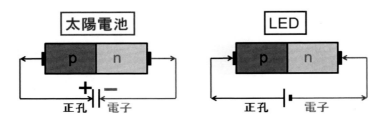

図2. p-n 接合と接合界面におけるバンドの曲り（上図）。太陽電池（充電）と LED（放電）の模式図。

補遺 6-1. マイケルソン・モーレイの実験

　マイケルソンの光干渉計の配置と、地球の公転軌道を図3に示した。地球の自転速度は 465 m/s であるのに対して、地球の公転速度は 29.78 km/s で、自転速度の 60 倍、光速の約 1/10000 である。従って、自転速度は無視できる。入射光を西から東に向けて入射し、半透明膜で直進する光と北向きに反射した光に分ける。直進した光は鏡 C で反射され戻って来て、半透膜で南側に反射されスクリーンに入ってくる。一方、北向きに反射された波は鏡 B で反射され半透膜を直進し、スクリーンに入射する。2つの波は干渉してスクリーンに干渉縞を作る。ところで、地球は西から東に太陽の周りを公転している。従って、地球から見れば、エーテルは東から西に、地球の公転速 v で吹いてくる。今、半透膜と鏡 B および C との距離を等しく L にとったとする。鏡 B に向かった光は、エーテルの風で流されるので、半透膜で反射され鏡 B に達する経過時間を t とすると、$\{L^2 + (vt)^2\}^{1/2}/c = t$ の関係が成立する。すなわち、$t = L/(c^2 - v^2)^{1/2}$ である。反射され半透膜に達する時間もこれに等しいので、経過時間は $t_1 = 2L/(c^2 - v^2)^{1/2}$ となる。次に半透膜を直進した光は、鏡 C に達するに要する時間は、$L/(c - v)$ である。反射され半透膜に戻るまでの時間は、$L/(c + v)$ ゆえ、トータル $t_2 = L/(c - v) + L/(c + v) = 2Lc/(c^2 - v^2)$ となる。経過時間の差は、$t_2 - t_1 = \{2L/(c^2 - v^2)\}\{c - (c^2 - v^2)^{1/2}\} > 0$ である。従って、明確な干渉縞を得るには、半透膜と鏡 B の距離を少し長くするか、半透膜と鏡 C の距離を短くすればよい。この調整を行った後、装置を右に（時計回りに）90 度回転して同様に干渉縞を観測すれば、今度は、像はぼやけるはずである。ぼやけを無くすに必要な距離の調整より、地球の公転速度が分かる。ところが、測定からは、エーテルの速度（地球の公転速度）は、8 km/s 以下となった。実際の公転速度の 1/4 である。

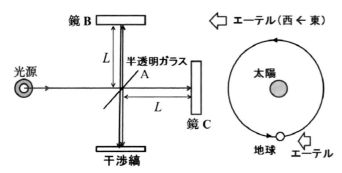

図 3. マイケルソン・モーレイの実験配置図。

補遺 6-2. ローレンツ変換
　今、原点に光源を置き、時刻 $t = 0$ に光源を光らせたとする。光の波面は、原点を中心とした球面になるので、時刻 t では、波面は半径 ct の球面に該当する。よって、球面上の点を (x, y, z) とし、静止座標系の K-系で見れば、$x^2 + y^2 + z^2 - c^2t^2 = 0$　①　が成り立つ。$t = 0$ で、K-系の原点にあった K′-系は速度 v で x-軸方向に動き始める。特殊相対論の要請より、K′-系から見た波面の式は、$x'^2 + y'^2 + z'^2 - c^2t'^2 = 0$　②　と表される。y-軸と z-軸に関しては、2 つの座標系で変化はない。そこで、次に示す関係を仮定して、②式に代入し、これが①式に一致するように、係数 η、γ、ξ の値を決めればよい。
$x' = \eta(x - vt)$、$y' = y$、$z' = z$、$t' = \gamma t + \xi x$　③
③式を②式に代入して、x^2、xt、t^2 の係数を比較すると、
$\eta^2 - c^2\xi^2 = 1$、$\eta^2 v + \gamma\xi c^2 = 0$、$c^2\gamma^2 - v^2\eta^2 = c^2$　④　が得られる。未知数 3 つで、等式は 3 つあるので解は求まる。
上式の第 2 式を $\eta^2 = -\gamma\xi c^2/v$ とし、これを第 1 式と第 2 式に代入すると、
$\xi(\gamma/v + \xi) = -1/c^2$、$(\gamma/v)(\gamma/v + \xi) = 1/v^2$　⑤　となり、上 2 式の比をとれば、$\xi = -\gamma v/c^2$ を得る。これを上第 2 式に代入すると、$\gamma^2 = 1/(1 - v^2/c^2)$ となるので、$\gamma = \pm 1/(1 - \beta^2)^{1/2}$　$(\beta \equiv v/c)$ が得られる。$v \to 0$ とすると、③式で、$t' \to \pm t$ となるので、+符号を選択する。すると、③式は次式のように表される。
$x' = (x - vt)/(1 - \beta^2)^{1/2}$、$y' = y$、$z' = z$、$t' = (t - vx/c^2)/(1 - \beta^2)^{1/2}$　⑥
これがローレンツ変換式である。

補遺 7-1. シュレディンガー方程式
　x-軸方向に速度 v で伝播する波に対する波動方程式は註 5-18 で説明した。

その形は、

$\partial^2 u(x, t)/\partial x^2 - (1/v^2)\{\partial^2 u(x, t)/\partial t^2\} = 0$ ①

である。ここで $u(x, t)$ は、弦の振動では上下方向の変位を表し、波の速度は、$v = (T/\rho)^{1/2}$（T は弦の張力、ρ は弦の密度）で与えられる。ヴァイオリンなどの弦では両端が固定されており、進行波と反射波が生じ、両者が重なり合って定常波が発生する。その形は、$u(x, t) = \psi(x)cos(\omega t)$ で表される。そこで、この式を①式に代入すれば、

$\{d^2\psi(x)/dx^2 + (\omega^2/v^2) \psi(x)\} cos(\omega t) = 0$ が得られる。

いかなる時刻においても、この式は成立するので、

$d^2\psi(x)/dx^2 + (\omega^2/v^2) \psi(x) = d^2\psi(x)/dx^2 + (4\pi^2/\lambda^2) \psi(x) = 0$ ②

でなければならない（$\omega = 2\pi f$, $v = f\lambda$, f：周波数）。ここで (7-2) 式を使うと次式を得る（p: 運動量）。$d^2\psi(x)/dx^2 + (p^2/\hbar^2) \psi(x) = 0$ （$\hbar \equiv h/2\pi$） ③

今、1 次元運動する質量 m の物体を考えれば、

全エネルギーは、$E = p^2/2m + V(x)$ ④ と表される。$V(x)$ は位置エネルギーである。これより、③式の p^2 を消去すると次式が得られる。

$d^2\psi(x)/dx^2 + 2m/\hbar^2 \{E - V(x)\} \psi(x) = 0$

$\rightarrow -(\hbar^2/2m)(d^2\psi(x)/dx^2) + V(x)\psi(x) = E\psi(x)$ ⑤

これが 1 次元のシュレディンガー方程式である。これを 3 次元に拡張すれば、

$\{-(\hbar^2/2m)\cdot(\partial^2/\partial x^2 + \partial^2/\partial y^2 + \partial^2/\partial z^2) + V(x, y, z)\} \psi(x, y, z) = E\psi(x, y, z)$ ⑥

となる。これが（7-3）式である。

補遺 9-1. 同位体分析

　先ず、地球誕生の時を推定する $^{207}Pb/^{206}Pb$ 同位体比について述べる。^{238}U は放射性同位元素で、8 回の α-崩壊と 6 回の β-崩壊後、安定な ^{206}Pb に壊変する。その半減期は、τ_{238} = 4.468×10^9 年である。^{235}U も 7 回の α-崩壊と 4 回のβ-崩壊後、安定な ^{207}Pb に変わる（半減期：τ_{235} = 7.038×10^8 年）。半減期とは、大元の放射性同位元素の半分が安定な核に壊変するに要する時間を意味する。この U-Pb 同位体分析法に適した試料は、ジルコン（ZrSiO$_4$）など、U や Th を含有しやすく、逆に Pb を含有しにくい岩石である。今、^{238}U の初期値を $x_{238}(0)$ とすると、時間 t 経過後、^{206}Pb の量は、$x_{206}(t) = x_{238}(0)\{1 - exp(-log2\cdot t/\tau_{238})\}$ と表される。また、そのとき、^{238}U の量は $x_{238}(t) = x_{238}(0)\cdot exp(-log2\cdot t/\tau_{238})$ である。従って、^{206}Pb と ^{238}U の存在比は、$x_{206}(t)/x_{238}(t) = exp(log2\cdot t/\tau_{238}) - 1$ と表せる。これより、$^{206}Pb/^{238}U$ の存在比が分かれば、経過時間 t が判明する。厳密には、各崩壊過程の半減期を入れた計算をやらねばならない。この方法で

46億年-10万年前までの年代測定が可能である。

次に、$^{14}C/^{12}C$ 存在比による年代測定法について説明する。^{14}C は β-崩壊によって ^{14}N に壊変する（$^{14}C \rightarrow {}^{14}N + e^- + \bar{\nu}$（反ニュートリノ））。半減期は5470年である。ところで、^{14}C は大気上層部で宇宙線によって生成された中性子と大気中の ^{14}N が反応してできる（$^{14}N + n \rightarrow {}^{14}C + p$）。ところで、$^{14}C$ は生きた生物によって体内に取り込まれるが、死後は、取り込みは無く単調に減少する。従って、生存中は ^{14}C の量は、$x_{14}(t) = \alpha t + x_{14}(0) \exp(-\log 2 \cdot t/\tau_{14})$ と表される。生存中にとりこまれた ^{14}C の量は、壊変する ^{14}C に比して十分大きいので、壊変量は無視することができる。取り込まれた $^{14}C/^{12}C$ の比は、生存時間に無関係でその時の大気中の存在比に等しい。その生物の死後、^{14}C の量は、$x_{14}(t) = x_{14}(0) \exp(-\log 2 \cdot t/\tau_{14})$ で減少する。従って、その生物が生きていた時代の $^{14}C/^{12}C$ 存在比が分かれば、その生存年代が推定できる。ところが、$^{14}C/^{12}C$ 比は、時代による地球環境の変化（宇宙線の量や大気組成の変化など）によって変わる。これを補正するため、大樹の年輪との比較や他の分析結果との照合などを行い、精度を上げる試みがなされている。この手法により、2000 - 50000 年前までの年代測定が可能である。

同位体比とは異なるが、有孔虫（石灰質の殻をもつ原生生物）や珊瑚の骨格（主成分は炭酸カルシウム）に含まれる微量元素 Sr の Ca に対する比は、海水温の高精度モニターになることが報告されている（飼育実験で測定可能）。有孔虫や珊瑚の化石を分析すれば、新生代第四紀（260万年前-現在）の海水温の変動を、精度約 ±0.5°で推定できる。炭酸カルシウム骨格への Sr などの微量金属元素の取り込みは、海水中での濃度と温度に強く依存するが、過去 10^7 年にわたって、Sr 濃度はほぼ一定であったとみなされている。

人名索引

あ
アインシュタイン（Albert Einstein: 1879-1955）　43, 66, 83, 90, 93, 105, 171, 184
アクゥイナス（Thomas Aquinas: 1225-1274）　26
アヴォガドロ（Amedeo Avogadro: 1776-1856）　49, 56
アヴェリー（Oswald Avery: 1877-1955）　139
アリストテレス（Aristotélēs: BC 384-322）　10, 26, 35, 38, 44, 55, 229
アリスタルコス（Aristarchus: BC 310-230）　11, 19, 31
アルキメデス（Archimedes: BC 287-212）　12, 77
アンダーソン（Philip Anderson: 1923-）　166
アンペール（André－Marie Ampère: 1775-1836）　47, 76

う
ウィトゲンシュタイン（Ludwig Wittgenstein: 1889-1951）　231
ウィルキンス（Maurice Wilkins: 1916-2004）　140
ウィルソン（Robert Wilson: 1936-）　116
ウィルソン（Robert R. Wilson: 1914-2000）　227
ヴェサリウス（Andreas Vesalius: 1514-1564）　31

え
エウドクソス（Eudoxsos: BC 4 C）　18
エラトステネス（Eratosthenes: BC 275-194）　11
エルステッド（Hans Ørsted: 1777-1851）　47, 76

お
オッペンハイマー（Robert Oppenheimer: 1904-1967）　184-186

か
カーチス（Heber Curtis: 1872-1942）　112
カエサル（Julius Caesar: BC 100-44）　23
カーソン（Rachel Carson: 1907-1964）　201
ガモフ（George Gamow: 1904-1968）　115-117
ガリレオ（Galileo Galilei: 1564-1642）　35, 36, 83, 157, 168
カルダーノ（Gerolamo Cardano: 1501-1576）　30
カルノー（Sadi Carnot: 1796-1832）　60
ガレノス（Claudius Galenus: 129-200）　31
カロザース（Wallace Carothers: 1896-1937）　200

き

キャベンディッシュ（Henry Cavendish: 1731-1810）	37, 48, 68
キュリー（Joliot-Curie: 1900-1958）	183
（Maria Skłodowska-Curie: 1867-1934）	219, 220, 241
く	
クーロン（Charles de Coulomb: 1736-1806）	68, 73, 75, 101, 158, 162
クラウジウス（Rudolf Clausius: 1822-1888）	60, 65
クリック（Francis Crick: 1916-2004）	140-143
グリフィス（Frederick Griffith: 1879-1941）	138
け	
ケプラー（Johannes Kepler: 1571-1630）	32-35, 264
こ	
孔子（BC 552-479）	15, 232
コペルニクス（Nicolaus Cpernicus: 1473-1543）	31
コンプトン（Arthur Compton:1892-1962）	66, 99, 185
さ	
サンデル（Michael Sandel: 1953-）	216, 231
し	
ジャーマー（Lester Germer: 1896-1971）	99
シャプレー（Harlow Shapley: 1885-1972）	112, 114
シャルガフ（Erwin Chargaff:1905-2002）	139, 142
ジュール（James Joule: 1818-1889）	56
シュバルツシルト（Karl Schwarzschild: 1873-1916）	94
シュレディンガー（Erwin Schrödinger: 1887 – 1961）	100-105, 136, 139, 228, 269
シラード（Leo Szilard: 1898-1964）	182-185
沈括（1030-1094）	16
す	
スィーナー（Ibn Sina: 980-1037）	14
スタール（Franklin Stahl: 1929-）	143
スタール（Georg Stahl: 1659-1734）	55
せ	
セザンヌ（Paul Cézanne: 1839-1906）	226
ち	
チェイス（Martha Chase:1927-2003）	139
て	

273

デイヴィッソン（Clinton Davisson: 1881-1958） 99
ディッケ（Robert Dicke: 1916-1997） 116
ディラック（Paul Adrian Dirac: 1902-1984） 103
デカルト（René Descartes: 1596-1650） 37, 42, 45, 170
デモクリトス（Dēmokritos: BC 460-370） 10, 146, 219
と
ドストエフスキー（1821-1881） 230
外村彰（1942-2012） 104
トムソン（Joseph Thomson: 1856-1940） 69
トムソン（George Thomson: 1892-1975） 99, 119
朝永振一郎（1906-1979） 233-234
ド・ジッター（Willem de Sitter: 1872-1934） 13-114, 118
ド・ブロイ（Louis de Broglie: 1892-1987） 99-101, 106
ドルトン（John Dalton: 1766-1844） 48, 219
な
ナーガールジュナ（龍樹：AC 150-250 ?） 14
南部陽一郎（1921-2015） 164, 166
に
ニュートン（Isaac Newton: 1643-1727） 36-40, 45, 83, 98, 160, 245, 249, 254, 260
ね
ネーター（Emmy Noether: 1882-1935） 164, 166, 220
は
パイエルス（Rudolf Peierls: 1907-1995） 183
ハイゼンベルグ（Werner Heisenberg: 1901-1976） 102-103, 106
ハーヴィー（William Harvey: 1578-1657） 31
ハーバー（Fritz Haber: 1868-1934） 179-180, 232-233
ハッブル（Edwin Hubble: 1889-1953） 93, 110, 113-114
ハーン（Otto Hahn: 1879-1968） 89, 179, 181-182
ひ
ヒッグス（Peter Higgs: 1929-） 161-162, 164, 166, 226
ヒッパルコス（Hipparchus: BC 190-120） 11, 17, 20, 110, 255
ピタゴラス（Pythagoras: BC 583-496） 10, 15-16, 92, 118
ヒポクラテス（Hippocrates: BC 460-370） 10, 31
ふ

ファラディー（Michael Faraday: 1791-1867）	48, 73, 79, 81, 86, 227, 233
フィボナッチ（Leonardo Fibonacci: 1170-1520）	223
フェルミ（Enrico Fermi: 1901-1954）	182-185
藤嶋昭（1942-）	211
フック（Robert Hooke: 1635- 1703）	38
プトレマイオス（Ptolemaeus: AC 83-168）	13, 21, 32
ブラーエ（Tycho Brahe: 1546-1601）	32-34
ブラッグ（Laurence Bragg: 1890-1971）	140
フランク（James Franck: 1882-1964）	185-186
フランクリン（Rosalind Franklin: 1920-1958）	141-143, 259
フーリエ（Joseph Fourier: 1768-1830）	42, 56, 266
プリーストリー（Joseph Priestley: 1733-1804）	48
フリードマン（Alexander Friedmann: 1888-1925）	113, 115
フリッシュ（Otto Frisch: 1904-1979）	182-183
フレネ（Augustin-Jean Fresnel: 1788-1827）	98
へ	
ベインブリッジ（Kenneth Bainbridge: 1904-1996）	185
ベーゲナー（Alfred Wegener: 1880-1930）	128
ベクレル（Henri Becquerel: 1852-1908）	219
ベーコン（Roger Bacon: 1214-1294）	26
（Francis Bacon: 1561-1626）	41
ハーシー（Alfred Hershey:1908-1997）	139
ベッセル（Friedrich Bessel: 1784-1846）	110
ヘラクレイトス（Hērakleitos: BC 540-480）	10
ベルグソン（Henri Bergson: 1859 -1941）	136, 171-172, 229, 260
ペルツ（Max Perutz: 1914-2002）	140-141, 143
ペンジャス（Arno Penzias: 1933-）	116
ほ	
ボーア（Niels Bohr: 1885-1962）	102, 182-184
ホイエンス（Christiaan Huygens: 1629-1695）	46, 98, 125
ホイル（Fred Hoyle: 1915-2001）	117
ホーキング（Stephen Hawking: 1942-）	228
ボッシュ（Carl Bosch: 1874-1940）	179
ボルツマン（Ludwig Boltzmann: 1844-1906）	59, 62, 64, 66, 251
	275

ポーリング（Linus Pauling: 1901-1994） 53, 140, 184, 238
ボルン（Max Born: 1882-1970） 99, 102-103
ま
マイケルソン（Albert Michelson: 1852-1931） 85, 97, 268
マイトナー（Lise Meitner: 1878-1968） 181-182
マックスウェル（James Clerk Maxwell: 1831-1879） 62, 85-86, 219
み
ミラー（Stanley Miller: 1930-2007） 113
め
メセルソン（Matthew Meselson: 1930-） 143
も
モノー（Jacques Monod: 1910-1976） 135, 146
や
ヤング（Thomas Young: 1773-1829） 49, 98, 104
ゆ
ユークリッド（Euclides: BC 3C） 11, 36, 91-92, 176, 247
ら
ライプニッツ（Gotfried Leibniz: 1646-1716） 39, 40, 42, 249
ラグランジェ（Joseph-Louis Lagrange： 1736-1813） 42, 45
ラトゥール（Georges de La Tour: 1593-1652） 226
ラプラス（Pierre-Simon Laplace： 1749-1827） 42-43, 56, 173
ラボアジェ（Antoine de Lavoisier: 1743-1794） 48, 55
り
リービット（Henrietta Leavitt: 1868-1921） 113
リーマン（Bernhard Riemann: 1826-1866） 83, 91
る
ル・メートル（Georges Lemaître: 1894 – 1966） 113, 115
ろ
ローレンツ（Hendrik Lorentz: 1853-1928） 83, 120, 233, 263, 269
わ
ワイヤーシュトラス（Karl Weierstrass: 1815-1897） 40, 265
ワインバーグ（Steven Weinberg: 1933 -） 166
ワトソン（James Watson: 1928-） 52, 140-143, 215

著者略歴
城戸　義明（キド　ヨシアキ）
1947 年　福岡県生まれ
1970 年　京都大学・理学部・物理学科卒
1980 – 1990 年　豊田中央研究所勤務
1982 – 1983 年　西ドイツ・重イオン物理学研究所（GSI）客員研究員
1990 年　立命館大学・理工学部・数学物理学科・教授
2013 年　立命館大学・理工学部・特任教授
2006 – 2011 年　Nuclear Instruments and Methods **B**、 Editorial Board
専門：光・電子・イオンビームを使った表面・界面の構造とダイナミクスの解析および量子場の揺らぎの直接検証。

科学とは何か　科学はどこへ行くのか

2017年3月30日　初 版 発 行

著　者　　城戸　義明

定価(本体価格2,750円+税)

発行所　　株式会社　三恵社
〒462-0056 愛知県名古屋市北区中丸町2-24-1
TEL 052 (915) 5211
FAX 052 (915) 5019
URL http://www.sankeisha.com

乱丁・落丁の場合はお取替えいたします。
ISBN978-4-86487-629-2 C1040 ¥2750E